ESSAI

SUR

LA PRÉPARATION, LA CONSERVATION

LA DÉSINFECTION

DES

SUBSTANCES ALIMENTAIRES.

ESSAI

SUR

LA PRÉPARATION, LA CONSERVATION,

LA DÉSINFECTION

DES

SUBSTANCES ALIMENTAIRES,

ET SUR LA CONSTRUCTION DES FOURNEAUX ÉCONOMIQUES.

PAR J. B. FOURNIER,

ARCHITECTE POUR LES CONSTRUCTIONS PYROTECHNIQUES,

ET PAR L. SÉB. LE NORMAND,

Professeur de Technologie et des Sciences physico-chimiques appliquées aux Arts, Membre de la Société d'Encouragement, de la Société royale académique des Sciences de Paris, etc.

> Le Monarque veut des économies,
> La Nation en a besoin.
>
> *Disc. du Ministre des Finances.*

A PARIS,

CHEZ { CHAIGNIEAU AÎNÉ, rue de la Monnaie, n° 11;
DELAUNAY, Palais-Royal, galerie de bois, n° 243;
GUILLEMINET, rue des Fossés-Montmartre, n° 6;
REDON, quai Voltaire, n° 17; } libr.

ET CHEZ l'Auteur, rue des Fossés-St-Germain-des-Prés, n° 28.

IMPRIMERIE DE CHAIGNIEAU AINÉ.

1818.

AUX PROTECTEURS

DES INDIGENS.

La condition des classes subalternes de la Société ne peut être améliorée sans la bienveillance des Riches. On doit apprendre au Peuple à être économe; il ne peut s'instruire dans les livres, n'ayant pas le temps de lire; tous les avis qui intéressent son bien-être, doivent s'adresser aux Hommes aisés et bienfaisans.

RUMFORD, Xme Essai,
Chap. XIII, pag. 147.

EXPLICATION

De quelques termes dont la connaissance est indispensable.

QUELQUE soin que nous ayons pris pour nous mettre à la portée du lecteur le moins intelligent, nous avons été forcés d'employer quelquefois, et surtout dans la théorie de la combustion, des mots consacrés par la science; nous n'aurions pu les supprimer que par des circonlocutions qui, loin d'éclaircir la matière, n'auraient tendu qu'à la rendre plus obscure. Nous avons préféré parler le langage usité et donner dans cette courte notice l'explication des mots qui pourraient embarrasser quelques lecteurs. Nous les avons classés par ordre alphabétique afin qu'on puisse y recourir plus commodément.

Acide carbonique. Voyez *gaz acide carbonique.*

Acide muriatique. C'est un liquide que les chimistes retirent du sel de cuisine qu'ils nomment *muriate de soude.* On le connaît dans le commerce sous le nom d'*esprit de sel.* On le dit *étendu*, lorsqu'on y ajoute une plus ou moins grande quantité d'eau, afin de le rendre moins ou plus fort.

Air atmosphérique. C'est l'air que nous respirons; il est composé d'oxigène, d'azote, d'acide carbonique, tous les trois à l'état de gaz, et d'une très-petite quantité d'eau en vapeur, variable en raison de la température.

Azote. C'est un des composans de l'air atmosphérique. Ce gaz est impropre à la respiration et à la combustion.

Calorique. Les physiciens le regardent comme un fluide susceptible quand il est libre de se mouvoir sous forme de rayons à la manière de la lumière; d'une extrême subtilité; invisible, éminemment élastique, impondérable; qui tend à se mettre en équilibre dans tous les corps, les pénètre plus ou moins facilement, les dilate, les décompose, les fait passer de l'état solide à l'état liquide, de l'état liquide à l'état gazeux; qui peut s'en séparer et les ramener par-là de l'état gazeux à l'état liquide, et de celui-ci à l'état solide; enfin, qui jouit de la propriété de se combiner en différentes proportions avec chacun d'eux, pour les élever à la même température. *M. Thénard, Traité de Chimie.*

Carbone. C'est le charbon pur.

Chaleur. Le calorique est la cause de la chaleur, et par conséquent la chaleur est l'effet du calorique. Il faut bien se garder de confondre la cause avec l'effet.

Gaz. C'est le nom qu'on donne à des substances portées à l'état de fluides aériformes par le calorique. Les *gaz* ont toutes les apparences de l'air sans en pouvoir faire les fonctions.

Gaz acide carbonique. C'est le carbone rendu acide par l'oxigène et réduit à l'état de gaz par le calorique.

Gaz hydrogène. Voyez *Gaz oxigène.*

Gaz oxigène. L'oxigène est un principe universellement répandu dans la nature, et qui joue le plus grand rôle dans les trois règnes. Les deux fluides qui sont de première nécessité, soit pour l'homme, soit pour tous les autres êtres organisés, *l'air* et *l'eau* sont essentiellement composés d'oxigène. L'eau est formée d'environ 88 parties un quart d'*oxigène* et d'environ 11 parties trois quarts d'*hydrogène*, mesurant par le poids. Ces deux substances sont, dans l'eau à l'état concret, et dans l'air à l'état de gaz. On regarde l'oxigène comme le principe acidifiant.

Oxigénation. C'est le résultat de la combinaison de l'oxigène avec d'autres substances.

Phosphate de chaux. Ce sel fait la base du squelette de tous les quadrupèdes et des hommes. Les os des animaux contiennent presque la moitié de leur poids de *phosphate de chaux*. Les graminées contiennent environ un tiers de la même substance.

ESSAI

SUR

LA PRÉPARATION, LA CONSERVATION,

LA DÉSINFECTION

DES SUBSTANCES ALIMENTAIRES,

ET SUR LA CONSTRUCTION DES FOURNEAUX ÉCONOMIQUES.

INTRODUCTION.

On a tant écrit sur l'économie domestique, on a fait tant et de si bons traités sur chacune des parties qui la constituent, qu'un nouvel ouvrage sur cette matière pourrait, au premier abord, paraître superflu. Si l'on observe cependant que chacune des parties qui forment l'ensemble de l'ouvrage que nous avons entrepris a été traitée séparément et d'une manière isolée; que la quantité de volumes qu'il faudrait réunir pour acquérir une entière connaissance des vérités importantes sur lesquelles repose la théorie de l'économie domestique, met presque toujours ceux qui ont le plus d'intérêt à se livrer à cette étude dans l'impossibilité d'en réunir les matériaux; on nous saura gré d'avoir rassemblé dans un même cadre tout ce qui nous a paru propre à conduire directement à ce but.

C'est à force de répéter des vérités utiles qu'on parvient à en convaincre les plus incrédules. C'est en cherchant l'exposition la plus favorable qu'on finit par placer le tableau dans le jour le plus propice pour faire ressortir toutes ses beautés, pour faire apprécier la vigueur de son coloris, la richesse de sa composition.

L'économie domestique a été de tout temps le sujet des méditations des bienfaiteurs de l'humanité. Leurs écrits se sont dirigés tantôt sur un objet, tantôt sur un autre, selon que les circonstances plus ou moins impérieuses ont fixé leur attention sur telle partie plutôt que sur telle autre. Tous ces divers ouvrages sont tellement liés entre eux, qu'il est indispensable de les avoir tous sous les yeux, pour connaître l'ensemble des règles à suivre dans une matière qui intéresse vivement toutes les classes des citoyens.

Ici, c'est l'économie des substances alimentaires qui a occupé les savans philantropes; là, c'est la préparation de ces mêmes substances : les uns ont traité de leur conservation, les autres de leur désinfection : plusieurs se sont occupés de l'économie du combustible. Les hommes, les animaux domestiques ont été le sujet de leur sollicitude, et il est malheureux que leurs ouvrages ne puissent pas être entre les mains de tout le monde.

Les volumes qui traitent de l'économie domestique sont en trop grand nombre pour que la classe peu fortunée, qui aurait le plus grand intérêt à les connaître, puisse trouver le temps de les lire. Le peuple lit rarement; l'instruction ne lui parvient ordinairement que par communication; c'est presque toujours par l'influence d'un voisin, d'un patron aisé qui a sa confiance, qu'il se décide à changer ses habitudes, à adopter de nouveaux procédés dont il a reconnu la bonté par des expériences souvent répétées sous ses yeux. Alors il s'abandonne, et de proche en proche une amélioration se propage et devient populaire. Il ne faut pas s'y méprendre; ce n'est jamais un savant que le peuple consulte, même dans ses plus chers intérêts. Il aurait beau lire les meilleurs ouvrages, serait-il en état de profiter des leçons qu'il y trouverait, il ne se décidera que par l'exemple de son voisin, et surtout de ses pairs : alors le perfectionnement arrive de chaumière en chaumière, mais à pas de tortue.

Presque toujours les ouvrages des savans sont trop au-dessus des connaissances du peuple; leur langage n'est pas à sa portée, et les meilleures choses, les choses les plus utiles restent enfouies, parce qu'elles ne sont pas présentées avec assez de simplicité. Nous avons cherché à éviter ce double inconvénient; nous avons réuni dans le même volume tout ce que nous avons cru propre à atteindre le but que se sont proposé les apôtres de l'économie domestique.

Dans les temps les plus reculés, comme dans les siècles modernes, l'histoire nous présente le tableau des efforts que l'on a constamment faits pour porter la plus sévère économie dans l'emploi des substances de première nécessité. L'on a vu dans tous les âges des hommes recommandables par leurs lumières et leur philantropie, interroger continuellement la science et leur génie, pour découvrir des moyens propres à arriver promptement au terme de leurs sollicitudes. Parmi cette foule d'économistes, de bienfaiteurs de l'humanité que nous pourrions prendre à témoin, nous ne citerons que ceux dont les derniers siècles ont été illustrés.

Papin s'occupa des moyens d'extraire des os une substance nutritive dont les savans avaient déjà soupçonné l'existence : ce fut en 1682 qu'il publia son ouvrage. Quarante-cinq ans après, le docteur *Helvétius* indiqua le moyen de nourrir le pauvre, de secourir l'indigent, de lui fournir une nourriture saine et succulente, en alliant les légumes aux farineux, et en ajoutant une petite quantité de graisse ou de beurre pour la rendre plus nutritive et plus agréable.

Rumford dont l'infortuné n'oubliera jamais les bienfaits; *Rumford*, dont le nom figurera toujours avec honneur parmi ceux des philantropes les plus zélés; *Rumford* s'empara de l'idée du savant *Helvétius*, perfectionna les recettes de cet ami de l'humanité, et fonda, dans la Bavière, de superbes établissemens qui continuent à donner au monde entier l'exemple d'une bienfaisance raisonnée et efficace.

A peine les succès de *Rumford* furent-ils connus, qu'on s'empressa de marcher sur ses traces. On vit se former de tous côtés des sociétés de personnes charitables et riches qui apprécièrent tous les avantages que devaient procurer des entreprises de cette nature : leur espoir ne fut pas déçu. Ils virent partout la classe indigente et malheureuse soulagée à peu de frais : ils ne furent pas long-temps à s'apercevoir que la nourriture salubre dont on les alimentait, avait le double avantage et de leur entretenir la vie, et de leur conserver la santé.

La société philantropique, fondée à Paris en 1800, ne cesse de distribuer, depuis cette époque, de quinze à vingt mille soupes économiques par jour, soit gratuitement, soit à raison de cinq centimes (un sou) par ration, à tous ceux qui se présentent. Cette société, dans la vue de propager la connaissance des moyens économiques qu'elle emploie, a fait imprimer en 1812 une instruction dans laquelle on trouve des détails infiniment précieux, pour procurer à bas prix une nourriture salubre : nous ferons connaître le résultat des travaux de cette société.

Les recherches de Papin sur l'extraction de la gélatine des os, trop long-temps reléguées, dans les cabinets de physique, comme expériences curieuses seulement, furent reprises avec succès. *Parmentier*, *Proust*, *Darcet*, *Pelletier*, et surtout *Cadet de Vaux*, etc. firent connaître successivement des mines abondantes de substances alimentaires, renfermées dans la charpente osseuse du corps des animaux. Ces savans se sont occupés, avec fruit, à découvrir des moyens faciles pour extraire la gélatine des enveloppes qui la renferment. Ils ont substitué, à la marmite incommode et souvent dangereuse, imaginée par *Papin* et qui porte son nom, des appareils plus simples et à la portée de tout le monde. *Cadet de Vaux* surtout, foulant aux pieds tous les préjugés, s'est armé d'une constance stoïque, a surmonté les difficultés et est enfin parvenu au terme de ses désirs. Depuis long-temps l'Allemagne, la Russie, les Pays-Bas, Rome, Genève jouissent des bienfaits que procure le bouillon d'os, et le gouvernement français s'occupe en ce moment de former de pareils établissemens dans la capitale, où cette précieuse découverte prit naissance, et où elle fut malheureusement trop long-temps négligée.

Lorsqu'on vit dans l'abondance, on pense

fort peu aux moyens d'économie : ce n'est que dans la détresse que l'on cherche des adoucissemens aux maux qu'on éprouve. Le peuple ne voit jamais que le présent, l'avenir l'intéresse faiblement, le passé n'est pour lui qu'un songe. Il serait continuellement malheureux, s'il n'existait pas des hommes de génie qui s'occupent pour lui de tous les genres d'amélioration, qui cherchent, dans le silence de la retraite, les moyens d'économie que l'amour de l'humanité leur inspire. Ils interrogent la science, elle est rarement sourde à leur voix. Les expériences que l'on tente dans des momens pénibles et urgens ne se font pas ordinairement bien. Il faut du calme, de la réflexion pour réussir complètement, et le temps de l'orage est peu propre à obtenir de bons résultats. Les épreuves comparatives souvent répétées font juger sainement de l'avantage que tel procédé présente sur tel autre et assurent le succès. C'est aussi dans le temps du calme que la prudence prescrit de faire une ample provision de moyens propres à braver les tempêtes.

Les savans ne manquent point de proclamer leurs découvertes : on les trouve ingénieuses, souvent très-utiles, mais le besoin n'est pas pressant; on les regarde comme des choses curieuses, on s'y arrête peu, on les oublie. Le moment de les mettre à profit arrive, on ne sait plus où les puiser; on se livre au découragement, on pourrait presque dire au désespoir.

Nous avons pensé qu'un ouvrage qui renfermerait tout ce qu'on a fait ou tenté de mieux sur tous les genres d'économie alimentaire pourrait être utile. Cet ouvrage manque absolument, il fallait donc le créer : ses élémens existent épars dans une infinité de traités qu'on n'a pas le temps de lire dans des momens pressés, ou qu'il est difficile de se procurer. C'est pour remplir cette lacune que nous avons mis à contribution tous les auteurs dont nous avons eu connaissance et qui ont écrit d'une manière plus ou moins étendue sur le sujet qui nous occupe.

La nécessité de l'économie n'a jamais été mieux sentie que dans les circonstances actuelles où l'intempérie des saisons s'est réunie aux calamités de toute espèce qui pèsent encore sur la France. La récolte a beau se présenter partout sous l'aspect le plus favorable, un accident peut nous l'enlever et nous jeter dans la situation la plus alarmante. Mais eussions-nous dans les greniers les produits les plus abondans et les meilleurs, nous ne devons pas rejeter les moyens d'économie qui nous sont offerts et nous devons nous préparer par là des ressources pour l'avenir.

Il est certain que, si dans le moment de l'abondance, on prévoyait celui de la détresse, on travaillerait à se conserver des ressources pour se garantir des maux affreux qu'elle entraîne. Il est facile d'arriver à ce but; l'économie seule peut y conduire; l'on y songe rarement lorsqu'on n'est pas poussé par l'impérieuse nécessité. C'est alors seulement qu'on pense à mettre à contribution les découvertes des amis de l'humanité, et qu'on s'empresse de proclamer des procédés dont on n'avait fait aucun cas quelques années auparavant.

Nous venons entretenir nos lecteurs des moyens économiques qu'on peut aisément mettre en usage pour se procurer une nourriture saine, appétissante et substantielle. Nous diviserons cet ouvrage en deux parties. Dans la première, nons examinerons la nature des substances qui servent à la nourriture de l'homme et à celle des animaux; nous indiquerons les moyens de les mélanger, de les préparer, pour en former l'aliment le mieux approprié à l'économie animale. Nous donnerons les meilleures recettes pour obtenir ces préparations connues sous la dénomination de *soupes économiques* dont la bienfaisance retire depuis long-temps de si grands avantages non-seulement pour alimenter la classe indigente et malheureuse, mais pour lui conserver la santé.

Nous enseignerons à extraire la gélatine des os pour en faire des bouillons succulens, sains, très-nourrissans, capables non-seulement d'entretenir la santé, mais même de prévenir des maladies et d'en arrêter les funestes effets. Nous prouverons, par de nombreuses expériences, que cette nourriture, infiniment plus salubre que celle que procure le bouillon de viande, ne coûte absolument rien ; que la manipulation en est extrêmement facile, et qu'elle convient soit aux grands, soit aux petits établissemens.

Nous démontrerons que la fabrication du pain a été mal entendue jusqu'à ce jour. Nous prouverons qu'en alliant la farine de froment à la pomme de terre, on obtient un pain infiniment meilleur, plus savoureux, aussi nutritif, moins sujet à altération et beaucoup plus économique. Nous serons forcés d'entrer dans beaucoup de détails sur cette fabrication qui n'est point encore arrivée au degré de perfection qu'elle peut atteindre.

Tout le monde sait que le maïs est d'une très-grande ressource dans l'économie domestique; nous ferons connaître les moyens de l'allier à la pomme de terre, pour en préparer économiquement des mets succulens, agréables et variés.

Jusques-là nous n'aurons atteint qu'une portion de notre tâche; il nous restera, pour arriver au but que nous nous sommes proposés dans cette première partie, à traiter dans les plus grands détails, un art nouveau qui n'est pas encore assez connu, la désinfection et la conservation des substances alimentaires. Cet art, découvert par M. Appert, a été transporté en Angleterre où il forme une branche de commerce considérable; nous ferons connaître non-seulement tout ce qu'il y a de plus intéressant dans l'ouvrage de notre ingénieux Français, mais même tout ce qui est venu à notre connaissance sur les procédés anglais. Plusieurs observations qui nous sont particulières, et que nous croyons propres à hâter le perfectionnement de cet art important, trouveront place dans cette partie.

Dans la seconde partie, nous nous attacherons à faire connaître les divers combustibles qui sont le plus usités ; nous discuterons les rapports qui existent entre eux dans l'usage qu'on en fait ; nous prouverons la necessité d'économiser le bois ; enfin nous indiquerons les moyens qu'on doit mettre en pratique pour parvenir à ce but.

En décrivant les instrumens propres à brûler le combustible, nous n'entrerons pas dans tous les détails que nécessiterait la construction des divers genres de fourneaux usités dans tous les arts et appropriés aux différentes manipulations que chacun d'eux exige ; ce travail nous ferait sortir des bornes que nous nous sommes prescrites, et deviendra la matière spéciale d'un autre ouvrage que nous avons projeté et qui suivra de près celui-ci. Nous n'avons en vue en ce moment que l'économie des combustibles considérés seulement comme servant à la cuisson des substances alimentaires ; nous traiterons, dans l'ouvrage que nous venons d'annoncer, et dans toute son étendue, la même matière dont nous ne parlerons ici que d'une manière particulière. Nous décrirons dans cette partie, non-seulement tout ce qu'on a fait de meilleur dans ce genre, mais nous rendrons compte de tout ce que nous avons fait, dans la vue d'améliorer, de perfectionner cette partie importante de l'économie domestique. Nous commencerons par établir la théorie de la combustion qui nous conduira à la description des fourneaux les mieux appropriés pour tirer le plus grand avantage des combustibles.

Ces recherches nous amèneront à la découverte de la meilleure forme des chaudières pour recevoir et transmettre aux substances qu'elles contiennent la plus grande quantité de calorique avec le moins de déperdition de ce fluide. La forme des chaudières influe très-fort sur l'économie du combustible ; car s'il est une fois prouvé que telle ou telle forme favorise beaucoup la transmission et la conservation du calorique, on en conclura nécessairement qu'avec moins de combustible on produira le même degré de chaleur qu'on n'aurait pu obtenir, dans le cas contraire, sans employer une grande quantité de combustible, et par conséquent nous aurons atteint notre but, l'économie.

Nous nous occuperons aussi de la matière dont on fabrique les vases qui servent à la cuisson des alimens. Dans les petits ménages, on emploie des vases d'argile : dans les établissemens considérables, où l'on prépare la nourriture pour un grand nombre de personnes réunies, on se sert de marmites de fer ou de chaudières de cuivre. Ce dernier métal est facilement oxidable; les subtances huileuses ou graisseuses l'attaquent vivement, et forment en peu de temps un oxide de cuivre ou vert-de-gris, dont les effets délétères sur l'économie animale sont connus de tout le monde. La couche d'étain, dont on recouvre la surface intérieure de ces vases pour les préserver de l'oxidation, n'est presque jamais d'étain pur; ce n'est ordinairement qu'un alliage de plomb et d'étain qu'on emploie à l'étamage du cuivre; or, personne n'ignore que les graisses, les beurres, les huiles dissolvent le plomb, et forment avec ce métal un poison violent dont on se défie d'autant moins qu'on met plus de confiance dans un étamage aussi perfide, parce qu'on ne soupçonne pas qu'il contienne un métal dangereux. Nous indiquerons des moyens éprouvés pour étamer ces vases de la manière la plus solide.

Nous terminerons cet ouvrage par des recherches sur le meilleur procédé pour faire cuire les substances alimentaires, afin de leur conserver toutes leurs qualités nutritives. Nous prouverons que les alimens que l'on fait cuire à la vapeur, acquièrent un meilleur goût, sont plus appétissans, plus délicats que ceux que l'on fait cuire à la manière ordinaire. Nous ferons connaître les appareils qu'on doit employer dans ces opérations, et le lecteur sera convaincu que ce mode est plus économique que celui qui est en usage, et qu'il lui est infiniment préférable.

Nous avons mis à contribution tous les auteurs qui ont traité de cette matière, et dont nous avons eu connaissance. Nous n'avons d'autre mérite que d'avoir rassemblé tout ce que nous avons trouvé de meilleur dans ces divers écrits, et d'y avoir ajouté quelques réflexions qui nous sont particulières.

PREMIÈRE PARTIE.

CHAPITRE PREMIER.

Des substances qui servent à la nourriture de l'homme et à celle des animaux domestiques.

Nous n'entreprendrons pas d'interroger l'histoire de tous les peuples pour tracer le tableau détaillé de toutes les substances que l'homme a successivement employées, comme aliment, soit pour sa propre existence, soit pour entretenir la vie des animaux qu'il a fixés autour de lui afin de l'aider dans ses travaux, et fournir à ses besoins. Ce sont en quelque sorte des valets qu'il a pris à son service et dont la nourriture et l'entretien sont à sa charge.

L'agriculture est sans contredit le premier des états, l'état le plus important de l'association politique. C'est l'agriculture qui a réuni les hommes en société, c'est elle qui les a civilisés ; c'est l'agriculture qui a donné naissance à tous les autres arts. L'homme, à l'origine des sociétés, a dû s'occuper du soin de se procurer par la culture des terres non-seulement la nourriture indispensable à sa vie et à celle de sa famille, mais il a dû pourvoir également à la nourriture des animaux qu'il a placés auprès de lui, et ce soin a même été mis en première ligne et le premier objet de sa sollicitude. En effet, en soumettant le cheval, le taureau, le mouton, etc., à ses ordres, en les forçant à obéir à ses volontés, en les obligeant au travail pour diminuer le sien ou pour fournir à sa nourriture et à ses vêtemens, il s'est imposé l'obligation de leur procurer les alimens qui leur conviennent, puisque, par l'état de servitude auquel il les a réduits, il les empêche de chercher eux-mêmes ces alimens que la terre leur offre partout, même sans culture, quoique souvent d'une qualité inférieure.

L'homme est le seul des êtres animés qui éprouve la disette et quelquefois la famine, pendant que les animaux de toute espèce trouvent continuellement des alimens qui leur sont propres dans la région qu'ils habitent. Les quadrupèdes, les oiseaux, les poissons, les insectes, les reptiles ne meurent jamais de faim ;

l'homme seul est exposé à ce fléau. A quoi lui sert donc cette raison, ce discernement qu'il a reçus en partage et dont il ne sait pas faire usage? Enchaîné par l'exemple de ceux qui l'ont devancé, il ne fait aucun effort pour sortir du cercle étroit que ses pères lui ont tracé. Il ne cherche pas à découvrir si les substances alimentaires dont ses ancêtres se sont nourris peuvent être remplacées ou non par des bases plus nutritives, plus savoureuses, plus économiques, plus sanitaires.

Le gland fut la première nourriture de l'homme; il le partageait, il le disputait même au sanglier qui le lui avait fait connaître comme substance nutritive. Il existait cependant beaucoup de racines qu'il aurait pu, à la rigueur, manger crues; mais l'insouciance ou le peu de prévoyance les lui faisait dédaigner. Les racines sucrées, telles que le navet, la betterave, la carotte, etc., n'ont été mises que fort tard en grande culture; elles furent même réservées pour la nourriture des animaux; ce n'est, pour ainsi dire, que de nos jours que l'homme a cherché à se les approprier comme substance nutritive.

Il paraît que la connaissance des bases alimentaires date de plus loin dans les pays du nord que dans les contrées méridionales. Dans les régions hyperborées la nature est plus avare de ses richesses ; elle les répand avec moins d'abondance que sous un climat doux et tempéré, où la terre produit presque sans culture toutes les substances les plus agréables et les plus nutritives ; aussi l'habitant des pays méridionaux, se fiant sur la fertilité du terrain qui l'entoure, néglige de faire les approvisionnemens qui pourraient le mettre à l'abri des disettes, tandis que l'habitant du nord s'est étudié à chercher les moyens de conserver, pour des temps rigoureux, les substances diverses que la terre lui a données pendant la belle saison. Il fait ses provisions et ne manque de rien ; l'habitant du midi, au contraire, ne se pourvoit qu'au jour le jour et manque souvent du nécessaire.

Enfin les hommes apprirent à cultiver les céréales ; mais ils furent long-temps à connaître l'art de convertir le blé en pain, aliment aussi savoureux que salutaire.

Il n'entre pas dans notre plan d'exposer aux yeux du lecteur l'histoire de la découverte des dons de Cérès et surtout d'indiquer toutes les écoles que l'homme a faites avant d'être parvenu à la fabrication du pain ; cette digression nous conduirait trop loin, ne serait en aucune manière utile au sujet qui nous occupe, et nous écarterait trop de notre matière. Il nous importe seulement de donner ici rapidement le tableau des substances alimentaires de l'homme et des animaux domestiques. Nous allons d'abord nous occuper de ces derniers pour ne plus y revenir; nous traiterons ensuite des bases alimentaires de l'homme qui ont plus varié que celles des animaux.

Les herbivores ont reçu de la nature avec profusion et diversité les substances nécessaires à leur aliment; l'art les a perfectionnées.

Les prairies naturelles sont couvertes d'une grande quantité de plantes diverses et toutes nutritives. Les prairies artificielles présentent une série d'une vingtaine de plantes qui toutes servent ou pourraient servir avantageusement à leur nourriture.

Les pois, les vesces, les lentilles et toutes les plantes annuelles légumineuses, fauchées et fannées fournissent l'aliment de toutes les saisons. Les feuilles de chicorée, de navet, de betterave auxquelles on associe souvent celles de pommes de terre et d'autres plantes potagères, sont destinées à être consommées en vert. La paille des graminées, entière ou hachée, devient une nourriture bonne et saine pour le cheval, le bœuf, le mulet, l'âne, etc., au défaut d'orge, d'avoine, de fèves, etc. Le bétail trouve un très-bon engrais dans les racines potagères coupées et cuites.

Le mouton broute avec plaisir les jeunes branches d'arbre qu'on recueille dans la belle saison et qui lui servent d'aliment lorsque la terre ne lui offre plus de pâturages.

Le turneps, la pomme de terre, le topinambour, la carotte, la betterave, en un mot la plupart des racines potagères, sont la nourriture la plus ordinaire de l'hiver.

Les graines farineuses et oléagineuses sont répandues avec prodigalité par la nature pour l'aliment des granivores.

L'homme seul, dès l'instant qu'il a connu l'usage du pain, a dédaigné l'emploi de ces mêmes graines comme base alimentaire, et, lorsque dans des temps de disette il a cherché à en tirer avantage en les convertissant en pain, il n'a fait que détruire les dons de la nature. Les graines farineuses font de très-bons alimens, mais donnent du pain si détestable que les animaux même refusent de manger celui dans la composition duquel on fait entrer la farine du haricot.

L'homme est *omnivore*; il n'a cependant pas su se procurer le régime alimentaire le plus propre à écarter de lui la famine. Nous parviendrons à le convaincre qu'il avait sous la main tous les matériaux propres à écarter ou à braver ce fléau; la nature lui présentait les substances les plus utiles pour atteindre ce but, il n'a pas su les saisir; en général il les dédaigne encore et semble couvrir de ridicule les philantropes qui les lui offrent avec désintéressement. Puisse-t-il enfin ouvrir les yeux et écouter la voix de la vérité!

Avant de lui faire connaître la manière la plus avantageuse de préparer les substances alimentaires, il importe de lui donner une entière connaissance des diverses bases dont il compose ses alimens. Ces substances sont de nature différente; les unes sont végétales, les autres animales; nous allons traiter de chacune d'elles séparément.

ARTICLE PREMIER.

Des substances végétales.

Il n'entre pas dans notre plan de traiter en particulier de chacune des substances végétales qui peuvent servir d'aliment à l'homme; nous dirons en général qu'il n'y a que celles qui sont de nature vénéneuse et celles qui ont un goût désagréable et dégoûtant qui doivent être rejetées ; toutes les autres, sans exception, contiennent un aliment plus ou moins sanitaire, plus ou moins nutritif. Nous n'entendons pas cependant le faire sortir du cercle des substances qui sont généralement adoptées comme alimentaires ; c'est spécialement de ces mêmes bases dont nous allons nous occuper.

Nous mettrons en première ligne les céréales, le froment, le seigle et l'orge. Nous placerons sur la même ligne les deux premières comme seules propres à faire du pain savoureux et nutritif. Nous nous occuperons ensuite successivement du maïs, du sarrasin, du riz, de la châtaigne, des graines légumineuses.

Les plantes potagères, les herbes, les fruits, les racines, les tubercules feront la matière d'un second article.

Enfin les substances animales, et sous cette dénomination nous entendons les quadrupèdes, les volatiles et les poissons, seront traitées dans le troisième article qui terminera ce chapitre.

Nous ne nous attacherons ici qu'à faire

connaître ces diverses substances et à indiquer les moyens de se les procurer de la meilleure qualité. Nous désignerons les causes qui peuvent les altérer et les précautions qu'il faut prendre pour prévenir, empêcher ces altérations, ou en neutraliser les mauvais effets en leur rendant leurs qualités primitives lorsqu'elles auront été altérées.

§ Ier. *Du froment et du seigle.*

Le *froment* est une plante graminée la plus productive, et dont le grain est le meilleur pour faire le pain. C'est la plante la plus précieuse, la plus utile à l'homme et le plus beau présent que lui ait fait la Divinité. Cette céréale ne fut pas d'abord employée à faire du pain : l'on présume que, à l'exemple des oiseaux, l'homme, aux approches de la récolte, mangea le blé encore laiteux. Il ne tarda pas à s'apercevoir que dans cet état le blé est préjudiciable à la santé ; il chercha les moyens de lui enlever ses qualités nuisibles. L'on parvint, par la torréfaction, à en faire un aliment plus salutaire : l'on broyait ensuite le grain pour le manger en bouillie, en gâteau ou en pain azyme, qu'on offrait aux dieux dans les sacrifices, et qu'on désigna sous le nom de *libum*. Ce pain, aussi indigeste que peu savoureux, servait de nourriture aux valets des prêtres; ils s'en dégoûtaient promptement, et s'enfuyaient des temples pour se soustraire à ce mauvais aliment.

Le *libum* n'était pas du pain; la farine n'avait pas reçu de la fermentation cette propriété qu'elle acquiert lorsque toutes ses parties sont parfaitement combinées par cet acte important qui prépare la pâte à former par la cuisson cette substance que l'on a placée, avec raison, au premier rang des bases alimentaires et à laquelle on a donné le nom de *pain*. Combien de temps ne s'est-il pas écoulé depuis l'époque de la découverte du blé, jusqu'à celle où l'on est parvenu à le convertir en pain, et combien de temps ne s'écoulera-t-il pas encore jusqu'au moment où l'on découvrira la meilleure manière de préparer cet aliment?

Les personnes peu instruites s'imaginent que le pain est la nourriture indispensable à l'homme, que, quoiqu'il ne soit pas la seule qui puisse lui servir d'aliment, c'est celle qui est la mieux appropriée à sa nature et qu'elle est nécessaire soit pour modifier les effets des autres substances, soit pour leur communiquer la faculté nutritive. De-là les craintes de la famine, plus désastreuses que la disette même, lorsque les intempéries des saisons les privent ou menacent seulement de les priver d'une récolte sur laquelle ils fondaient toutes leurs espérances. Nous aurons plusieurs fois occasion de prouver que non-seulement le blé n'est pas le véritable aliment de l'homme, mais même qu'il n'est pas le meilleur.

En effet, si nous ouvrons l'histoire nous ne tarderons pas à reconnaître qu'avant la découverte du blé, les hommes étaient au moins aussi forts, aussi vigoureux qu'ils le sont de nos jours, et que leur vie se prolongeait même ordinairement au-delà du terme que nous atteignons. Nous sommes loin de vouloir attribuer à l'absence du pain cette longévité ; nous rencontrerions à coup sûr trop de contradicteurs. Nous voulons seulement faire observer que la découverte du pain n'a rien changé à la constitution physique de l'homme, n'a influé en rien sur l'économie animale.

Si nous n'avons avancé aucune absurdité, si notre assertion est incontestable, pourquoi ne s'occuperait-on pas de nos jours à chercher des alimens qui puissent suppléer au défaut de celui qui est devenu la nourriture exclusive d'une partie des humains? Nous disons d'une partie et non de la totalité des humains ; car personne n'ignore que le blé n'est pas la substance alimentaire de beaucoup de peuples. Sans aller chercher au loin des nations entières qui ne se nourrissent pas de blé, nous n'aurons qu'à jeter les yeux sur quelques parties de la France pour nous convaincre de cette vérité. Dans les départemens du Tarn, de la Haute-Garonne, des Landes, etc., la plupart des habitans vivent de maïs qu'ils préparent de différentes manières. Dans les anciennes provinces de Languedoc, du Limousin, etc., dans les Cevennes surtout, les agriculteurs ne se nourrissent que de châtaignes, et ils préfèrent cette nourriture au pain de blé.

Après avoir prouvé que le blé n'est pas, comme on le pense vulgairement, la base alimentaire exclusivement adoptée par tous les hommes, par toutes les nations, il nous reste à faire connaître tous les soins que les céréales exigent pour leur préparation et pour leur conservation. Nous avons fait apercevoir les dangers auxquels on s'exposait en mangeant le blé encore laiteux ; nous devons ajouter qu'il n'est guères moins préjudiciable à la santé lorsqu'il est mangé aussitôt que récolté. Il est prouvé par une infinité d'observations que les céréales récemment récoltées et converties en pain donnent lieu à des épidémies. Il est donc indispensable, pour prévenir tout danger, de n'opérer la panification du blé qu'après qu'il a acquis une maturité parfaite. Non-seulement il est nécessaire que tout grain obtienne cette maturité sur pied, mais encore il faut de plus une maturité secondaire qui a lieu à la grange ou en meule. Le blé s'améliore dans sa balle, il gagne en poids lorsqu'entassé en meule il présente son épi au nord.

Nous rapporterons, à l'appui de ce que nous venons d'avancer, un fait dont nous avons été témoin. Il y a quelques années qu'un cultivateur de notre connaissance, propriétaire dans un des départemens méridionaux, comptait beaucoup sur une récolte abondante que les plus belles apparences semblaient lui promettre. Quelle fut sa surprise lorsqu'au moment de la moisson il visite ses gerbes ! Chaque épi était chargé de beaucoup de grains, mais ils étaient tous ridés et comme desséchés ; en les cassant sous la dent, on n'y apercevait qu'une petite quantité de farine : ce propriétaire était désolé. Il fait mettre ses gerbes en meule et les laisse ainsi exposées aux ardeurs du soleil pendant un mois; au bout de ce temps il examine les épis, et trouve avec le plus grand étonnement, que les grains étaient entièrement remplis; ils étaient fort lisses et très-pesans; sa récolte fut plus abondante qu'il ne l'espérait. Comment expliquer un fait aussi extraordinaire, si on ne l'attribue pas à une espèce de fermentation qui produisit la maturité secondaire dont nous avons parlé plus haut?

Lorsqu'au moment de la récolte on manque de blé et qu'on est réduit à l'attendre pour subsister, il est essentiel d'en opérer la dessication complète, afin d'éviter les accidens les plus graves qui pourraient résulter de leur panification trop prompte. Le gouvernement, frappé des graves inconvéniens qu'une trop grande précipitation dans l'emploi des céréales pouvait occasionner, publia en 1813 une instruction dont voici le sommaire:

« La dessication des grains à l'ardeur du soleil, à la chaleur d'une étuve, ou enfin d'un four, prévient d'abord tous les accidens.

« Mais il résulte plusieurs autres avantages économiques de cette dessication; le grain gagne en poids et surtout en qualité. Plus sec, il n'engrappe point les meules et ne graisse pas les bluteaux ; le son s'en détache mieux. Il rend plus en pain, parce que la farine absorbe plus d'eau au pétrissage ; ainsi l'économie se trouve d'accord avec la santé.

« Quant au procédé, il se réduit à exposer à la vive ardeur du soleil le grain étendu sur le sol ou sur des toiles.

« Y a-t-il absence du soleil ? On doit recourir à la chaleur du four, ou à celle d'une étuve, si la dessication se fait plus en grand.

« Mais enfin, il y a disette du grain vieux ; il s'écoulera du temps avant de pouvoir moudre, et il faut que la famille vive ! Alors, pour se dérober aux accidens inévitables de l'emploi des grains sortant ainsi de leur balle, on suppléera à leur maturité secondaire, en les faisant légèrement griller dans une poële de fer, pour les manger cuits comme le riz ; cet aliment sera aussi salutaire qu'il peut être préjudiciable sans cette précaution ; car c'est ainsi qu'au moyen des plus légères modifications, la nature convertit l'aliment en poison, et que l'art sait convertir le poison en aliment ; ce serait une indifférence bien coupable de ne pas recourir à un moyen aussi simple et fait pour prévenir des maladies dangereuses. »

Voilà les précautions qu'il est indispensable de prendre pour que le blé fraîchement récolté devienne une nourriture saine et nutritive; mais la conservation de cet aliment exige des soins continuels et une vigilance extrême. Lorsqu'il est dans les greniers, on doit le remuer de temps en temps et empêcher que les insectes qui sont très-avides de céréales ne les attaquent. On a imaginé une infinité de procédés pour arriver à ce but, et, puisque la conservation des substances alimentaires fait partie de notre travail, nous en indiquerons plusieurs avant de terminer cet article.

La manière dont la farine est moulue contribue beaucoup à la beauté, à la bonté du pain. L'on connaît deux sortes de moutures; la mouture rustique et la mouture économique. Cette dernière manière de moudre les céréales fut imaginée en France par *M. Malouin* vers le milieu du siècle dernier; elle donne un cinquième de pain de plus que la mouture rustique. Dans les campagnes on n'emploie que cette dernière mouture et l'on abandonne à la nourriture des animaux une partie de ce que le blé contient de plus riche, en confondant les gruaux avec les sons, les recoupes, etc. La mouture économique, cet art si simple, consiste à obtenir d'un premier moulage, par le moyen d'étoffes diverses dont le blutoir se compose, les produits distincts et séparés des grains, c'est-à-dire la fleur de farine et les gruaux. On remoud ces derniers qui font la farine la plus belle, la plus savoureuse et la plus nourrissante.

Si la conservation du blé exige des soins et une surveillance continuels, il est incontestable que la conservation de la farine n'en exige pas moins. 1°. On ne doit pas employer la farine aussitôt qu'elle sort du moulin ; le pain qui en proviendrait aurait mauvais goût et serait préjudiciable à la santé. Sous la meule, et par l'effet du frottement, la farine acquiert beaucoup de chaleur ; elle a besoin d'être aérée et refroidie avant d'être enfermée dans les sacs. 2°. Le son doit en être soigneusement extrait, car il est prouvé que son séjour dans les farines préjudicie toujours à leur qualité, à leur emploi, à leur garde. Il n'est pas une ménagère qui ignore que le son nuit à la conservation des farines, à la fabrication du pain, et le dénature dans ses propriétés alimentaires.

Une fausse idée d'économie a souvent induit en erreur sur la fabrication du pain ; l'on a pensé qu'un pain qui contient tous les produits du blé, c'est-à-dire farine, gruaux, recoupes et son, serait moins dispendieux et conserverait ses qualités nutritives; on a été même jusqu'à soutenir qu'il est plus nutritif que celui dont on extrait avec soin les sons et les recoupes. La médecine et la chimie ont prouvé que cette opinion est on ne peut plus erronée. Une infinité de recherches attestent que le son, non-seulement ne nourrit pas par lui-même, mais qu'il devient un obstacle à la nutrition du pain; il excite en outre l'appétit et passe en entier tel qu'on l'a pris; en sorte qu'il est prouvé qu'une livre de pain où il n'y a point de son, sustente davantage qu'une livre de pain où il y a du son. L'on peut, par le mélange même des farines de céréales, faire un pain bon et salubre ; mais, dans tous les cas, il convient d'en extraire la presque totalité du son, car l'écorce diffère essentiellement de la substance farineuse. La purée de haricots se digère toujours très-bien, le haricot entier se digère quelquefois fort mal.

Il est démontré au chimiste que le son, réduit à son véritable état d'écorce, ne fournit aucun des principes nutritifs de la farine.

Il est démontré au médecin que le son, passant facilement à la putrescence, peut, dans certaines circonstances, préjudicier à la santé.

Dans tout ce qui précède, en employant les mots *froment* et *blé*, nous avons entendu parler non-seulement de toutes les espèces de froment, mais même du seigle qui, dans certains départemens où le seigle est presque la seule céréale qu'on y récolte, est désigné sous la dénomination générale de blé, tandis que, dans presque tous les autres, ce nom générique est affecté au froment. Il nous reste à dire un mot sur le seigle.

Le *seigle* est une des céréales qui, comme le froment, jouit de la propriété de faire un très-bon pain, soit seul, soit mélangé avec le froment. Trois quarts de farine de froment et un quart de farine de seigle constituent, d'après la loi, le pain des troupes, après en avoir extrait quinze livres de son par quintal de farine. Ce pain est bon, nourrissant et sain.

Le seigle n'est pas aussi communément attaqué de la carie ni du charbon que le froment : il se conserve aussi bien que lui dans les greniers, s'il y règne un courant d'air assez fort pour le débarrasser de son humidité surabondante. Il a encore l'avantage de ne pas être attaqué par le charançon. Les oiseaux et les souris sont les seuls animaux qu'il redoute. La principale maladie qui affecte ce grain sur la plante, c'est l'*ergot*. L'on a tant écrit sur les prétendues maladies occasionnées par l'usage du seigle ergoté, qu'il nous paraît important de détruire ce préjugé populaire. Il serait superflu de rapporter toutes les expériences qui ont été faites dans la vue de prouver cette vérité; nous nous contenterons d'en citer les résultats.

L'on a nourri différens animaux avec du froment et du seigle sains, et du seigle ergoté, les uns et les autres récemment récoltés; ces animaux ont beaucoup souffert par l'effet de ces différentes substances nutritives; l'action du seigle ergoté a été plus violente, et les animaux qui en ont mangé ont éprouvé de plus grandes angoisses que les autres. Après avoir fait dessécher ces trois mêmes céréales, des animaux de même espèce n'ont éprouvé aucune maladie; cependant ceux qui avaient mangé le seul seigle ergoté bien desséché, seraient morts d'inanition, et non par l'effet du poison, car il est prouvé que, dans les grains ergotés, la farine est détruite et qu'il ne reste plus un atôme de substance nutritive. On aurait en vain fait manger dix livres de ce pain à un chien, à un cochon; on aurait lesté leur estomac d'une substance qui ne peut être d'aucune utilité, puisqu'elle ne contient pas une seule partie nutritive; il n'est donc pas étonnant que l'animal périsse par la faim.

Nous n'entendons pas justifier l'emploi du seigle ergoté, ni regarder son usage d'un œil indifférent; mais nous croyons qu'on lui a faussement attribué le seul dégât dont on l'accuse, et que les maladies dont on se plaint sont plutôt dues à l'usage du grain nouveau, puisque l'expérience a prouvé que, lorsqu'il est parfaitement desséché, il ne fait aucun mal. Si le même grain le plus sain est nuisible lorsqu'il est frais, à combien plus forte raison le grain vicié et frais doit-il l'être davantage, puisque sa substance intime est altérée, et l'ergot contient et renferme plus d'humidité, à cette époque, que tout autre grain; c'est précisément cette eau de végétation corrompue qui devient si nuisible, et que l'exsiccation fait disparaître.

On aurait le plus grand tort de conclure

de tout ce que nous venons de dire que nous avons l'intention d'autoriser l'usage du seigle ergoté ; nous avons cherché à faire connaître la véritable cause du mal , afin de détruire un ancien préjugé presque entièrement reçu. Dans quelque état que soit le seigle ergoté, il faut le séparer du bon grain, parce qu'il communique au pain une saveur amère et très-désagréable. D'ailleurs, les débris de ce grain ajoutent au volume du pain sans augmenter sa partie nutritive. Ils la détériorent , et c'est précisément par cette raison qu'on doit rigoureusement séparer le mauvais du bon grain. La conservation de la santé dépend presque toujours de la qualité du pain que l'on mange, puisqu'il est la base fondamentale de nos alimens.

§ II. *De l'orge.*

Nous ne nous attacherons pas à décrire ici toutes les variétés de l'orge dont *Von-Linné* reconnaît huit espèces : nous dirons seulement un mot des deux espèces généralement cultivées.

1°. *L'orge commune* , *hordeum vulgare* (*Linn.*) que quelques-uns appellent *orge carrée*, parce que les grains sont placés sur quatre rangs, ce qui donne à l'épi une forme carrée; d'autres la nomment *grosse orge*, ou *escourgeon.*

2°. *L'orge à deux rangs*, *hordeum distichon* (*Linn.*); on l'appelle aussi *petite orge baillarge*, ou *pamelle*, ou *paumoulle.* Elle diffère de l'orge commune par son épi plat, long, qui n'a que deux rangées de grains; les barbes et la tige sont dures au toucher.

3°. *L'orge* ou *faux riz d'Allemagne*, *hordeum zeocritum* (*Linn.*) Son épi est plus court que celui de la paumoulle, plus large, ses grains plus blancs et rassemblés plus près.

L'orge est employée à la nourriture des animaux pour suppléer à l'avoine. Après la nourriture du bétail, son plus grand emploi est pour la bière. Enfin, sous forme de gruau, elle sert le plus communément d'aliment à l'homme. Dans cet état, c'est une fort bonne nourriture. Dans les momens de détresse on a cherché à en faire du pain, mais c'est le plus mauvais aliment qu'on puisse se procurer.

« La pâte de la farine d'orge est plus courte, plus serrée que celle de la farine du seigle et de l'avoine, dit *l'abbé Rozier*; elle a un œil rougeâtre. Pour la réduire en pain, elle exige plus de travail que les autres farines et un levain plus fort. Malheur au pays où l'habitant est réduit à manger du pain uniquement fait de ce grain. Le pain d'orge le mieux fabriqué est toujours rougeâtre, sec, dur et cassant; sa mie n'est ni flexible ni spongieuse; à peine conserve-t-il, peu de temps après la cuisson, cette qualité qui appartient à toute espèce de pain frais, celle d'être tendre et humide au sortir du four. » *Grossier comme du pain d'orge*, est une application passée en proverbe.

On ne peut donc pas regarder, ainsi que nous l'avons avancé, l'orge seule comme panifiable, quoiqu'elle soit un excellent aliment quand on la mange en gruau, ou même en farine. Nous ne nous attacherons pas à indiquer les moyens qu'on doit employer pour la panifier seule, puisque nous avons prouvé que le pain qu'elle produit est toujours mauvais et lourd. Nous indiquerons plus bas les procédés pour en faire d'excellent pain en la mélangeant avec le froment, le seigle, le maïs, le sarrasin et surtout avec la pomme de terre. Nous ne nous occupons ici de ces diverses substances alimentaires que pour en étudier la qualité et faire connaître les difficultés que chacune d'elles présente, soit pour sa conservation, soit pour sa panification.

§ III. *Du maïs.*

Le maïs originaire d'Amérique est un des plus beaux présens que le Nouveau-Monde ait fait à l'ancien ; car, dit *Parmentier*, indépendamment de la nourriture salutaire que les habitans des campagnes de plusieurs de nos provinces retirent de cette plante, il n'y a rien que les animaux de toute espèce aiment autant, et qui leur profite davantage; elle fournit du fourrage aux bêtes à corne, la ration aux chevaux, un engrais aux cochons et à la volaille; elle a amené, dans les cantons où on la cultive avec intelligence, une population, un commerce et une abondance qu'on n'y connaissait point auparavant lorsqu'on n'y semait que du froment.

On ne connaît que deux espèces de maïs, le *maïs précoce* et le *maïs tardif*; mais cette plante a plusieurs variétés qui ne diffèrent les unes des autres que par la couleur du grain, qui est tantôt *rouge*, tantôt *blanc*, tantôt *jaune*.

Le *maïs rouge* est le moins estimé. On peut ranger dans cette variété le maïs *pourpre-violet* et le *noir*, qui n'en diffère que par l'intensité de couleur. On regarde dans quelques endroits cette variété comme le seigle de ce grain; aussi ne le sème-t-on pas en Europe, et il est purement accidentel, de sorte qu'une pièce de plusieurs arpens en produit à peine un épi.

Le *maïs blanc* paraît être plus productif que le *maïs jaune*; en général dans toutes les contrées où l'on cultive cette graine, on préfère cette variété, qui demande cependant le meilleur terrain, bien fumé. Son épi est alors plus gros que celui du maïs jaune, sa tige est plus haute, et les cultivateurs qui se nourrissent de ce grain ont reconnu, comme les habitans des États-Unis de l'Amérique, que les galettes qu'ils en font sont de meilleure qualité.

Le *maïs jaune*. Les terres sablonneuses conviennent mieux à cette variété, qui est plus précoce que le maïs blanc : aussi est-elle choisie de préférence, lorsqu'on a dessein d'en couvrir des terres qui ont déjà rapporté. Le maïs jaune est aussi plus productif que le blanc.

Nous ne parlerons pas de la culture du

maïs; cette partie est étrangère à notre sujet : ceux qui auront intérêt à la connaître, n'ont qu'à consulter les excellens mémoires de *Parmentier*. Nous nous contenterons de parler de sa conservation.

La plupart des cultivateurs conservent le maïs en épis et ne l'égrennent qu'au fur et à mesure qu'ils veulent le vendre. Cette méthode quoique assez généralement adoptée ne nous paraît pas la meilleure. Suivant *M. de Humboldt*, ce grain se conserve au Mexique, dans les climats tempérés, pendant trois ans, et pendant cinq ou six, si le grain mûr a été un peu frappé de la gelée.

C'est par une parfaite dessication que l'on parvient à conserver le maïs. L'air et le feu sont les agens de la conservation ou de la destruction des corps; c'est par leurs effets, bien dirigés, qu'on parvient à donner plus de perfection au maïs, ou à en prolonger la durée. Le premier de ces agens, le plus naturel et le moins coûteux, est toujours au pouvoir de l'homme; mais rarement, dit *Parmentier*, en recueille-t-il tous les avantages.

Plusieurs procédés sont mis en usage pour conserver le maïs ; nous allons les faire connaître.

1°. Après avoir enlevé la plus grande partie des feuilles qui enveloppent l'épi, on le découvre totalement et on lie les quatre à cinq feuilles qui restent en les nouant entr'elles ; c'est par ces nœuds qu'on en forme des paquets de huit à dix épis, et on les suspend avec des perches qui traversent la longueur des greniers et de tous les autres endroits intérieurs et extérieurs du bâtiment. Par ce moyen le maïs se conserve, sans aucun frais, pendant plusieurs années, avec toute sa bonté et sa fécondité : il n'a rien à redouter de la part de la chaleur, de l'humidité et des insectes; chaque épi, se trouvant comme isolé, se ressuie et se sèche insensiblement. Cette méthode de conservation est pratiquée par tous les cultivateurs de maïs; mais, quelque avantageuse qu'elle soit, il est impossible de l'appliquer à toute la provision, à cause de l'emplacement qu'elle exigerait : aussi n'est-elle adoptée que pour le maïs destiné aux semailles, dans les pays méridionaux surtout, où l'on en fait des récoltes abondantes.

2°. Lorsque les épis sont entièrement dépouillés de leurs robes, on les étend sur le plancher, à claire-voie, d'un grenier bien aéré, à un pied ou deux au plus d'épaisseur, afin qu'ils puissent aisément exhaler leur humidité et se ressuer. On les remue de temps en temps, pour favoriser ce double effet. Il y a certains cantons où, avant de porter les épis au grenier, on profite des rayons du soleil pour les y exposer. C'est principalement dans les pays méridionaux où l'on emploie ce moyen de dessication préalable, qui rend la conservation du maïs plus sûre et plus facile. Dans les contrées septentrionales on emploie la chaleur du four.

3°. Dans l'ancienne province de Bourgogne on fait sécher le maïs au four. Le procédé est simple : on distribue les épis destinés à la fournée dans des corbeilles, puis on chauffe le four jusqu'au blanc parfait, c'est-à-dire un peu plus que pour la cuisson du pain. Le four, une fois chauffé, on le nettoie, on y jette les épis, que l'on remue avec un fourgon de fer recourbé; on ferme le four aussitôt. Une heure après on le débouche, et, au moyen d'une pelle de fer, on a soin de remuer le fond du four, de soulever les épis, de renverser ceux qui sont déposés sur l'âtre. Après cette opération, on étend, avec la pelle, une ligne de braise allumée à la bouche du four, que l'on ferme le plus exactement possible, dans la crainte que la chaleur ne s'échappe. On remue les épis une seconde fois, et c'est à-peu-près l'affaire de vingt-quatre heures pour compléter la dessication du maïs.

Par cette opération on enlève au grain l'eau surabondante, et on combine plus intimement celle qui lui est essentielle ; en sorte qu'il est moins attaquable par les insectes, plus susceptible de s'égrainer, de se moudre et de se conserver sans altération. Mais tous ces avantages ne sauraient avoir lieu, sans apporter dans la constitution du grain un dérangement dont le germe se ressent le premier. Il ne faut donc jamais passer au four le maïs destiné à la reproduction future, rarement celui qui entre dans le pétrin, ou que l'on donne à la volaille, parce qu'indépendamment de cet inconvénient, ce serait employer une consommation de bois en pure perte, et beaucoup d'autres frais de main-d'œuvre. La dessication au four n'est donc réellement utile que pour donner une perfection de plus à la bouillie ; car c'est une vérité démontrée, que la farine qui fait la meilleure bouillie est la moins propre à la panification.

4°. La meilleure manière d'opérer pour conserver le maïs est, sans contredit, de l'égrener d'abord, sans attendre que l'absolue nécessité force à recourir à cette manipulation. Nous pensons qu'on doit faire cette opération dès l'instant qu'elle est praticable. Nous osons assurer qu'elle ne peut être que très-avantageuse, parce que, outre l'emplacement qu'elle ménage, elle procure la facilité à toutes les parties du grain de se dessécher uniformément. Dès que le maïs est égrené et vanné, on le met au grenier, où il reste jusqu'au moment qu'il s'agit de le porter au moulin pour le moudre, ou de l'envoyer au marché pour le vendre; mais quelle que soit sa sécheresse naturelle, il faut de temps en temps le remuer avec une pelle et le faire passer successivement d'un lieu à un autre, en le raffraichissant par de l'air nouveau.

Les insectes, si redoutables à cause de leur petitesse, de leur voracité et de leur prodigieuse multiplication, sont les ennemis dont il faut préserver le maïs. Le moyen le plus efficace pour y parvenir, lorsqu'on n'a pas un grenier bien sec et bien aéré, est de tenir le grain dans des sacs isolés, et de placer ces sacs dans l'endroit de la maison le plus au nord et le plus sec, parce que là où il n'y a point de chaleur ni d'humidité, on n'a point non plus de fermentation ni d'insectes à appréhender.

C'est une erreur de croire que la farine de maïs est difficile à conserver. L'état de division où elle doit être dépend de l'espèce de préparation à laquelle on a dessein de la soumettre. Le grain doit être simplement concassé, lorsqu'il s'agit de le destiner à des potages ; il doit être plus divisé si l'on veut en préparer de la bouillie : enfin la farine doit être aussi fine qu'il est possible, lorsqu'il est question d'en fabriquer du pain ; mais cette farine, examinée avec soin, n'a pas laissé apercevoir la matière nutritive par excellence, le gluten que l'on trouve en abondance dans le froment et dans l'épeautre.

La manière de conserver la farine du maïs est très-simple ; après l'avoir blutée avec soin au sortir du moulin, il faut la renfermer dans des sacs, éloigner les sacs des murs, les isoler de manière à ce qu'ils ne se touchent par aucun point de leur surface, et qu'ils laissent assez de vides entre eux, pour permettre à l'air de circuler librement.

Le maïs est employé avec succès non-seulement à la nourriture des hommes, mais les animaux eux-mêmes en retirent de très-grands avantages; la plupart montrent pour cette nourriture une prédilection décidée : on la leur donne en fourrage, en épis, en grain, en farine et en son. Les chevaux, les bœufs, les moutons, les cochons, la volaille, tous aiment le maïs et le préfèrent aux autres grains; il ne s'agit que d'en varier la quantité et la forme, pour soutenir les uns au travail, et pour engraisser les autres.

§ IV. *Du Sarrasin.*

Le *sarrasin* ou *blé noir*, que *Linné* désigne sous le nom de *polygonum fagopyrum*, est originaire d'Afrique; il a été naturalisé en France. Il serait superflu de décrire ici cette graine que tout le monde connaît. La plante est annuelle dans les terrains secs, et, lorsque la saison est belle, elle commence à fleurir quinze jours après qu'elle est sortie de terre. Chaque fleur ne fournit qu'une seule semence, brune, triangulaire à trois côtés saillans et égaux. En général ses fleurs durent très-longtemps, et même plus de la moitié des graines est mûre lorsque les fleurs tardives épanouissent encore, ce qui est un grave inconvénient pour la récolte; car alors il se perd beaucoup de graines qui se répandent sur la terre. Pour mettre à profit les grains qui tombent ainsi, on mène sur le champ, après qu'on a ôté la récolte en blé-noir, et pendant plusieurs jours, des troupeaux de dindons qui se nourrissent avec avidité de tous les grains qui sont épars, et n'en laissent pas perdre un seul.

Ce grain donne peu de farine; elle est même toujours piquée, à cause de l'écorce que les meules écrasent en même temps; elles l'y mêlent et on ne peut jamais l'en séparer; c'est la seule cause qui la rend grisâtre, car sans cela la farine pure serait très-blanche. On aurait donc à désirer que le meunier, accoutumé à moudre du sarrasin, évitât cet inconvénient, en faisant ce que l'on appelle une mouture ronde, au moyen de laquelle le son est toujours large, sec et aplati.

L'on a tenté beaucoup d'essais pour faire du pain avec la farine du sarrasin sans aucun mélange; mais on n'est pas encore parvenu à en tirer un bon pain : on a beau faire, il ne reste pas frais long-temps; dès le lendemain de sa cuisson, il se sèche, se fend, s'émiette, et finit par devenir insupportable. On corrige une partie de ces défauts en mêlant ce grain avec de l'orge, du seigle ou du froment.

Dans les cantons où les fourrages sont rares, on sème le sarrasin dans la seule vue de nourrir le bétail On le coupe, jour par jour et selon le besoin, à mesure qu'il fleurit, et on le donne aux vaches dont il augmente la quantité et la bonté du lait. Il ne faut pas couper les tiges trop bas, afin de leur laisser la possibilité d'en pousser de nouvelles qui fournissent ensuite du fourrage.

Les chevaux mangent pendant l'hiver les tiges séchées et battues du blé-noir. Le bétail ne les aime pas.

La graine du sarrasin, unie à l'avoine par portions égales, donnée aux chevaux et au bétail qui travaille, les entretient en chair ferme. Le plus grand usage de cette graine est pour la nourriture de la volaille, et de tous les oiseaux de basse-cour.

Les habitans des campagnes en font des galettes ou espèces de crêpes, qu'il font frire dans du beurre ou de la graisse et dont ils sont assez friands.

L'on connaît une autre espèce de blé-noir qui nous vient de Tartarie ou de Sibérie; *Linné* le nomme *polygonum tartarinum*. Il diffère du sarrasin ordinaire par la couleur plus jaunâtre de sa tige; ses bouquets plus allongés, moins rassemblés en tête : les angles de ses semences sont égaux ; la semence est moins grosse ; les fleurs très-petites ; les tiges sont assez dures pour résister et n'être pas meurtries et couchées par des coups de vent. Il est employé aux mêmes usages que le blé-noir ordinaire ou sarrasin : sa paille est trop dure ; elle ne peut servir que de litière aux bestiaux. Cette espèce de blé-noir est plus productive que le sarrasin. Le grain ne s'écrase point sous les pieds du batteur ni sous le fléau ; il est aussi dur que le grain de froment : la mesure en est plus pesante que celle du sarrasin, la farine plus douce, bonne en soupe et en friture, très-propre pour la fabrique des toiles et pour engraisser les bestiaux et la volaille ; elle prend plus d'eau, la pâte a plus de liaison, le pain est plus nourrissant ; les bestiaux en mangent le son ; le grain se conserve au gerbier et au grenier, il ne s'échauffe point, et ne prend point le goût de fort et de moisi : il peut se conserver plus de deux années, comme le froment. Les charançons ne l'attaquent pas ; les rats le recherchent de préférence à tout autre grain.

Le sarrasin ne possède aucun des avantages que présente le blé-noir de Tartarie, et que nous venons de faire connaître; il est surprenant qu'il ne soit pas plus généralement cultivé.

§ V. *Du riz.*

Le riz, que *Linné* a nommé *oryza sativa*, est originaire des Indes; on le cultive en Piémont et dans quelques endroits de l'Italie; cette plante est annuelle.

On conserve le riz dans les greniers comme le blé, pourvu que l'on ait soin de le faire sécher avant de le renfermer, et de le remuer de temps en temps, jusqu'à la moitié de l'hiver, et à proportion du plus au moins qu'on connaîtra qu'il est nécessaire. Lorsque le grain est bien sec, on le porte au moulin, qui est en tout semblable aux moulins à blé, à l'exception que la meule d'en bas est couverte de liége par dedans, c'est-à-dire entre les deux meules, afin qu'elles n'écrasent point les grains; et pour cet effet on hausse un peu celle de dessus, jusqu'à ce qu'il y ait le vide nécessaire pour que le riz puisse bien s'écorcer.

Ce grain est très-nutritif. Plusieurs nations en font un pain qu'elles trouvent aussi agréable au goût et aussi avantageux pour la santé que le pain de froment. La médecine emploie souvent le riz dans plusieurs maladies.

La farine de riz n'est pas propre à être mélangée avec aucune autre farine pour en faire du pain cuit au four. Elle demeure compacte et ne lève pas ; mais le riz en grain sert à une infinité d'usages, et est employé avantageusement comme substance alimentaire.

§ VI. *De la châtaigne.*

La châtaigne est le fruit du châtaignier que *Linné* réunit au genre du hêtre et qu'il nomme *fagus castanea.* Nous ne chercherons pas à faire connaître les diverses espèces de châtaignier; il n'en est pas des arbres comme des plantes annuelles; on peut, en semant celles-ci chaque année, choisir l'espèce qui présente le plus d'avantages; mais un arbre aussi lent à pousser que le châtaignier ne peut pas être aussi facilement renouvelé. Nous ne considérons ici la châtaigne que d'une manière générale, sans nous occuper des qualités particulières, ou des différens goûts que présente telle ou telle espèce, telle ou telle variété de chaque espèce : il nous suffira d'indiquer les moyens qu'on pratique dans les diverses contrées pour employer ce fruit comme substance alimentaire. Ceux de nos lecteurs qui désireront des notions étendues sur la culture du châtaignier, peuvent consulter l'excellent ouvrage de *Parmentier*, intitulé *Traité de la châtaigne* : nous allons en extraire tout ce qui nous paraît d'une utilité majeure dans le plan que nous avons adopté.

Sous le nom générique de châtaigne nous plaçons aussi les marrons, sans en faire un article particulier, puisque tout ce que nous avons à dire est commun à l'un et à l'autre fruit.

La récolte de la châtaigne est abondante de deux années l'une, très-rarement deux années de suite, à moins que la saison n'ait été très-favorable. La manière de les cueillir, le temps le plus favorable pour cette cueillette, les divers moyens qu'on met en usage pour prolonger la jouissance de ce fruit, sont trop importans pour que nous nous permettions d'omettre aucune des circonstances qui peuvent tendre à jeter quelque jour sur l'art de conserver la châtaigne.

On ne doit cueillir la châtaigne que lorsqu'elle est parfaitement mûre. La nature indique la maturité du fruit par sa chute; et presque toujours le hérisson, en tombant sur terre, s'ouvre et le fruit en sort: le propriétaire vigilant enverra au moins tous les deux jours et de grand matin faire la cueillette du fruit tombé, et ses gens presseront doucement avec le pied le hérisson qui ne sera pas ouvert, afin d'en faire sortir le fruit. Aussitôt que la châtaigne est tombée de l'arbre, il faut l'enlever de dessus la terre. Si cet enlèvement se fait à la rosée, et par un temps de brouillard, le fruit se conserve mieux.

Les méthodes que l'on emploie pour rassembler la récolte, varient suivant les lieux; comme elles influent singulièrement sur la conservation de ce fruit, nous devons entrer dans quelques détails.

Dans plusieurs endroits on creuse des fosses dans lesquelles on jette le hérisson qui renferme la châtaigne; souvent ces fosses se remplissent d'eau. Dans d'autres on amoncèle en plein air les hérissons, et ils restent dans cet état jusqu'à ce qu'ils s'ouvrent, et que le fruit s'en détache. Ces méthodes sont l'une et l'autre défectueuses; elles ne sont utiles qu'au vendeur, mais préjudiciables à l'acheteur.

Ces monceaux fermentent, la chaleur s'y excite, elle pénètre dans l'intérieur du fruit, y concentre l'humidité qui ne peut s'échapper à travers l'écorce, et enfin dispose le germe à se développer. Le temps est venu de vendre le fruit : on le sépare de son enveloppe; il est beau, bien renflé, un moindre nombre remplit le boisseau, et l'acheteur est trompé, parceque, dès que le fruit est chez lui, le volume diminue, et l'eau surabondante de végétation qui s'est échauffée, n'ayant pu s'évaporer auparavant, s'échappe enfin par la dessication, et le fruit est déjà moisi dans son intérieur. Il vaudrait infiniment mieux, aussitôt après la cueillette, porter le hérisson sous des hangars exposés à un libre courant d'air, et faire le lit peu épais. Le hérisson se dessécherait plus vîte, il est vrai, que dans les fosses ou dans les monceaux exposés successivement à la rosée, à la pluie, au soleil, etc., mais leur dessication suivrait une marche progressive et non interrompue ; et le fruit perdrait peu à peu cette eau surabondante de végétation qui le fait moisir. En effet, combien ne voit-on pas de châtaignes germées avant d'être débarrassées de leur hérisson, lorsqu'on les sort de la fosse ou du monceau ? La germination a détruit la partie sucrée du fruit à tel point, que les rats, qui en sont très-friands, le dédaignent lorsqu'il a été dans cet état.

La méthode de rassembler la châtaigne avec le brou ou hérisson a été imaginée par ceux qui se hâtent de vendre leur récolte au printemps, et par cette raison ils sont obligés d'abattre le fruit de l'arbre avant sa maturité ; il n'est donc pas surprenant que ce fruit ne se conserve pas dans la suite.

Si l'on veut mettre la châtaigne dans le cas de se conserver pendant long-temps, sa dessication doit être lente, uniforme et soutenue ; enfin, on doit remuer de temps à autre les châtaignes à la pelle, afin que celles de dessous se dessèchent aussi également que celles de dessus. Si, en enfonçant la main dans le monceau, on sent de la chaleur, c'est une preuve que la fermentation s'y est établie, et le signe le plus certain du peu de durée de la châtaigne dans un état sain. Le propriétaire est puni de sa négligence, il perd sa récolte. Les châtaignes, desséchées comme nous venons de le dire, conservent les noms de *vertes* ou de *fraî-*

ches, c'est-à-dire qu'elles ont seulement perdu leur eau surabondante de végétation.

On se sert de divers intermèdes, dans la vue d'empêcher une nouvelle fermentation, lorsqu'on les amoncèle après cette première dessication. Par exemple, entre chaque lit peu épais, on place des feuilles sèches de bruyères, des tiges de fougères, de la petite paille, ou bien l'on stratifie les marrons avec du son, du sable, de la cendre. Ce dernier moyen serait le meilleur, si l'on était sûr que la dessication est à son point; mais, pour prévenir tout évènement, on préfère l'intermède du sable très-sec, peu sujet à attirer l'humidité de l'atmosphère; il laisse à l'humidité des fruits les moyens de s'échapper avec facilité. Enfin, pour règle générale, on doit tenir les châtaignes dans des lieux très-secs, très-exposés à un courant d'air non humide, ou trop froid; la gelée fait périr ce fruit et surtout le marron.

Parmentier indique une autre excellente méthode, qui n'est malheureusement pas suivie et qu'on ne saurait trop répéter; la voici : Les châtaignes et les marrons, ramassés au grand soleil, exposés ensuite à l'action de cet astre pendant sept à huit jours, sur des claies que l'on retire tous les soirs, et que l'on pose les unes sur les autres dans l'endroit de la maison le plus chaud, acquièrent la propriété de se conserver très-long-temps, et même de supporter les plus longs trajets sans rien perdre de leur saveur agréable et de la faculté de se reproduire; mais cette méthode, dont la bonté est reconnue, ne peut être pratiquée par nos marchands, parce que les fruits, ainsi séchés au soleil, ont perdu un peu de leur volume, et leur surface extérieure, au lieu d'être lisse, est ridée; ce qui serait un obstacle au débit de la denrée, qui a besoin, comme beaucoup d'autres, du coup d'œil.

Parmentier propose encore une recette pour manger la châtaigne verte pendant toute l'année. Elle consiste à faire bouillir ce fruit pendant quinze à vingt minutes dans l'eau, et à l'exposer ensuite à la chaleur d'un four ordinaire, une heure après que le pain en a été tiré. Par cette double opération, la châtaigne acquiert un degré de cuisson et de dessication propre à la conserver très-long-temps, pourvu qu'on la tienne dans un lieu extrêmement sec. On peut s'en servir ensuite en la mettant réchauffer au bain de vapeur ou au bain-marie. Ceux qui préfèrent de la manger froide, n'ont besoin que de la laisser renfler à l'humidité pendant l'espace d'un ou deux jours.

Nous n'avons parlé jusqu'à présent que de la manière de conserver les châtaignes par une dessication incomplète. Les diverses méthodes que nous avons fait connaître tendent à préserver ce fruit de la moisissure pendant une partie de l'année, et à se procurer l'avantage de le manger à-peu-près frais pendant long-temps ; cependant on ne peut se flatter de le faire arriver en cet état jusqu'à la récolte nouvelle. Pour parvenir à ce but, on est obligé d'avoir recours à la dessication complète du fruit par l'intermède de la chaleur et de la fumée. La méthode pratiquée dans la partie des départemens du Gard et de la Lozère, qui portait autrefois le nom des Cevennes, est la meilleure; elle a été très-bien décrite dans l'ouvrage de *Parmentier* que nous avons déjà cité ; nous conseillons aux agriculteurs de consulter cet excellent traité.

La châtaigne, dans l'état de parfaite dessication où la méthode des Cevennes l'a amenée, peut se conserver non-seulement pendant tout l'hiver, mais encore d'une année à l'autre, sans rien perdre de sa bonté.

La méthode employée dans le ci-devant Limousin est infiniment éloignée de la perfection de celle dont nous venons de parler; les châtaignes acquièrent une couleur noirâtre, et deviennent mollasses lorsqu'on les fait cuire; la plupart ont un goût empyreumatique très-marqué, au lieu que ce fruit, préparé suivant le procédé des Cevennes, se conserve très-ferme; et après la cuisson, il a un petit goût sucré assez agréable, et presque aussi bon que celui dont on vient de faire la récolte.

§ VII. *Des légumes.*

Les légumes sont, à proprement parler, les graines des fleurs en papillon, tels sont les pois, les fèves, les haricots, les lentilles, etc., d'où est venue la dénomination de *plantes légumineuses.* Ces graines sont renfermées dans une gousse formée de deux battans ou cloisons: elles tiennent à cette gousse par un cordon ombilical. A Paris et dans les environs, on a trop généralisé l'idée attachée au mot *légume*, et on lui a donné une extension sur toutes les plantes d'un potager, de sorte qu'un chou, une carotte, un potiron, un navet, un melon, une asperge sont appelés mal-à-propos *légumes*; ce qui fait une confusion dans les idées. Ce nom ne devrait être consacré qu'aux plantes vraiment *légumineuses*. Nous n'entrerons pas ici dans de plus grands détails, parce qu'en parlant de chacune de ces plantes séparément, nous traiterons de la manière de les conserver.

Des pois. Ils se divisent naturellement en deux classes : la première comprend les pois sans parchemin, c'est-à-dire ceux dont la cosse est bonne à manger étant encore verte, et dont on compte quatre variétés. La seconde renferme les pois à parchemin, dont la cosse est dure et coriace, et ne sert pas à l'aliment de l'homme, même étant nouvelle : on en compte douze variétés. A ces deux classes nous en ajouterons une troisième destinée au pois-chiche; elle n'a rien de commun avec les espèces ou variétés précédentes et fait une espèce à part.

Si nous considérions le pois en vert, sous le rapport de substance alimentaire, nous entrerions dans tous les détails nécessaires pour en faire distinguer les espèces et les variétés, afin qu'on pût connaître parfaitement celles qui sont préférables à cause des qualités que les unes possèdent à un plus haut degré que les autres. Une pareille discussion nous ferait sortir du plan que nous nous sommes proposé. Nous considérons ici les plantes légumineuses seulement sous le rapport de leur conservation, afin qu'elles puissent être employées comme aliment en toute saison. Quelle que soit l'espèce ou la variété des pois, leur usage est à-peu-près le même; nous en parlerons donc d'une manière générale.

On peut regarder les pois comme un des légumes les plus précieux; rien n'est perdu. Son grain, soit en vert soit en sec, sert de nourriture à l'homme, et en sec il tient lieu d'avoine aux animaux. On mange la cosse des pois sans parchemin; et même celle des pois à parchemin donne, après que le grain en a été séparé, une purée très-bonne, mais qui diffère de celle fournie par le pois même. On jette ces cosses dans de l'eau où on les laisse bouillir jusqu'à ce que l'on sente que la pulpe se détache du parchemin; alors on écoule l'eau, on laisse un peu refroidir les cosses, on tord ensuite le tout dans un linge fort et à tissu peu serré. La pulpe se sépare et tombe dans un vase placé pour la recevoir, et le parchemin reste sec dans le linge. Cette purée fait de très-bonnes soupes au gras ou au maigre. Si on ne veut pas en tirer ce parti économique, on donne les cosses aux vaches, et cette nourriture augmente leur lait. Les tiges fraîches ou sèches de toutes les espèces de pois sont un excellent fourrage qui maintient les animaux, surtout les chevaux, en bonne chair.

La manière de conserver les pois a été indiquée par le père d'*Ardennes*. Nous allons transcrire plusieurs moyens donnés par cet auteur.

L'utilité qu'on retire des pois a fait rechercher les moyens de s'en procurer hors de leur saison naturelle. Si l'on veut garder les pois en verdure, c'est-à-dire avec leur gousse, on choisit les pois sans parchemin, appelés *gourmands* ou *goulus*, et, par préférence, ceux dont la gousse est la plus large. On prend les plus tendres dont le grain n'ait qu'un tiers de grosseur; on les épluche de leurs nervures; puis, étant ainsi préparés, on en fait avec du fil des liasses qu'on jette dans l'eau bouillante pour les y laisser environ cinq ou six minutes; après quoi on les en retire pour les passer tout de suite dans l'eau fraîche; étant refroidis, on les expose au grand air et au vent, mais non au soleil, qui les brunirait et les noircirait. On les visite de temps en temps, et on les remue pour éviter qu'ils ne moisissent. Lorsqu'ils sont suffisamment ressuyés et bien secs, on les enferme dans des boîtes ou dans des sacs de papier. Pour s'en servir, il faut les faire revenir dans l'eau tiède pendant quelques heures et les faire cuire dans la même eau.

Si l'on veut garder les pois en grains, il faut les choisir bien tendres. Aussitôt qu'ils sont écossés, il faut les mettre dans l'eau bouillante : après qu'ils auront bouilli un instant, on les retire et on les passe, comme nous l'avons dit, dans l'eau fraîche. On les expose ensuite au grand air et à l'ombre sur une nappe blanche, en observant de les remuer de temps en temps, et même de changer cette nappe si elle est trop mouillée. Quand ils sont bien secs, on les serre comme les autres, et on les garde en lieu sec pour en user comme nous l'avons indiqué plus haut.

Pour conserver les pois contre le charançon qui les ronge intérieurement, on met les légumes, aussitôt qu'ils sont récoltés, dans un four tant soit peu chaud ; ce qui fait périr les insectes en quel degré d'accroissement qu'ils se trouvent. Ces grains ainsi échauffés conservent leur intégrité et ne contractent rien de dégoûtant, quoiqu'ils perdent quelque chose de leur bonté.

On peut encore les jeter dans l'eau bouillante, les verser ensuite dans l'eau froide, et se hâter de les faire sécher.

Des haricots. Linné compte une infinité d'espèces de haricots qu'il est inutile de décrire dans un ouvrage de la nature de celui que nous avons entrepris, puisqu'elles sont toutes employées avantageusement comme substance alimentaire.

Toutes les espèces de haricots sont originaires des grandes Indes ou de l'Amérique; il n'est donc pas surprenant qu'ils éprouvent des changemens en raison de la différence du climat, ou du sol, ou de la culture; changemens qui ont occasionné le grand nombre d'espèces que l'on reconnaît dans ce genre de plante légumineuse.

Le haricot est de tous les légumes celui que les insectes attaquent le moins; et, quoique sa conservation en grain n'exige presque aucun soin, il ne sera pas inutile de faire observer qu'il faut les tenir dans un endroit sec et aéré et les remuer de temps en temps en les changeant de place dans le grenier. Nous ajouterons à cette notice quelques observations particulières.

On attend, pour cueillir les gousses des haricots qu'on veut conserver en sec, que la rosée soit entièrement dissipée, et que le soleil soit vif et chaud. S'il s'agit de la récolte des haricots grimpans, on la fait à mesure que ses gousses se sèchent, et on les sépare de la tige sans l'endommager. Le *cueilleur*, à cet effet, tient d'une main la tige, saisit de l'autre la gousse, et avec l'ongle, en coudant son pédicule, le casse, le sépare de la tige, et jette la gousse dans un panier ou dans le tablier replié et attaché autour de lui. Quelques personnes font couper le pédicule avec des ciseaux; c'est la méthode la plus sûre, et elle est aussi expéditive que toute autre; les gousses qui restent sur la tige sont mangées en vert ou en fèves vertes, si elles n'ont pas le temps de mûrir.

Quant aux haricots nains, la récolte s'en fait tout à-la-fois: on arrache la tige par un temps sec; on bottelle ces tiges et on les suspend sous des hangars afin qu'elles y sèchent; c'est la meilleure manière de conserver les haricots; et, s'ils sont gardés dans leurs gousses, on peut les semer jusques après la seconde année. Pour les séparer des gousses, on les bat au fléau.

La gousse tendre se digère facilement, nourrit peu; la semence fraîche est peu nourrissante; elle l'est beaucoup plus après sa dessication; mais elle pèse aux estomacs faibles, cause des vents et des borborygmes lorsqu'elle est mangée avec la peau.

Avec un peu d'art on vient à bout de conserver en vert des haricots, et c'est une des meilleures provisions pour le ménage. Voici la recette de leur préparation : faites cueillir, sur la fin de l'été, les haricots de la meilleure espèce et les plus tendres que vous pourrez trouver, dans la quantité que vous voudrez en faire provision; épluchez-les, c'est-à-dire ôtez-en les pointes des deux bouts et les fils des côtés, sans casser les haricots par le milieu, comme quand on veut les manger tout de suite; faites après cela blanchir les haricots en les jetant dans l'eau bouillante et les retirant presque aussitôt, c'est-à-dire quand ils auront fait deux bouillons seulement : il n'en faut pas davantage si l'on veut qu'ils conservent leur fraîcheur et leur goût. Pour faire cette opération plus sûrement et plus commodément, on a une grande chaudière sur le feu, dans laquelle l'eau bout, et on se sert d'un panier d'osier, avec lequel on plonge dans cette eau les haricots, et on les en retire quand ils ont tant soit peu bouilli. Il n'est pas nécessaire de mettre toute la provision en une seule fois; on peut le faire par parties et à différentes reprises, mais toujours dans la même proportion de cuisson.

A mesure que l'on retire les haricots de l'eau bouillante, on les verse sur des claies que l'on tient pressées pour les y laisser égoutter; il faut bien les éparpiller sur ces claies afin qu'ils ressuient mieux, et les placer à l'ombre pour sécher. On mettra ensuite ces claies dans un four après qu'on en aura retiré le pain; mais il faut que le four ne soit guère chaud, et l'on ne doit pas les y laisser long-temps; car la chaleur recuirait les haricots, et en les séchant trop elle en altérerait la bonté. Pour éviter cet inconvénient, si l'on a un grenier ou quelqu'autre endroit propre, et qu'on se trouve encore dans le temps des grosses chaleurs, il vaudra mieux porter les claies chargées dans ce grenier, et les y laisser sécher toujours à l'ombre, jamais au soleil, parce qu'il leur ôte la couleur et même le goût naturel. Le lieu le plus exposé à un grand courant d'air et à l'ombre est celui qu'on doit choisir par préférence.

Quand les haricots sont bien secs, on doit

les enfermer dans des sacs de papier et les remplir ; ils ne doivent être percés nulle part, et on les gardera bien après y avoir mis les haricots, en collant leur ouverture de manière que l'air n'y puisse entrer par aucun endroit ; on fermera ensuite le sac dans un lieu sec, jusqu'à ce qu'on veuille en faire usage.

Lorsqu'on voudra en manger, on prendra un ou deux de ces sacs dont on tirera les haricots que l'on mettra tremper dans l'eau fraîche, depuis le matin jusqu'au soir ; cette eau les fera renfler et leur rendra leur première verdure : on pourra alors les faire cuire, les assaisonner, les servir, comme s'ils venaient d'être cueillis : le goût n'en sera pas tout-à-fait le même; mais la différence n'en sera pas bien grande.

Des fèves. A Paris et dans les environs on désigne ce légume sous le nom de *fève de marais*, parce qu'on la cultive dans des potagers que l'on appelle *marais.* Cette dénomination, prise à la lettre, serait funeste au cultivateur, s'il semait les fèves dans un sol trop humide et marécageux. *Linné* nomme cette plante *vicia faba*, et en reconnaît cinq espèces différentes, qui sont toutes d'excellentes substances alimentaires.

La conservation des fèves exige quelques soins ; d'abord elle doivent être parfaitement desséchées ; elles doivent ensuite être tenues dans un lieu bien sec, et souvent remuées. Sans ces précautions, elles s'échauffent quand elles sont rassemblées en tas.

Des lentilles. Cette plante légumineuse, que *Linné* appelle *ervum lens,* produit une petite gousse à une seule loge. On en distingue deux espèces, ou plutôt l'une est une variété de l'autre. La première est appelée *grosse lentille*, et la seconde, plus petite, *lentille à la reine.* Cette dernière est plus délicate. La lentille fournit une purée excellente, saine et savoureuse. Ces petits grains sont une ressource précieuse, lorsque les pluies ont empêché les semailles des blés hivernaux, ou lorsqu'ils ont péri par les gelées, ou telle autre intempérie des saisons.

La méthode employée pour conserver les lentilles est la même que celle qu'on emploie pour les haricots ; il faut les tenir dans un lieu sec et aéré, et les changer de place de temps en temps.

Indépendamment des graines légumineuses que nous venons de faire connaître, il en existe plusieurs autres dont nous ne parlerons pas, parce que l'usage ne les a pas appliquées à la nourriture de l'homme; elles sont réservées aux animaux domestiques ou à la volaille, soit en vert, soit en grains. Nous dirons seulement que la *gesse*, dans les pays où elle est cultivée, peut remplacer jusqu'à un certain point les pois. On la cultive dans les parties méridionales de la France, où elle sert d'aliment, et dans le nord elle est entièrement consacrée à la nourriture des pigeons et de la volaille.

ARTICLE II.

Des autres substances végétales ou plantes potagères.

L'immense quantité des plantes potagères qui servent à la nourriture de l'homme ne nous permet pas d'entrer dans beaucoup de détails sur chacune d'elles; un volume entier ne suffirait pas pour en faire connaître la nature et les propriétés. Nous traiterons d'une manière générale des substances végétales employées par l'homme comme aliment, et, pour ne rien omettre de ce qu'il importe de connaître, nous diviserons en quatre parties tout ce que nous avons à en dire; dans la première, nous parlerons des herbes ou herbages; dans la seconde, nous traiterons des fruits; dans la troisième, nous nous occuperons des racines; et dans la quatrième, nous ferons connaître les tubercules : ces quatre parties fourniront la matière de quatre paragraphes.

§ Ier. *Des herbes ou herbages.*

Les jardins potagers fournissent en toute saison beaucoup de plantes, dont les feuilles sont employées avec succès comme aliment journalier. Pendant la saison rigoureuse de l'hiver la terre est dépourvue de presque tous ses herbages; mais l'art est parvenu à suppléer à ce défaut. Le chou est de toutes les plantes potagères celle qui se conserve le mieux; elle n'exige pas beaucoup de soin, et on en prolonge la durée pendant tout l'hiver, même pendant les plus fortes gelées. Voici la manière dont on doit opérer :

Ce sont les *choux pommés*, et ceux dits de *Milan* que l'on conserve frais, dans des caves ou dans des celliers. On les cueille par un temps tempéré, ni chaud, ni froid, ni sec, ni humide. On coupe la racine au-dessous des feuilles, puis on les range à côté les uns des autres, dans une espèce de rigole ou tranchée que l'on fait dans le sable. On multiplie ces rigoles; il suffit que chaque rang de choux soit séparé de l'autre par un lit de sable d'un pouce ou deux d'épaisseur. L'endroit où on les conserve doit être à l'abri de la gelée et de l'humidité; l'une et l'autre les feraient pourrir.

Si l'on n'a pas assez d'espace pour les entourer de cette manière, on peut se borner à les suspendre au plancher, la racine en haut, dans un lieu sec où il ne gèle point, ou les y déposer sur des planches; alors on ne coupe pas la racine, elle sert à les suspendre.

Lorsqu'on veut conserver une grande quantité de choux pour en approvisionner les marchés pendant l'hiver, les jardiniers emploient un moyen plus économique : ils font de grandes tranchées dans un champ; ils y placent les choux assez profondément et les recouvrent de terre. Par ce moyen la gelée ne peut pas les atteindre; mais ils sont souvent exposés à trouver beaucoup de leurs choux pourris.

Les choux-fleurs exigent quelques précautions de plus que nous allons décrire. On choisit d'abord un beau jour, quand il n'y a ni eau, ni humidité sur les plantes, et, pour plus de sûreté encore, on les pend en l'air par la racine, pendant un jour ou deux dans un lieu fort aéré. On leur ôte ensuite une partie de leurs feuilles les plus basses, et on les enterre près à près, jusqu'au collet, dans des tranchées de profondeur convenable, et dans un terrain de sable. S'il est trop sec, on le mouille un peu auparavant, et l'on donne de l'air à la serre le plus que l'on peut. Lorsque les gelées surviennent, on calfeutre porte et fenêtre : ils font leur pomme dans cette situation, plus petite à la vérité qu'en plein air ; mais on est bien aise de les trouver telles pendant tout l'hiver. Ils vont quelquefois jusqu'à Pâques, quand la terre est bonne, et qu'on a soin d'ouvrir les fenêtres, dès que le temps s'adoucit.

Dans les mois de novembre et décembre, pendant lesquels ils sont encore en pleine terre, il faut de l'attention pour les préserver des gelées, souvent assez fortes, en faisant porter de la grande litière bien secouée, au bord des carrés, pour les couvrir diligemment, lorsque le temps menace; et à mesure que les pommes sont en état d'être coupées, il faut les porter dans la serre. On coupe le pied au-dessous de la pomme : on les dépouille de toutes leurs feuilles jusqu'à fleur de la pomme, c'est-à-dire on les coupe à fleur sans les éclater, et on les range proprement sur des tablettes. Ils se conservent bons, quoique coupés depuis deux ou trois mois; mais il faut que la serre ait de l'air, et ne soit pas humide, sans quoi ils moisissent et pourrissent.

Il sera utile d'ajouter à ces détails la description de quelques pratiques isolées et peu connues en France, pour conserver les choux et les employer, comme aliment, dans des saisons où la terre n'en produit pas.

Les Hollandais dépouillent les têtes ou pommes de choux-fleurs de toutes leurs feuilles. Les uns coupent ces pommes par tranches; d'autres en divisent perpendiculairement les rameaux, les jettent dans une eau légèrement salée, et la font bouillir pendant une minute ou deux. Aussitôt ils retirent ces morceaux de l'eau, et les rangent sur une claie, pour les laisser égoutter; après quoi, ils exposent ces claies au soleil. Deux ou trois jours après, on les porte dans un four à demi-chaud; opération qu'on réitère jusqu'à ce que les tronçons soient secs. Pour lors, on les renferme dans du papier, afin de les soustraire à l'humidité. Lorsqu'on veut s'en servir, on les fait revenir dans l'eau tiède pendant quelques heures, et cuire ensuite à l'eau bouillante, pour recevoir l'assaisonnement convenable.

Les habitans de quelques montagnes du ci-devant Forez coupent perpendiculairement la pomme des choux cabus en six ou huit parties, suivant sa grosseur, les jettent pendant quelques minutes dans l'eau bouillante, les en retirent, les laissent égoutter, enfin les plongent dans le vinaigre, qu'ils ont soin de changer de temps à autre, surtout dans le commencement, et y ajoutent un peu de sel. Il est certain que ces deux préparations seraient très-utiles sur mer pour les voyages d'un long cours. La première réunit l'agréable et l'utile, et la seconde serait un remède excellent contre le scorbut. L'on verra plus bas les moyens ingénieux que *M. Appert* a imaginés pour conserver les subtances alimentaires.

Le chou de Strasbourg ou d'Allemagne sert à la préparation du *saur-kraut*, en Allemand, ou *saur-krout*, en Anglais; ce qui veut dire *chou-aigre*, que l'on nomme mal-à-propos en France *choucroute*. Voici la meilleure manière de préparer le *saur-krout* ; elle a été donnée par le capitaine *Cook* à la suite de ses voyages.

On prend des têtes de choux, qu'on hache, et qu'on met ensuite dans une espèce de caisse, qui s'avance peu à peu sur une machine semblable à celle dont on se sert pour couper les concombres en tranches. Les taillans de fer qui coupent les choux en tranches ont de douze à dix-huit pouces de longueur. Tandis que la caisse est tirée en avant et en arrière sur cette machine, il faut presser doucement les têtes de choux, et y en mettre de temps en temps de nouvelles. Les choux se découpent en tranches minces, et tombent dans un grand trou qui aboutit à la machine. Il y a des personnes qui mettent dans ces tranches de choux du sel et des graines de *carvi*, et d'autres du sel et de la graine de genièvre. On les bat dans un tonneau, ou dans une cuve dont on a défoncé le haut, jusqu'à ce qu'elles donnent du jus. L'instrument dont on se sert pour cela est un gros bâton d'environ cinq à six pouces de diamètre, ou un grand et fort battoir de beurrière. Les grains de carvi sont préférables au genièvre : en effet, ils sont très-nourrissans ; et toutes les nations tartares, après les avoir moulus, les font cuire avec le lait de leurs jumens; d'ailleurs ils donnent, par la fermentation, une plus grande quantité d'acide carbonique. Ils ont la propriété de rendre le lait aux nourrices qui n'en ont plus; et ces dernières qualités suffiraient seules pour leur donner la préférence sur le genièvre.

Si la futaille, dans laquelle on prépare le *saur-krout*, a contenu du vin, de l'eau-de-vie, du vinaigre, la fermentation réussit mieux, et procure au *saur-krout* un goût plus vineux. Quelquefois on frotte l'intérieur du tonneau avec le levain du *saur-krout*, pour accélérer la fermentation; mais on peut omettre cette précaution si on a assez de temps pour que les choux passent par une fermentation graduelle. On conduit ensuite le tonneau dans une température modérée, et, s'il est possible, de plus de treize à seize degrés du thermomètre de Réaumur. Ce degré de chaleur hâte beaucoup la fermentation vineuse. Dès que le *saur-krout* commence à être acidulé, ce qui arrive en dix, douze ou quatorze jours, suivant le degré de chaleur dans lequel on tient ce tonneau, on peut le retirer dans le cellier où on veut le garder. Dans le commencement, on trouve une certaine quantité de jus au haut des choux en fermentation, et on fait avec un bâton un trou au milieu du tonneau, pour que la liqueur en fermentation circule mieux. Si le chou est destiné à un long voyage de mer, on l'ôte de son jus; et, quand il est dans cet état de sécheresse, on en remplit d'autres futailles, où on a soin de le comprimer; mais, si on veut le consommer sur les lieux, on couvre le sommet du tonneau avec un couvercle bien propre, sur lequel on met un gros poids, pour comprimer le chou fermenté. Cette préparation très-recherchée en Allemagne, en Danemarck, en Suède, en Russie, est à peine connue dans le nord de la France: on en fait beaucoup d'usage en Flandre, en Alsace et en Lorraine.

§ II. *Des fruits.*

Selon le langage des botanistes, le fruit n'est, à proprement parler, que le germe renfermé dans l'ovaire, fécondé par la poussière séminale, grossi et développé jusqu'au point prescrit par la nature, et en état de germer et de produire une plante. D'après cette définition, il est clair que la graine, de quelque nature qu'elle soit, est le véritable fruit, et, quoique ce soit à tort que l'usage ait consacré ce mot, pour désigner la pulpe succulente ou le péricarpe qui enveloppe certaines graines, il n'entre pas dans notre plan de le considérer ici sous sa véritable acception ; nous n'en traiterons que selon le sens que le vulgaire lui donne.

Nous distinguerons dans ce paragraphe les fruits sous deux rapports différens ; ceux qui sont produits par les arbres fruitiers et que nous désignerons sous le nom de *fruits proprement dits* ; et ceux qui proviennent des plantes potagères que nous appellerons *fruits potagers*. Ce sont principalement ces derniers qui nous occuperont le plus, parce qu'ils sont les plus utiles pour remplir le but économique qui fait le sujet de cet ouvrage.

1°. *Des fruits proprement dits.*

Nous avons déjà prévenu le lecteur que nous désignerions sous ce nom les productions des arbres fruitiers, comme pommiers, poiriers, pêchers, abricotiers, figuiers, coignassiers, etc. Ces fruits sont trop connus pour que nous nous attachions à les décrire. Il nous suffira d'indiquer les moyens de les conserver.

Tout le monde sait que l'on nomme fruitier le lieu où l'on garde et où l'on conserve les fruits; mais peu de personnes savent que la meilleure cave est le meilleur fruitier. Cette assertion mérite quelques développemens. La meilleure cave est celle qui est sèche, assez profonde en terre pour que la chaleur de son atmosphère s'y soutienne, d'une manière invariable, pendant l'été comme pendant l'hiver, entre le dixième et onzième degré au-dessus de zéro du thermomètre de Réaumur; il faut en même temps que le baromètre y éprouve peu de variation. Il ne faut pas perdre de vue que les perpétuelles alternatives du chaud et du froid, de la sécheresse et de l'humidité de l'air atmosphérique, sont les agens dont la nature se sert pour hâter la décomposition des corps par la désunion de leurs principes; le froid les contracte, la chaleur les dilate, la sécheresse de l'air attire l'humidité de végétation du fruit; et, comme tous les fluides cherchent à se mettre en équilibre, le fruit, à son tour, attire l'humidité de l'air, lorsqu'elle est surabondante.

Si le raisonnement et l'expérience prouvent que l'action directe de l'air sur les fruits influe singulièrement sur leur conservation ou leur putréfaction, notre assertion ne trouvera aucun contradicteur, et il sera hors de doute que la meilleure cave deviendra le meilleur fruitier : cependant, comme il est très-difficile de se procurer des caves aussi parfaites, il importe de rechercher les moyens de se procurer un bon fruitier.

Le premier objet à examiner est la constitution habituelle de l'atmosphère du pays que l'on habite. Dans les départemens du nord, on a à redouter l'humidité et le froid ; dans ceux du midi, l'humidité passagère, mais excessive pendant quelques jours seulement, lorsque les vents du sud, sud-est et sud-ouest soufflent en hiver, et souvent des hivers trop doux et trop venteux par rafales.

Dans le nord, on doit prendre les plus grandes précautions contre le froid, qui, dans une nuit, détruit tous les fruits ; et dans le midi, contre l'humidité qui, une fois introduite, se dissipe difficilement, à moins qu'on ne renouvelle l'air, en ouvrant la porte ou la fenêtre, opération dangereuse, parce que le fruit craint singulièrement la transition d'une espèce d'air dans une autre.

Il faut nécessairement établir une espèce de tambour devant la porte d'entrée du fruitier, n'ouvrir celle-ci qu'après avoir fermé la porte du tambour, et refermer toutes les deux sur soi : voilà le meilleur garant contre le froid et contre l'humidité, surtout si les fenêtres ferment bien, et qu'entre le mur et leur cadre toute communication d'air soit rigoureusement interdite : un double châssis en papier ou un double vitrage devient nécessaire, suivant le climat; d'où il est aisé de conclure que les expositions du midi et du levant sont à préférer; que celle du nord est funeste, et que l'on fera très-bien de choisir un emplacement abrité des coups de vents; mais il importe fort peu que le fruitier soit dans une cave, au rez-de-chaussée, au premier ou au second étage, s'il est bien à couvert du froid, de l'humidité, et de l'impression de l'air, sans cesse changeant, suivant l'état de l'atmosphère. Voilà le vrai et unique secret pour conserver le fruit pendant des années entières.

Il y a encore quelques précautions à prendre pour conserver les fruits; il ne sera pas inutile de rapporter ce qu'un agronome renommé a écrit sur cette matière : « Quelques personnes, dit-il, gardent des pommes pendant une année, et en ont même gardé jusqu'à deux ans dans des caves ou souterrains, où l'air moins sec ou moins subtil que celui du dehors, au lieu de pomper le suc des fruits, les entretient dans une fraîcheur naturelle; avec la précaution de ne pas les approcher de trop près les unes des autres, et de les ranger sur des tablettes, un peu éloignées des murs, et couvertes d'une mousse fine et tendre, qu'on a soin de battre au soleil à chaque nouveau remplacement. Chacune de ces pommes, placée à deux doigts de distance de sa voisine, s'enfonce doucement dans cette mousse qui se relève entre deux, au moyen de quoi celle qui vient à se gâter, et que l'on enlève aussitôt qu'on s'en aperçoit, ne communique point son mal dans le voisinage. Il n'est besoin ni de paille, ni de foin, ni de couvertures de lit, pour couvrir les fruits dans ces souterrains, comme dans les fruitiers ordinaires. »

« Quelques curieux, quand ils ont de magnifiques poires et de beaux raisins qu'ils veulent conserver pour des occasions, passent un fil au milieu de la queue; ils couvrent la plaie et le bout de la queue d'une goutte de cire d'Espagne; après quoi, mettant ces fruits dans un sac de papier, ils font sortir ce fil par l'ouverture du sac; ils le suspendent par là, après avoir bien fermé le sac, afin d'empêcher toute impression de l'air. » Cette expérience bien simple confirme ce que nous avons déjà avancé, que l'action de l'air extérieur est le dissolvant des corps, et qu'on les conserve en interceptant toute communication avec lui. Du fruit placé sous le récipient d'une machine pneumatique, quand on a fait le vide, s'y conserve parfaitement bien jusqu'à ce qu'on y introduise de l'air.

Les paysans, aux approches des fortes gelées, couvrent les fruits d'une enveloppe bien épaisse de regain; ils les laissent là, sans y toucher, jusqu'après les grandes gelées; ils les découvrent alors, les changent de place, afin d'ôter tous ceux qui sont pourris.

Les fruitières de Paris les couvrent de paille, dessus et dessous, dans les greniers; si elles craignent la gelée, elles jettent sur cette paille un drap mouillé, qui reçoit la gelée, intercepte l'air et garantit les fruits.

L'on voit souvent des personnes aisées mettre leurs plus beaux fruits de réserve dans leur armoire, ou dans les tiroirs d'une commode; ils s'y conservent on ne peut mieux.

Quelques-unes les enferment dans des boîtes couvertes. Ils y sont encore fort bien dans du son, lit par lit, ou dans du regain.

Tout ce que nous venons d'indiquer pour quelques espèces de fruits peut être appliqué à tous. En général les souris et les rats sont les ennemis impitoyables des fruits; on doit multiplier dans le fruitier les pièges et les appâts destructeurs, et en faire la visite de temps à autre, ainsi que du fruit.

2°. *Des fruits potagers.*

Nous désignons sous le nom de fruits potagers, ceux qui sont produits par des plantes potagères. Nous ne parlerons ici que de ceux dont l'usage est le plus universellement répandu, et qui sont produits par les plantes qu'on désigne sous le nom de *cucurbitacées*.

Ces plantes donnent des fruits ronds sphériques ou allongés, semblables à celui de la citrouille, *cucurbita*. Ces fruits sont charnus, et contiennent les semences au milieu d'une substance fongueuse. On les mange ou on les vide pour contenir des liqueurs. Nous nous occuperons seulement de la *courge* et du *potiron*.

Le *potiron*, qu'on désigne aussi sous le nom de *citrouille* ou *courge*, est le même fruit qui ne varie que par sa forme. En général le vrai caractère des *citrouilles* ou *potirons* peut être exprimé ainsi qu'il suit : plante cucurbitacée dont le fruit acquiert une certaine grosseur et une grosseur régulière, dont la peau ou écorce est lisse, plus ou moins jaune, plus ou moins verte, plus ou moins marbrée, dont la chair est ferme, blanche, ou jaune, ou orangée; dont l'intérieur du fruit, lors de sa maturité, renferme une cavité, et dans cette cavité est contenue une substance pulpeuse et fibreuse où sont les graines.

La *courge longue* est un fruit du même genre qui a la forme d'un long cylindre, presque égal en grosseur, et se replie de différentes manières. Il ressemble quelquefois à l'instrument de musique nommé *serpent*. Sa longueur varie beaucoup; on en a vu de six pieds.

Le *bonnet d'électeur*, ou *bonnet de prêtre*, est une autre espèce de courge qui ne diffère de celle que nous venons de décrire que par la forme. Le fruit est aplati au sommet, comme chantourné par neuf à dix proéminences; il est moins plat du côté de la queue;

sa couleur est jaune, marbrée de vert; sa chair est plus succulente que celle du potiron.

Les plantes cucurbitacées n'ont pas une saveur aussi décidée, dans les provinces du nord, que dans celles du midi; malgré cela elles conservent toujours une chair un peu aromatique, fondante, et qui fournit un aliment de facile digestion. Le bonnet d'électeur et la courge sont les meilleurs de tous ces fruits: ils offrent une ressource précieuse pour nourrir les gens de la campagne. On en fait des soupes, et on les prépare en ragoût, soit avec du lait, soit en aiguisant un peu avec le verjus ou avec le vinaigre. Quelques personnes en font du pain; voici la manière dont on opère:

On ôte la peau de la citrouille, on coupe la chair à petits morceaux dans une marmite, on la fait cuire sans eau; elle rend du jus en abondance: lorsqu'elle est suffisamment cuite, c'est-à-dire qu'elle est réduite en bouillie, on la passe à travers un gros linge, pour en retirer de petites fibres qui s'y rencontrent; après quoi, on détrempe la farine avec cette eau de citrouille, en y ajoutant de l'eau, s'il est nécessaire, et l'on en fait du pain de la même manière que l'on fait le pain ordinaire. Ce pain est jaunâtre et de bon goût, un peu gras quand il est cuit, très-sain pour ceux qui ont besoin de rafraîchissement. C'est du pain à la citrouille, et rien de plus. Il vaut mieux manger le pain seul, et conserver ces fruits, ou pour assaisonnement, ou pour les animaux.

Tout fruit de cucurbitacée, dont la pulpe n'est pas desséchée, fournit pour le bétail une bonne nourriture d'hiver, et surtout pour les troupeaux, dès que la rigueur de la saison les prive de manger du vert : on les donne aux bœufs et aux moutons, coupés par morceaux, et il n'est pas à craindre qu'il en reste. On peut les donner également aux vaches, mais il vaut mieux les passer simplement à l'eau bouillante, et jeter dans cette eau quelques poignées de son, afin qu'elle ait un peu de consistance. Cette nourriture pâteuse entretient leur lait pendant l'hiver.

§ III. *Des racines en général.*

Nous ne nous attacherons ici qu'à décrire les racines qu'on emploie le plus généralement comme substances alimentaires. Il en est de différentes espèces que l'on peut diviser en trois classes différentes, les racines bulbeuses, les racines fibreuses et les racines tubéreuses. Nous traiterons dans ce paragraphe des deux premières sortes, et nous parlerons des racines tubéreuses ou tubercules dans le paragraphe suivant.

1°. *Des racines bulbeuses.*

Il ne faut pas perdre de vue que notre but n'est pas de faire un traité général de toutes les racines bulbeuses; nous ne nous occuperons que de celles qui sont employées vulgairement à la nourriture de l'homme et à celle des animaux. L'*oignon*, le *porreau*, l'*échalote*, la *civette* ou *ciboule*, l'*ail* sont des espèces du même genre; leurs fleurs sont en ombelle. Nous allons faire connaître ces diverses racines.

De l'oignon. L'on connaît plusieurs espèces d'oignons; nous ne chercherons pas à les différencier, puisque, dans la préparation des alimens, cette connaissance est inutile. Ces racines formées par des tuniques, placées les unes sur les autres, prennent le nom de bulbes. Il y en a de forme ronde et aplatie, d'autres de forme allongée, quelques-uns sont petits, d'autres sont très-gros. Ils varient encore par la couleur; il y en a de rouges, il y en a de blancs ; les uns sont doux, les autres ont un goût âcre et piquant.

La conservation des oignons dépend en grande partie de la manière dont on les récolte ; il ne sera pas inutile d'indiquer les précautions à prendre.

La première observation importante est de ne cueillir les oignons qu'après leur parfaite maturité. Le changement de couleur dans les feuilles, lorsqu'elles commencent à se faner, à se flétrir, est le signe qui indique que la bulbe approche de sa maturité. A cette époque on tord les feuilles tout près du collet de la bulbe, et on les écrase un peu. La substance se concentre dans la bulbe, grossit et s'endurcit comme l'aubier d'un arbre, lorsqu'on l'écorce sur pied.

A mesure que l'on trouve des bulbes au point de maturité convenable, on les enlève de terre ; chose fort aisée puisqu'elles sont presque déterrées, et on les porte sur les allées du jardin où elles essuient toute la grosse ardeur du soleil, pendant huit à dix jours. S'il survient des pluies, on a soin de les en garantir, afin que l'humidité ne renouvelle pas la germination.

Lorsque les oignons sont bien secs, on les

émonde de leurs racines desséchées, de leurs pédicules inutiles; et, avec de la paille entrelassée dans leur fane, on en forme des chaînes, que l'on appelle *rangs*, que l'on suspend dans un lieu sec, et à l'abri des vicissitudes de l'air. C'est ainsi que l'on garde les oignons pendant tout l'hiver.

Quelques jours après la récolte des premiers oignons mûrs, on fait celle des seconds, des troisièmes et ainsi de suite, jusqu'à ce que tous soient enlevés. Les opérations sont les mêmes que celles que nous avons décrites.

Ces chaînes, ces rangs d'oignons, transportés dans les greniers, demandent à être préservés des gelées. A cet effet, on les rassemble en tas, et on les couvre avec de la paille ou avec des couvertures, suivant l'intensité du froid. Si la gelée les surprend, on doit les laisser tels qu'ils sont sans les remuer, ils se remettent ensuite d'eux-mêmes, après avoir un peu perdu de leur force.

Il arrive parfois que ces oignons germent après un certain temps, surtout si les vents du midi règnent souvent; ils ne sont pas perdus pour cela; on les replante en novembre et en décembre, et on les mange en vert pendant l'hiver et au printemps.

Du porreau ou *poireau*. *Linné* désigne cette plante sous le nom de *allium poreum*; sa racine est une bulbe oblongue, composée de tuniques blanches. Cette espèce de porreau est appelée *longue*, pour la distinguer d'une variété appelée *courte*, c'est-à-dire dont la partie que l'on mange est moins allongée que dans la précédente. Cette variété résiste mieux aux gelées que l'espèce longue. Le porreau est une plante bienne.

Les porreaux ne se conservent pas, pendant l'hiver, de la même manière que les oignons. A l'approche des grands froids on enlève de terre tous les porreaux de l'espèce longue surtout, et on les enterre dans ce qu'on appelle le *jardin d'hiver*, très-près les uns des autres. On peut encore ouvrir une fosse dans une partie du jardin, et enterrer le porreau jusqu'aux feuilles, rang par rang, en les séparant avec un peu de terre : pendant les froids rigoureux, on les couvre avec beaucoup de paille de litière. Dans les départemens méridionaux, cette précaution est ordinairement inutile; mais si réellement le froid se fait sentir, on ne la néglige pas.

De l'échalote. Cette racine bulbeuse est du même genre que l'*ail* et la *ciboule* dont nous allons bientôt parler. Cette plante a été transportée de la Palestine dans nos jardins, et elle est vivace. Ce qui la caractérise est d'avoir une hampe ou tige nue, cylindrique; les feuilles en forme d'alène; son ombelle ronde; ses étamines divisées en trois parties; sa racine ou oignon ovale, formée par des tuniques.

Le temps de l'arracher de terre est indiqué par la sécheresse complète de sa fane ou de ses feuilles, et non auparavant; elle ne se conserverait pas. On expose alors les bulbes au soleil pendant plusieurs jours; et, lorsqu'elles ont perdu l'humidité superflue, on les transporte dans un lieu sec; elles se conservent ainsi pendant tout l'hiver dans les pays du nord; mais, au midi de la France, elles ne durent pas si long-temps.

L'odeur de ces bulbes est moins forte que celle de l'ail, et son goût moins âcre; elles sont très-employées comme assaisonnement des substances alimentaires, même avant leur parfaite maturité.

De la ciboule, cive, ou *civette.* Cette plante est de la même classe que l'ail, selon *Linné*, qui l'appelle *allium fistulorum.* Elle diffère spécialement de l'ail, par sa tige, qui est nue et de la grandeur des feuilles, et par ses feuilles cylindriques et renflées dans le milieu.

On distingue deux espèces de ciboules, la ciboule commune dont la ciboule de Saint Jacques est une variété, et la ciboule vivace; celle-ci est originaire des lieux incultes de la Sibérie. Son caractère spécifique est d'avoir ses bulbes aplaties, elliptiques, ses feuilles très-menues, cylindriques, pointues, à-peu-près de la longueur de la tige qui est terminée par un groupe de fleurs de couleur pourpre, mais claire, marquées, dans leur milieu, par une raie plus foncée.

La ciboule a le goût de l'ail. On n'emploie que ses feuilles pour assaisonner les mets. Dans les départemens du nord, on sépare des mères-tiges une certaine quantité de bulbes que l'on transporte dans la serre, et qu'on plante dans une tranchée, afin d'en jouir pendant tout l'hiver. Dans les provinces méridionales cette précaution est superflue.

De l'ail. Cette plante, désignée par *Linné* sous la dénomination d'*Allium sativum*, est originaire de la Sicile, et on la cultive dans tous les jardins; elle est vivace. Ses racines sont composées de plusieurs bulbes recouvertes de tuniques fort minces et blanches; ces bulbes sont improprement appelées *gousses d'ail:*

toutes les bulbes sont adhérentes par leur base. Son odeur particulière est forte, diffère de celle de tous les oignons; les bulbes ont un goût âcre et même caustique. On nomme communément l'ail la *thériaque des paysans*, surtout dans les pays chauds, et ils en mangent, avant d'aller au travail, pour se garantir, disent-ils, du mauvais air.

Le temps d'arracher l'ail de la terre est fixé par l'inspection de son fanage. Lorsqu'il est bien desséché, le moment est venu; alors on arrache la plante; elle reste exposée pendant douze ou quinze jours au gros soleil, et on la garantit de la pluie pendant ce temps-là; enfin on lie les aux par bottes ou rangs comme les oignons en tressant les fanes les unes dans les autres, de manière que les têtes soient toutes d'un côté. Il convient de les suspendre dans un lieu très-sec, sans quoi les bulbes germeraient. L'ail est employé comme assaisonnement des substances alimentaires.

2°. *Des racines fibreuses.*

Parmi le grand nombre de racines fibreuses qui servent ou peuvent servir de substances alimentaires, nous nous attacherons seulement à faire connaître celles qui sont d'un usage plus général. *La carotte, le navet, le turneps, la rave, la betterave* seront les seules dont nous nous occuperons.

De la carotte. Cette plante que *Linné* a nommée *daucus carotta*, présente trois variétés. La couleur de la racine constitue leur principal caractère; mais sa forme plus changeante, varie beaucoup; la racine est tantôt ronde, tantôt longue; ce qui dépend surtout de la nature du terrain et de la fréquence des arrosemens.

Les trois variétés de carotte sont la jaune, la blanche et la rouge : la rouge est souvent panachée de jaune; et quelquefois la jaune est panachée de rouge. La rouge est celle que l'on préfère en Angleterre; la blanche en Italie, et la jaune en France. Cette dernière paraît mériter la préférence; elle cuit mieux; elle est plus tendre et plus délicate : cependant on ne peut pas disputer des goûts. La blanche craint moins l'humidité que les autres.

Dans les départemens méridionaux on peut la laisser l'hiver en pleine terre, en ayant soin de couvrir le sol avec des feuilles, de la paille, etc.; mais il faut éviter surtout de lui occasionner trop d'humidité, qui la ferait périr. Dans les climats froids où l'on est dans le cas de craindre les rigueurs de l'hiver, on a soin d'enlever les plantes de terre avant les fortes gelées, de les porter sous quelque abri, ou dans l'endroit que les maraîchers nomment *jardin d'hiver*, qui est une simple chambre au rez-de-chaussée, et où il ne doit point geler. Là, après avoir coupé la fane, on disposera les carottes les unes contre les autres sans les enterrer.

Des navets, des turneps, des raves. Il paraît que ces trois racines ne sont que des variétés de la même espèce. Si l'on en croit certains auteurs, les navets ou raves à racines charnues, grosses et longues que l'on cultive de temps immémorial dans le centre de la France, sont la même chose que le *turneps* des Anglais que l'on a vanté, pendant long-temps, comme une espèce nouvelle. Il n'y a point de plantes sur lesquelles le climat et le sol influent plus que sur les raves et sur les navets. Nous pourrions rapporter une infinité d'observations d'habiles agriculteurs qui viendraient à l'appui de notre assertion, mais elles nous écarteraient de notre sujet; nous nous bornerons à faire connaître les variétés.

On peut classer sous la dénomination de

navet toute espèce de rave qui, au lieu d'être plate par ses deux extrémités, est allongée; ainsi le navet que l'on sème avec et en même temps que les raves, dans les départemens méridionaux, tient le premier rang. Il ne diffère des raves que par sa forme allongée, et en général, cuit sous la cendre, il est moins sucré.

Cette famille de navets, que dans certains départemens on appelle *raiforts*, renferme plusieurs variétés. Le gros navet dont on vient de parler est le *turneps* des Anglais; comparé avec les gros navets de France, il en diffère un peu par le vert de ses feuilles qui est plus clair, par ses feuilles plus nombreuses, plus droites et moins inclinées contre terre.

La seconde variété est le navet des provinces méridionales, dont la grosseur n'excède pas un pouce ou un pouce et demi de diamètre, et dont la longueur se prolonge depuis douze jusqu'à quinze pouces. Il est excessivement fort et âcre au goût; c'est pourquoi il est très-recherché par les peuples qui aiment beaucoup l'ail.

Les navets dont on se sert dans les cuisines, pour les ragoûts, forment la troisième variété. Ils sont beaucoup plus petits; leur écorce est bonne, presque noire dans certains cantons, et dans d'autres de couleur de café brûlé ; leur saveur est très-sucrée. Les cantons les plus renommés pour cette production, sont les environs de Berlin en Prusse ; de Fréneuse, département de Seine-et-Oise ; de Saulieu, département de la Côte-d'Or ; de Chéroublé, département de Rhône-et-Loire ; de Pardaillan, département de l'Hérault, etc. Ils doivent leur qualité et leur saveur au terrain maigre, sablonneux, souvent ferrugineux et rougeâtre dans lequel ils végètent.

Il serait facile de citer un plus grand nombre de variétés de raves ou de navets, puisque chaque canton a celle qui lui convient et qui y réussit le mieux ; mais tous peuvent être classés dans un des ordres qu'on vient d'établir.

A l'approche des gelées d'hiver, il convient de se hâter de déterrer les raves et les navets. A cet effet, des hommes et des femmes, la pioche à la main, cernent et fouillent la terre tout autour de la racine et l'enlèvent sans l'endommager. On coupe les feuilles à leur base, à cinq ou six lignes au-dessus du collet de la racine, et on recueille ces feuilles pour la nourriture du bétail. On a imaginé plusieurs moyens pour conserver ces racines pendant tout l'hiver.

Le plus économique est d'ouvrir circulairement une fosse dans une partie du champ même, de cinq, six, à huit pieds de profondeur; la terre que l'on en retire est mise de côté. On a soin que la partie inférieure de la fosse bombe dans son milieu, et assez fortement, afin que, si l'eau des pluies ou de filtration y pénètre, elle ait un écoulement. On sent combien il est avantageux que le fond de cette fosse porte sur un sol capable de laisser filtrer l'eau : on en couvre tout le fond ainsi que les parois avec beaucoup de paille, et on place les raves et navets rang par rang. Lorsque le monceau est parvenu, à-peu-près, à un pied près du bord supérieur de la fosse, on le couvre de nouveau avec beaucoup de paille, et on jette ensuite par-dessus de la terre tirée de la fosse; on la piétine, on la serre, on fait bomber le milieu, de manière que les eaux pluviales soient portées loin de la fosse. Quelques personnes garnissent d'un lit de paille l'entre-deux de la partie supérieure de la terre, ce qui contribue beaucoup à diriger le cours des eaux, et à préserver la fosse de toute humidité; un chapeau ou couvercle en paille bien serrée, placé par-dessus la terre et maintenu avec des piquets et des lattes transversales, produirait beaucoup mieux le même effet, et préserverait encore la totalité des gelées.

Cette méthode ne doit être suivie qu'autant que l'on n'a pas quelque hangar ou cellier propres à remiser les raves. Si l'on craint que la rigueur du froid pénètre dans le cellier, on doit couvrir les racines avec une suffisante quantité de paille, et encore mieux avec la balle du blé ou de l'avoine; enfin, si le froid devient trop rigoureux, il est absolument indispensable de les descendre dans la cave et de les y laisser tant que l'on redoute l'âpreté de la saison.

Les précautions à prendre pour la conservation des petits navets sont les mêmes que celles que nous avons indiquées pour les grosses raves et les gros navets; il faut avoir attention seulement de les arracher avant qu'ils ne montent en graine. Cette espèce monte plus vîte en graine que les autres; aussitôt qu'elle montre la plus légère disposition à s'élever, à monter, la racine souffre beaucoup, c'est-à-dire devient creuse et perd toutes les qualités qui la faisaient rechercher. On conserve ces navets comme les autres, en les tenant à l'abri des pluies et des gelées, et ils se conservent même plus long-temps avant de pousser de nouvelles feuilles.

Ces racines sont excellentes pour engraisser le bétail; elles donnent beaucoup de lait aux vaches qui en sont très-friandes.

La betterave. Linné regarde la betterave comme une simple variété de la poirée ou bette; il la désigne sous le nom de *beta rubra vulgaris*. On en distingue quatre espèces jardinières. La betterave blanche est la moins bonne de toutes.

On ne doit pas attendre que la gelée ait endommagé les feuilles pour tirer les betteraves de terre. On peut, dès le commencement de novembre, tondre leur fane, les déterrer, les laver aussitôt après, les essuyer et les laisser deux ou trois jours exposées à l'action du soleil, dans un lieu bien abrité. Dès que la racine a perdu sa surabondance d'eau, on la porte dans la terre, ou dans un lieu sec et à l'abri des gelées, et on amoncèle ces racines les unes sur les autres. On les couvre de terre et de paille au moment où l'on craint les plus fortes gelées.

§ IV. *Des tubercules.*

Nous traiterons dans ce paragraphe, et sous un seul article, des trois plantes tubéreuses qui produisent des tubercules employés à la nourriture des hommes et des animaux, la *patate*, le *topinambour* et la *pomme de terre*. Cette dernière plante, qui est le plus utile présent que le Nouveau-Monde ait fait à l'ancien, est confondue tous les jours avec la patate et le topinambour. Ces trois végétaux, il est vrai, sont originaires de l'Amérique; leur utilité alimentaire, la facilité de leur propagation, et leur étonnante fécondité sont également incontestables; mais ils appartiennent à des familles très-distinctes, n'ayant entre eux aucune ressemblance dans les parties de leur fructification. La pomme de terre est un *solanum*; la patate un *convolvulus* ou liseron; le topinambour ou poire de terre, un *corona solis*, ou tournesol.

La pomme de terre est originaire de l'Amérique septentrionale; elle fut apportée en Europe par *Walter-Raleig*, qui découvrit et prit possession de la Virginie sous le règne d'Elisabeth. La pomme de terre s'est naturalisée si parfaitement parmi nous, qu'on la croirait appartenir à l'univers entier; on la cultive en effet dans toutes les parties du globe avec le plus grand succès.

Parmi le nombre considérable de variétés de pommes de terre, nous en distinguerons seulement onze qu'on appelle jardinières, parce qu'elles sont plus généralement cultivées. Elles sont assez connues pour que nous nous dispensions de les décrire.

La durée et la facilité de la conservation des pommes de terre dépendent de la perfection de leur maturité : si on les tire de terre avant qu'elles ne soient bien mûres, si on les accumule aussitôt en tas, et que la saison soit chaude, elles ne tardent pas à germer et à se pourrir. Il existe des moyens de préserver ces tubercules contre une température douce ou un froid rigoureux; nous allons indiquer ce qui est connu.

Avant de déposer les pommes de terre dans l'endroit où elles doivent rester en réserve, il est nécessaire de les laisser un peu se ressuer au soleil ou sur l'aire d'une grange, après les avoir mondées de toutes les racines chevelues et fibreuses qui les réunissaient ensemble. Cette opération préliminaire achève de dissiper une humidité superficielle, détruit l'adhérence d'un peu de terre qui leur ferait contracter un mauvais goût, et assure davantage leur conservation. Il est indispensable de séparer celles qui sont gâtées ; une seule d'entre elles suffirait pour endommager toutes les autres.

Voici les diverses pratiques qu'on emploie et qui sont indiquées par le célèbre *Parmentier*. Elles consistent, 1° à entasser les pommes de terre dans un lieu sec et frais avec de la paille, lit sur lit; mais la cave ou le grenier dont on se sert pour cet objet, laissant pénétrer le chaud et le froid, il arrive souvent que la provision gelée ou germée ne peut plus servir à la nourriture, si on la perd de vue un moment.

2°. Il y a des personnes qui conservent les pommes de terre dans des tonneaux avec des feuilles séchées ; ils portent ensuite ces tonneaux bien remplis dans des endroits inaccessibles au chaud et au froid.

3°. Dans le terrain le plus élevé, le plus sec, le plus voisin de la maison, les Américains creusent une fosse d'une profondeur et d'une largeur relatives à la quantité de pommes de terre qu'ils veulent conserver : ils garnissent le fond et les parois de paille courte : les pommes de terre, une fois déposées, sont recouvertes ensuite d'un autre lit de paille, et on fait au-dessus une meule en forme de cône ou de talus : on a soin que la fosse soit moins profonde du côté par où on tire la pomme de terre pour la consommation, en observant de bien fermer l'entrée chaque fois qu'on en ôte : moyennant cet arrangement et cette précaution, ni le chaud, ni le froid, ni l'humidité ne peuvent pénétrer jusqu'aux pommes de terre, qui se conservent ainsi en très-bon état pendant tout l'hiver.

4°. Lorsqu'on ne veut conserver les pommes de terre que pour la nourriture des bestiaux, M. *Planazu* a proposé d'en remplir en entier le ventilateur ou tuyau d'air, ménagé dans l'intérieur des meules de fourrages pour achever leur dessication. Il est certain qu'elles se conservent très-bien par ce moyen ; mais elles y contractent une saveur herbacée qui est désagréable pour les hommes, mais qui ne répugne pas aux animaux.

Les quatre moyens que nous venons d'indiquer ne peuvent conduire la conservation des pommes de terre que jusqu'au printemps. La très-grande quantité d'eau qu'elles renferment et leur extrême propension à germer ne promettent guère de les conserver assez longtemps, quel que soit le procédé employé, pour tâcher d'arriver d'une récolte à l'autre. Pour atteindre ce but on a proposé plusieurs moyens que nous allons décrire.

5°. En exposant au feu les pommes de terre, on les prive bien de leur humidité surabondante, on détruit même le principe de leur reproduction; mais les pommes de terre qui ont subi cette opération la plus simple, la plus naturelle et la plus expéditive de toutes, ne peuvent plus reprendre ensuite par la cuisson leur première flexibilité, et, dans les différentes préparations où on les fait entrer, elles présentent toujours une substance désagréable à la vue et au goût. Ce moyen de faire la farine de pommes de terre, quelque vanté qu'il soit, doit être rejeté; mais en faisant précéder la cuisson à la dessication, comme nous allons l'indiquer, on obtient deux résultats qui n'ont de commun que la même source.

6°. On fait cuire la pomme de terre à la vapeur, on enlève la pellicule, on l'écrase de manière à la réduire en bouillie (1), et on la place, jusqu'à la concurrence de deux à trois doigts d'épaisseur, sur des claies d'osier. Ces claies sont plates, garnies de petits rebords, et proportionnées à la profondeur et à la surface intérieure du four dans lequel elles devront être placées. Il sera facile d'en mettre deux ou trois l'une sur l'autre, suivant la hauteur du four en observant de laisser entr'elles un intervalle de trois à quatre pouces.

En même temps que l'on s'occupe de cette préparation des pommes de terre, il est nécessaire de faire chauffer le four jusqu'à ce qu'il ait atteint le degré de chaleur qu'il conserve quand on en retire le pain, c'est-à-dire qu'il faut avoir l'attention de n'y brûler seulement que les deux tiers, à peu près, du bois que l'on emploie pour le chauffer complètement. L'on y introduit ensuite les claies, et l'on a soin de ne pas fermer le four, afin d'accélérer la dessication des pommes de terre, en

---

(1) Nous donnerons plus bas, en indiquant la manière de faire le pain avec la pomme de terre, la description de la machine imaginée par *M. Thierry*, qui remplit parfaitement cet objet.

donnant à la vapeur qui s'en exhale le moyen de s'échapper facilement.

Lorsqu'il ne sort plus de vapeur du four, que les particules des pommes de terre sont bien cassantes sous les doigts, et rendent, par leur frottement, un bruit semblable à celui des coquilles de noix que l'on remue, elles sont suffisamment desséchées, et il faut alors les retirer du four. On les laisse ensuite refroidir sur les claies, après quoi on les renferme dans des sacs, que l'on place dans un grenier ou dans tel autre endroit convenable, pourvu qu'il ne soit point humide.

L'on ne doit pas perdre de vue que la dessication de la pomme de terre doit s'opérer promptement, et qu'il est nécessaire de la provoquer par un degré de chaleur tel que nous venons de l'indiquer, afin qu'elle sorte du four blonde, cornée, transparente et de bon goût. Si la dessication languissait, la pulpe n'aurait plus la même qualité, elle perdrait sa belle couleur et noircirait.

Quand on aura une suffisante quantité de pommes de terre ainsi desséchées, on pourra les convertir en farine, en les faisant moudre dans un moulin ordinaire, et de la même manière que s'opère la mouture du grain.

La pomme de terre, réduite en farine, devient plus facile et moins coûteuse à transporter, parce qu'elle pèse les deux tiers moins que dans son état naturel, et qu'un petit emplacement peut en contenir une très-grande quantité.

Cette farine n'est susceptible d'aucune fermentation tant que l'on a soin de la préserver de l'humidité; elle se conserve plusieurs années sans rien perdre de sa qualité, et sans qu'elle exige aucuns frais de manipulation.

La méthode que nous venons de décrire présente l'avantage précieux de pouvoir conserver, par des procédés très-simples, la pulpe entière de la pomme de terre, pendant très-longtemps, et de l'employer toute l'année soit à la subsistance de l'homme, soit à la nourriture des bestiaux. Loin de perdre de sa qualité primitive, elle acquiert, par les deux degrés de cuisson qu'elle éprouve, une saveur plus agréable que celle qu'elle a dans son état de fraîcheur. Elle est même plus nourrissante sous cette forme, parce que les parties nutritives qu'elle contient étant plus concentrées, on a la faculté de restreindre leur expansion par une quantité de liquide plus ou moins forte, suivant l'emploi auquel on la destine.

7°. Les pommes de terre se conservent également bien en fécule ou amidon. On doit distinguer la farine de pommes de terre dont nous venons de parler dans l'article précedent, de la fécule ou amidon dont nous nous occupons dans celui-ci. La farine contient la réunion des différentes parties constituantes, rapprochées par la soustraction du fluide aqueux, tandis que la fécule n'en est qu'un des principes que la végétation a formé et qu'on en sépare aisément.

La manière de préparer la fécule de pommes de terre est extrêmement facile; elle peut être une manipulation de ménage. Quatre opérations très-simples remplissent ce but : elles consistent, 1° à laver les pommes de terre; 2° à les râper; 3° à en extraire l'amidon; 4° à le sécher à l'étuve. *Parmentier* décrit ainsi ces quatre opérations.

Lavage des pommes de terre. Les mieux nettoyées en apparence ne doivent jamais passer au moulin, qu'au préalable elles n'aient été parfaitement bien lavées; pour cet effet on les met tremper dans un tonneau défoncé rempli d'eau claire, on les remue souvent avec un balai rude et usé, afin d'en séparer le sable et toute la terre qui s'y trouvent adhérens; il est même nécessaire de répéter ce lavage jusqu'à ce que l'eau ne se trouble absolument plus.

Leur râpage. Quand les pommes de terre sont bien lavées, on les jette toutes mouillées dans la trémie d'un moulin dont la meule est armée d'une râpe de fer (1) ; on le fait mouvoir à l'aide d'une manivelle et d'un volant pour en faciliter le jeu ; les racines une fois divisées, tombent dans un baquet, placé sous le moulin, ayant la forme d'une pâte liquide qui se colore bientôt à l'air, et de blanche qu'elle était devient d'un brun foncé.

Extraction de la fécule. A mesure que le baquet se remplit, on met la pâte qui s'y trouve dans un tamis de crin, d'une dimension égale à celle du baquet sur lequel il pose, et l'eau qu'on y verse entraîne avec elle l'amidon qui se dépose à la partie inférieure ; lorsqu'on s'aperçoit à la couleur rougeâtre de la

---

(1) Le moulin de *M. Thierry* remplirait avantageusement ce but. On le construit chez *M. Vallot*, ingénieur-mécanicien, rue du Cloître-Notre-Dame, n° 4.

Ce moulin est nécessaire dans les opérations en grand ; dans les ménages on se sert d'une rape à la main, qu'on tient au-dessus d'un baquet plein d'eau.

pâte qu'il ne reste plus d'amidon, on la presse entre les mains. Dans le tamis est la matière fibreuse que l'on donne aux bestiaux, comme le son de froment, et dont ils sont très-avides. Le dépôt étant fini, on jette l'eau qui le surnage, et l'on en ajoute de nouvelle tant qu'elle est colorée : on agite le tout, au moyen d'une manivelle, jusqu'à ce qu'elle forme un lait; on le transvase ensuite dans un autre baquet au-dessus duquel est un tamis de soie. Dès que la fécule est déposée, on jette l'eau; on en ajoute deux ou trois pintes environ pour enlever la crasse qui sallit la superficie, ce qu'on nomme dégraisser, on agite de nouveau, et on remplit deux à trois fois le baquet d'eau : c'est alors que l'amidon est blanc et pur.

Dessication à l'étuve. L'opération une fois achevée, et la fécule au degré de blancheur et de pureté désirées, on imite précisément le travail de l'amidonier et du vermicellier; on enlève le précipité bien lavé, on le divise par morceaux que l'on distribue sur des claies garnies de papier, et que l'on expose à l'air; lorsqu'il est un peu ressué, on le porte à l'étuve. A mesure qu'il se sèche, il perd le gris-sale qu'il avait au sortir de l'eau pour passer à l'état blanc et brillant : c'est un véritable amidon qui, lorsqu'il a été passé à travers un tamis de soie, acquiert une ténuité comparable au plus bel amidon de froment.

La pomme de terre est une excellente nourriture pour l'homme. De tous les avantages qui rendent ce tubercule recommandable dans les campagnes, le plus grand est d'offrir à leurs habitans une nourriture toute préparée et convenable à leur état : ceux d'entre eux qui ont adopté cette culture, attendent avec impatience le moment de la récolte de ce végétal, dont la privation serait un véritable fléau pour eux. L'aliment substantiel contenu dans ces racines n'est pas plus grossier que celui des semences céréales et légumineuses; enfin, il n'y a pas de farineux non fermentés, dont on puise manger en aussi grande quantité, et aussi souvent que du pain.

Les animaux trouvent encore dans la pomme de terre une excellente nourriture : les bœufs, les vaches, les chevaux, les cochons, la volaille, les poissons même en sont très-friands. Nous ne parlons, dans ce chapitre, que des moyens de conservation des substances alimentaires; nous indiquerons plus bas les moyens économiques de les préparer comme alimens.

ARTICLE III.

Des substances animales.

Nous ne chercherons pas si l'homme, d'après sa conformation, aurait dû, ou non, choisir ses alimens parmi les substances animales : cette question nous ferait sortir de notre plan. Nous devons prendre l'homme dans l'état de civilisation où il se trouve, et peu nous importe de savoir ce qu'il aurait fait s'il fût resté dans l'état de nature. L'homme est *omnivore*, non-seulement les végétaux, mais les animaux lui servent eux-mêmes de pâture. Nous ne nous étudierons pas à faire l'énumération de toutes les espèces d'animaux dont l'homme se nourrit ; nous traiterons cette question d'une manière générale, nous indiquerons les moyens qu'on emploie ou qu'on pourrait mettre en usage pour conserver ces différentes substances à l'abri de la putréfaction ; et nous ferons connaître les procédés usités pour désinfecter celles qui sont putréfiées ou qui ont une tendance à se putréfier : c'est le but que nous nous sommes proposés dans cet ouvrage.

§ Ier. *Des quadrupèdes.*

Nous distinguerons en deux classes les quadrupèdes dont l'homme se nourrit, les animaux sauvages et les animaux domestiques. Nous dirons peu de chose des animaux sauvages, parce que l'on peut regarder cette substance alimentaire comme une nourriture de luxe et que l'on s'occupe peu des moyens de la conserver; elle est d'ailleurs en trop petite quantité pour que l'on cherche à en faire de grandes provisions. Du reste, ce que nous avons à dire sur la conservation des animaux domestiques, que nous désignerons par *viande de boucherie*, s'applique naturellement à la conservation des animaux sauvages dont nous traiterons sous la dénomination de *gibier*.

Du gibier. Sous cette dénomination on comprend ordinairement tous les animaux bons à manger que l'on prend à la chasse; nous n'intervertirons pas l'ordre reçu, et, quoique cet article paraisse spécialement consacré aux quadrupèdes, nous y comprendrons aussi les volatiles, qui font partie de la même classe, afin de prendre le mot *gibier* dans la force du terme, puisque nous ne devons considérer ces animaux sauvages que sous le rapport de leur conservation, et que les procédés employés pour conserver les quadrupèdes s'appliquent avec le même succès à la conservation des volatiles.

Nous dirons très-peu de chose sur la conservation du gibier; les moyens que nous proposerons pour la viande de boucherie sont plus ou moins applicables à toutes les substances animales. La plupart des amateurs de gibier désirent qu'il ait un goût de venaison; mais ce goût n'est pas celui de la putréfaction que beaucoup de personnes confondent. Le moyen le plus simple est de placer le gibier dans un lieu frais et sec, où par conséquent il soit à l'abri de la chaleur et de l'humidité, deux puissans agens de la putréfaction.

Le gibier, et en général toute la viande, exposé à une température au-dessous de la glace, reste constamment dans le même état de fraîcheur où elle était à l'instant où la glace l'a surprise. C'est ainsi que les habitans du Canada conservent leur viande fraîche pendant le fort de l'hiver.

Nous avons vu employer, avec beaucoup de succès, le gaz acide carbonique à la conservation du gibier, et même à sa désinfection, lorsqu'il avait pris un peu trop de venaison. Le gibier conservé, ou, pour parler plus correctement, désinfecté par cet agent anti-septique, avait un goût délicieux et se fondait dans la bouche. Le procédé est simple; nous allons le décrire.

Il faut d'abord préparer le gibier comme si l'on voulait le faire cuire de suite, c'est-à-dire qu'on le pèle ou qu'on le plume; on le vide, suivant le cas, on le larde, lorsque cette préparation est nécessaire, afin de n'avoir plus à y toucher lorsqu'on voudra le faire cuire. Ce préalable rempli, on place le gibier ainsi préparé dans une jarre en verre ou en terre vernissée, cylindrique, et dont le couvercle s'ajuste parfaitement; on le lute même, afin d'être assuré qu'il ferme hermétiquement. Une jarre de verre est très-commode parce qu'elle laisse voir ce qui se passe à l'intérieur. Cette jarre a une tubulure près de son fond, et le couvercle a un petit trou dans son milieu. L'on a encore un flacon à deux tubulures, à l'une desquelles est soudé un tube recourbé, dont le bout puisse s'ajuster facilement dans la tubulure de la jarre; on lute ce tube, et l'appareil est monté. Pour en faire usage, on prend du marbre que l'on a réduit en petits fragmens; on l'introduit dans le flacon et l'on verse dessus peu à peu, et à l'aide d'un tube droit, surmonté d'un entonnoir, de l'acide muriatique étendu de dix fois son poids d'eau. Le gaz acide carbonique se dégage abondamment; à cause de sa pesanteur spécifique, il occupe le fond de la jarre et chasse l'air atmosphérique qui sort par le petit trou que nous avons recommandé de pratiquer au couvercle.

La seule difficulté consiste à connaître l'instant où le vase est plein de gaz acide carbonique, afin de ne pas en fabriquer en pure perte. Quelques expériences préalables et un peu d'habitude mettraient à même d'apprécier cet instant; cependant on pourrait s'en assurer bien facilement en lutant, au trou pratiqué sur le couvercle, un petit tube recourbé qui plongerait dans un petit vase plein de dissolution de potasse caustique qui absorberait en entier l'acide carbonique, ou de l'eau de chaux qui se troublerait fortement dès l'instant que le gaz acide carbonique la traverserait.

Ce moyen ingénieux ne pourrait convenir qu'à des personnes riches et un peu habituées aux opérations de chimie; cependant, comme nous ne croyons pas qu'il ait été publié, nous pensons que sa description, dans un ouvrage de la nature de celui que nous avons entrepris, trouvera quelques applications utiles.

De la viande de boucherie. Quoiqu'on ait déjà proposé une infinité de moyens pour conserver la viande, il paraît qu'on n'a pas encore atteint le but, puisque la société d'encouragement pour l'industrie nationale propose plusieurs prix pour cet objet. La fumée, le sel, les huiles et les graisses, la dessication, la poussière de charbon ont été employés séparément ou simultanément pour conserver les viandes à l'abri de toute altération, et il paraît qu'elles ne peuvent pas résister à un long voyage en mer sans se corrompre, que peu d'entr'elles parviennent à passer la ligne sans s'altérer, et que celles mêmes qui sont préparées avec le plus grand soin contractent souvent une odeur et une saveur qui annoncent un commencement de décomposition. Il n'entre pas dans notre plan de traiter cette matière dans la vue de résoudre complètement un problème d'une aussi haute importance; nous cherchons à indiquer les moyens de conserver les viandes sur terre et pour les usages journaliers; notre tâche ne sera pas aussi difficile à remplir. Nous allons indiquer les moyens les plus usités.

Toute la viande de boucherie ne se conserve pas avec le même avantage; les animaux jeunes, dont la chair n'a qu'une faible consistance, se putréfie facilement parce qu'elle contient trop d'humidité l'un des puissans agens de la putréfaction. Le bœuf, le mouton et le cochon sont les trois espèces qui réussissent le mieux.

1°. A Hambourg on prépare le bœuf en exposant la viande à la fumée, après l'avoir saupoudrée de sel, et forcé le sel à pénétrer dans l'intérieur des morceaux, à l'aide d'une forte compression.

2°. Les Lapons emploient, pour conserver leur viande, la dessication au feu et à la fumée; ce qu'on appelle *boucaner*. Les soldats, à qui on distribue de la viande pour huit et dix jours, emploient le même moyen que les Lapons, mais ils ne poussent pas la dessication aussi loin parce qu'ils n'ont pas besoin de la conserver aussi long-temps. Ils parviennent, par cette préparation, à la manger le dixième jour, sinon aussi délicate, au moins aussi saine que lorsqu'elle est fraîche.

3°. Lorsqu'on prépare de la viande pour la provision d'une maison, on prend une livre de sel et une once de salpêtre, pour quatorze ou quinze livres de viande, dépouillée de sang et desséchée : on frotte les morceaux avec le sel; on les laisse pendant un mois les uns sur les autres dans un saloir, avec la précaution de les retourner tous les huit jours. Au bout d'un mois, on essuie ces morceaux de viande; on absorbe l'humidité avec du son, et on les suspend dans l'intérieur de la cheminée de la cuisine, ou dans une étuve.

4°. Les uns emploient le beurre fondu, d'autres l'huile d'olive dans les pays où ces substances sont communes; d'autres enfin font servir au même usage la graisse de porc ou celle d'oie. Comme les procédés sont semblables nous allons décrire seulement le premier. On donne à la viande, coupée par morceaux, un quart de cuisson dans du beurre fondu; on ne les sale, on ne les assaisonne que comme pour l'usage journalier : après les avoir laissé refroidir on les arrange dans des jarres de terre vernissée, et on y verse dessus le beurre fondu de manière que toute la viande en soit noyée et couverte de deux travers de doigt : on a soin, chaque fois qu'on en tire un morceau de viande, que le reste soit bien couvert de beurre. On ferme exactement les vases pour empêcher, autant qu'il est possible, le contact de l'air.

5°. On conserve encore la viande à l'aide de plusieurs liqueurs; celle qu'on nomme saumure, et qu'on emploie pour le bœuf, le mouton et le porc, se prépare en faisant bouillir quatre livres de sel de cuisine (muriate de soude), une livre et demie de sucre, deux onces de salpêtre, dans trente quatre livres d'eau ; on écume et on retire du feu ; on verse cette liqueur refroidie sur la viande dépouillée de sang et frottée avec du sel.

6°. On vante, comme un moyen merveilleux, l'acide muriatique étendu dans une quantité d'eau suffisante, pour conserver les viandes, pour leur donner un goût agréable, et les rendre propres à être digérées facilement.

7°. On a laissé de la viande pendant neuf mois dans l'alcohol à 13 degrés : au bout de ce temps, elle a fourni de très-bon bouillon.

8°. On peut conserver la viande huit à dix jours en la couvrant de lait caillé. Cette substance, lorsqu'on n'est pas obligé de garder la viande trop long-temps, est infiniment avantageuse, parce qu'elle n'en altère en rien la saveur.

9°. On parvient au même but en lavant la viande deux à trois fois par jour avec de l'eau saturée d'acide carbonique, ou en l'exposant au gaz acide carbonique dans une cuve en fermentation. Nous avons déjà donné (*pag.* 121) la description d'un appareil simple qui remplit parfaitement cet objet.

10°. On a encore partout un moyen simple de rétablir les viandes qui commencent à se gâter ; il consiste à les faire bouillir avec un nouet de charbon, ou à éteindre, dans le bouillon qui les cuit, des charbons ardens.

Nous ne saurions entrer dans trop de détails sur les procédés à suivre pour conserver les viandes ou les désinfecter lorsqu'elles sont putréfiées ou qu'elles ont acquis seulement un commencement de putréfaction ; l'objet est trop important pour ne pas en traiter avec toute l'étendue dont il peut être susceptible.

L'on sait que le charbon de bois jouit au suprême degré de la propriété anti-septique, propriété qui a été constatée par une infinité d'expériences, et il est employé avec avantage à la conservation et à la désinfection des substances animales. Voici la manière d'opérer :

11°. On prend du poussier de charbon ou mieux du charbon concassé de la grosseur d'un grain de blé ; et pour l'avoir pur et sans poussière on le passe dans un crible de la grosseur convenable pour en rejeter les morceaux trop gros qu'on concasse de nouveau, ensuite on lave bien le charbon à grande eau pour en séparer toute la poussière, et l'on répete le lavage jusqu'à ce que l'eau reste claire et limpide; enfin on le met à sécher sur des planches: le charbon est ainsi préparé.

On découpe la viande en morceaux de cinq à six livres, on l'essuie bien pour enlever autant que possible toute son humidité; on prend un linge propre à tissu assez serré et assez grand pour bien envelopper la viande; on étend sur ce linge une couche de charbon de l'épaisseur d'un bon travers de doigt; on y place la viande dessus et on l'enveloppe de tous les côtés d'une couche de charbon semblable, ayant soin qu'il y en ait également sur les deux bouts. L'humidité qui reste au charbon, après le lavage, facilite singulièrement cette opération, qui ne peut être considérée comme parfaite, qu'autant que la viande se trouve totalement couverte de charbon dans toutes ses parties, que la toile le tient parfaitement serré contre la viande, et qu'il est en contact immédiat avec elle, de manière à intercepter toute communication avec l'air extérieur. Si cette opération est bien conduite, bien exécutée, on peut être assuré que la viande se conservera fraîche et saine pendant long-temps.

Lorsqu'on voudra faire cuire cette viande pour la manger, il suffira de la bien laver avec soin pour en détacher le charbon qui peut servir à d'autres opérations semblables, après l'avoir préalablement lavé à grande eau, jusqu'à ce que l'eau sorte parfaitement limpide.

Ce procédé est certain, nous l'avons éprouvé: de la viande que nous avions ainsi préparée a été conservée très-fraîche pendant long-temps; elle nous a donné au bout de six mois un bouillon excellent; le bouilli était aussi succulent que si la viande avait été prise le matin à la boucherie.

12. L'on peut désinfecter de la viande putréfiée en suivant le même procédé, à quelques modifications près. Après avoir préparé le poussier de charbon, comme nous venons de l'indiquer, on met sur le feu une chaudière pleine d'eau; dès qu'elle est en ébullition, on y plonge chaque morceau de viande, l'un après l'autre et à plusieurs reprises; on les lave ensuite avec soin dans de l'eau froide pour enlever la moisissure et les vers qui auraient pu résister à l'épreuve de l'immersion dans l'eau bouillante.

Après avoir fait cette opération avec toute l'attention que son importance exige, et qu'on est assuré que la viande est débarrassée de toutes ses saletés, on plie chaque morceau dans un linge de la même manière et avec toutes les précautions que nous avons décrites dans l'article précédent, n° 11; on ne ménage pas le poussier de charbon, et on lie chaque paquet avec de la ficelle, afin qu'il ne se dérange pas et que le charbon reste constamment en contact immédiat avec toutes les parties de la viande.

Au fur et à mesure que l'on a terminé un paquet, on le place dans une chaudière, sur du poussier de charbon; on met pareillement entre eux, et sur les parois de la chaudière, des morceaux de charbon, afin que tous les interstices en soient à-peu-près remplis. On a soin de bien laver les morceaux de charbon avant de les placer dans la chaudière.

Quand tous les paquets sont bien arrangés, ainsi que nous venons de le dire, on verse de l'eau dans la chaudière à raison de cinq litres pour trois livres de viande, l'on fait feu dessous et l'on fait bouillir pendant deux heures. Après ce temps, qui suffit pour l'opération, on retire les paquets, on débarrasse la viande de ses enveloppes et on la lave dans de l'eau fraîche jusqu'à ce que le poussier en soit entièrement détaché, et que l'eau soit absolument limpide. Alors la viande a repris sa fraîcheur, sa couleur, sa fermeté naturelles. On peut la faire cuire comme si elle sortait de la boucherie; elle produit un bouillon aussi bon, aussi succulent, et elle a aussi bon goût que si elle n'avait éprouvé aucune altération. *M. Cadet de Vaux* affirme que des saucissons et du poisson de mer putréfiés avaient recouvré leurs qualités primitives par ce même procédé.

Il ne sera point inutile de citer à ce sujet un fait que nous avons recueilli.

Un marchand de comestibles, de Paris, reçoit de la province beaucoup de provisions en volailles, gibier et poissons dont il est souvent encombré. Il a eu connaissance de ce procédé; il l'a mis en pratique avec quelques modifications, et la réussite a été complète. Il enveloppe d'un linge fin les objets qu'il veut conserver, et les place ainsi dans son charbonnier, enterrés dans le poussier de charbon; il parvient de cette manière à les préserver de la putréfaction, et les conserve long-temps sans altération, malgré la chaleur de la saison, ou l'humidité de l'atmosphère. Lorsqu'il veut les exposer en vente, il n'a qu'à les retirer du linge qui les entoure, et, si quelque peu de poussière de charbon les a salis, un coup de brosse l'enlève aisément. Ce moyen est excellent, on peut le mettre en pratique.

§ II. *Des volatiles et des poissons.*

Tout ce que nous venons de dire sur les quadrupèdes, s'applique avec le même avantage aux volatiles et aux poissons; on doit observer seulement que, pour conserver longtemps ces animaux, il faut d'abord les vider et remplir l'intérieur de leur corps avec du poussier de charbon. Sans cette précaution, les intestins qui ont une grande tendance à se putréfier entreraient bientôt en fermentation putride, et finiraient par porter la putréfaction partout. Cette observation est de la plus haute importance.

Le moyen le plus sûr pour conserver les substances dont nous nous occupons, est celui que nous avons décrit (*pag.* 121), au moyen du gaz acide carbonique : ses résultats sont certains.

§ III. *De la conservation des graisses, du beurre et de l'huile.*

Il ne suffirait pas de conserver à l'abri de toute altération les substances alimentaires proprement dites, ou de rétablir celles qui ont éprouvé les premiers degrés de la putréfaction, si l'on n'avait aussi trouvé les moyens de conserver et de réparer celles qui servent à les assaisonner. Les graisses sont généralement employées à cet usage, parce qu'on les trouve partout. Il n'en est pas de même du beurre et de l'huile : dans les pays où l'on cultive l'olivier, l'huile sert presque exclusivement à la préparation des alimens; dans toutes les autres contrées c'est le beurre qui sert au même usage. Il importe donc de traiter de la conservation de ces substances avant de terminer ce chapitre.

1°. *De la conservation des graisses.*

Les graisses de bœuf et de mouton se vendent à plus bas prix que toutes les autres; c'est la raison qui a engagé M. *Bouriat* à en conseiller l'emploi dans les établissemens surtout consacrés au soulagement de l'indigence. Ce savant économiste a fait beaucoup d'expériences pour constater la bonne ou la mauvaise qualité des graisses. Ses résultats sont consignés dans les ouvrages de *Parmentier*, et méritent d'être soigneusement étudiés; nous conseillons à nos lecteurs de les méditer avec soin.

Il est généralement reconnu que la meilleure graisse, celle qui est la plus agréable, la moins malsaine et dont la saveur est la plus prononcée, est celle qui avoisine les parties musculeuses. L'on ne doit pas ignorer, que toute espèce de graisse est très-indigeste, et l'on pourrait même dire malsaine : celle qui avoisine les reins et la queue de l'animal est la plus solide, elle est aussi la plus indigeste. La graisse des intestins a une consistance différente de celle qui est attachée aux muscles. Malgré les vices que l'on reconnaît à la graisse comme aliment, la sensualité et les besoins en ont rendu son usage familier et indispensable.

Puisque par une préparation fort simple on peut conserver la graisse pendant assez longtemps sans qu'elle se gâte, il importe à ceux qui en font une grande consommation, de s'en approvisionner dans les temps où le prix en est le moins élevé. Tout le monde sait qu'il y a des saisons dans l'année où la viande est moins chère que dans d'autres ; ce sont aussi les mêmes époques où la graisse est vendue au plus bas prix ; c'est par conséquent le moment où l'économie prescrit impérieusement les approvisionnemens. Voici la manière dont on peut opérer.

Lorsqu'on veut conserver la graisse pour les usages domestiques, on la coupe par petits morceaux, gros à-peu-près comme des noix, on la sépare avec le plus grand soin des portions membraneuses et vasculeuses qui la contiennent. Cette graisse est ensuite jetée dans l'eau, et fortement pétrie avec les mains, afin que l'eau en détache le sang, la matière gélatineuse et les autres impuretés. On doit renouveler l'eau, et pétrir de nouveau, jusqu'à ce qu'elle en sorte aussi claire qu'elle y a été mise. La graisse bien lavée est jetée dans un vaisseau de fer ou de terre vernissée et bien propre, dans lequel il faut ajouter un peu d'eau : alors on le porte sur un feu doux; la graisse fond doucement, et on la tient dans cet état de fusion jusqu'à ce que l'eau soit entièrement évaporée : tant qu'elle ne l'est pas, il se fait un bouillonnement qui cesse lorsqu'il n'y en a plus. Ce signe caractéristique indique le moment de la tirer de dessus le feu; on la passe alors à travers un linge ou un tamis peu serré pour en séparer les ordures.

L'usage général est de la vider dans des vases de terre ou de faïence, de l'y laisser figer, et de les couvrir ensuite avec leur couvercle ou avec du papier. Cette méthode est abusive; l'action de l'air permet à l'acide de la graisse de réagir sur sa portion huileuse; ce qui contribue à sa rancidité. Il vaut beaucoup mieux avoir des vessies bien lavées, bien propres, y couler la graisse quand elle est fluide, la laisser s'y figer, et ensuite faire une ligature dans le haut, qui intercepte toute communication avec l'air extérieur. A mesure qu'on a besoin de graisse, on dilate l'ouverture, et chaque fois on forme une nouvelle ligature. Ces vessies sont suspendues dans un lieu où la chaleur est modérée.

Le charbon végétal est encore un puissant dépuratif qu'on emploie avec succès pour enlever la rancidité des graisses. Voici le procédé qu'on doit suivre :

On fait fondre la graisse à un feu doux; dès qu'elle est liquide on la verse dans de l'eau froide pour la bien diviser; on la pétrit fortement avec les mains en renouvelant l'eau souvent, jusqu'à ce qu'elle sorte bien claire : alors on l'a remet sur le feu, dans un vase de terre vernissé, et on y verse du charbon pilé; on fait bouillir le tout ensemble et on le passe au travers d'un linge qui retient le charbon et laisse couler la graisse. Dans cette opération le charbon s'empare de l'oxigène qui était la cause de la rancidité de la graisse, et celle-ci a repris son premier état.

2°. *De la conservation du beurre.*

Comme c'est dans le printemps et dans l'automne que les prairies produisent les meilleurs paturages, les plus substantiels, et ceux qui donnent non-seulement le plus de lait aux vaches, mais le meilleur lait, c'est aussi dans ces saisons qu'il convient aux bonnes ménagères de faire leurs provisions de beurre. Il est reconnu que le mois de mai et le mois de septembre fournissent le beurre de la meilleure qualité; ce sont donc ces deux époques qu'il convient de choisir de préférence, tant à cause de sa qualité, qu'à cause du prix, qui est d'autant plus bas que cette substance est plus abondante.

Le beurre qui est naturellement jaune, est préférable au beurre blanc ou à celui qui a une couleur jaune pâle. Il faut se tenir en garde contre l'esprit de fraude de certains marchands qui ont l'adresse de lui donner artificiellement une couleur d'un beau jaune; avec un peu d'habitude cette fraude est aisée à découvrir.

La couleur n'est pas le seul indice de la bonne qualité du beurre; l'odorat et le goût concourent encore à faire juger de sa bonté. Il arrive souvent que l'odeur et la couleur ne sont pas des signes suffisans, qu'ils ne dévoilent aucune mauvaise qualité que le goût seul fait reconnaître. Pour cela on en met un peu dans la bouche, et, par la dégustation, on juge s'il a la douceur convenable; il ne doit présenter aucune âcreté. Le goût décide la rancidité qui avait échappé à l'odorat. Le beurre rance doit être rejeté, parce qu'il communique de suite son mauvais goût et son acrimonie aux alimens.

Lorsqu'on a bien choisi le beurre qu'on destine à sa provision, il s'agit de lui faire subir une préparation qui concoure à lui conserver ses bonnes qualités et à le préserver d'en contracter de mauvaises. Deux différentes préparations conduisent au même but; l'une consiste à le faire fondre sans sel, l'autre consiste à le saler. Le beurre fondu est préféré pour les fritures et les ragoûts; le beurre salé convient mieux, dit-on, à la préparation de la soupe : nous allons décrire les deux méthodes.

Du beurre fondu. Dans une chaudière de fer on met le beurre qu'on a choisi, avec du girofle concassé, du laurier-sauce, et de l'oignon. La quantité de ces ingrédiens est proportionnée à celle du beurre. Quatorze clous de girofle, huit feuilles de laurier, et huit oignons de moyenne grosseur suffisent pour cent livres de beurre. On fait cuire le tout à petit bouillon sur un feu clair, sans écumer. On laisse bouillir le beurre jusqu'à ce qu'il paraisse parfaitement clair sous son écume, ce qui a lieu ordinairement après trois heures de cuisson. Alors on retire la chaudière du feu, on laisse reposer le beurre pendant une heure, on enlève ensuite l'écume restée sur la surface, et l'on filtre le beurre à travers un linge ou un tamis fin, pour enlever toutes les matières étrangères qui se sont précipitées au fond de la chaudière, ainsi que les ingrédiens qu'on y a introduits. Enfin on en remplit des pots de grès que l'on aura eu soin de préparer d'avance pour l'y conserver. On couvre ensuite les pots de manière à intercepter, autant qu'il est possible, le contact de l'air extérieur.

Les pots dans lesquels on renferme le beurre fondu doivent être de grès; s'ils sont neufs, il faut les faire tremper, pendant vingt-quatre heures, dans l'eau froide, ensuite les faire bouillir, pendant une heure, dans une légère lessive de cendre, afin de les nettoyer avec soin de toutes les impuretés dont ils pourraient être imprégnés. S'ils ont déjà servi, on les échaude à l'eau bouillante pour en détacher l'ancien beurre qui s'incorpore dans la terre, et on les écure ensuite avec la plus grande précaution, car tous les vases qui doivent renfermer le beurre doivent être extrêmement propres.

Quelques personnes, au lieu de filtrer le beurre au travers d'un linge ou d'un tamis fin, se contentent de l'écumer et de verser, par décantation, le beurre clair dans les pots; ils versent ensuite le résidu dans un pot rempli à moitié d'eau chaude; les parties étrangères au beurre se précipitent au fond du vase, et le beurre surnage. Lorsque le tout est entièrement refroidi, le beurre est figé, on le retire, et il est aussi épuré que celui qui est renfermé dans les autre pots.

On ne couvre les pots que lorsque le beurre est parfaitement figé; alors on les place dans un lieu frais.

Du beurre salé. Le choix du beurre que l'on veut saler doit se faire encore avec plus de soin que celui que l'on destine à être fondu, parce que la clarification et le degré de cuisson que celui-ci reçoit le débarrassent des parties impures qui auraient pu causer sa détérioration. Il faut donc procéder à la purification du beurre que l'on veut saler par des moyens différens que ceux que nous avons indiqués. Quelque soin que l'on prenne pour fabriquer le beurre, il reste toujours des parties caseuses et laiteuses qui s'aigrissent promptement, et dont il importe de le débarrasser. L'on choisit d'abord, de préférence, le beurre qui en contient le moins. On prend le plus frais que l'on peut se procurer, et surtout celui qui, à l'œil, à l'odeur et au goût, ne présente aucun signe d'altération : on le prépare le plutôt possible, car tout retardement lui est préjudiciable. La première opération est celle du lavage, que l'on opère par le procédé suivant.

On divise la masse de beurre par portions, chacune de deux ou trois livres, et on les pétrit l'une après l'autre, dans de l'eau fraîche, en exprimant avec force le beurre dans les mains jusqu'à ce que l'eau qu'on change souvent ne reçoive plus, par cette manipulation, aucune nuance laiteuse. Quand toutes les parties de la masse ont été ainsi lavées séparément, on jette de l'eau fraîche sur une table bien unie et bien propre; on y place dessus une des portions de beurre et on le travaille au rouleau de la même manière qu'on en use pour la pâtisserie : on doit mouiller continuellement le rouleau afin que le beurre ne s'y attache pas. Par ce moyen on amincit le beurre de l'épaisseur de six lignes ; on le saupoudre alors de sel gris séché au four et broyé ; ensuite on le replie en plusieurs doubles, on l'étend de nouveau avec le rouleau, et on le saupoudre encore de sel comme la première fois. On continue la même opération jusqu'à ce qu'on ait fait pénétrer le sel dans toutes les parties du beurre, et que l'on ait employé une once de sel sec et broyé par chaque livre de beurre.

Après que chaque portion de beurre a été suffisamment travaillée, on la met dans un vase plein d'eau fraîche et l'on opère successivement sur toutes les autres parties jusqu'à ce que toute la masse soit préparée.

Quand on a salé tout le beurre que l'on veut conserver, on le retire de l'eau partie par partie ; on l'essuie parfaitement et on en remplit soigneusement les pots que l'on a disposés ainsi que nous l'avons indiqué à l'article du beurre fondu. On introduit dans les pots le beurre avec la main afin de l'y presser de manière à ne laisser aucun vide entre les couches de beurre que l'on place l'une après l'autre et entre les parois des vases. On foule le beurre salé dans ces pots autant qu'on le peut, et on les remplit à deux pouces près du bord ; on le laisse reposer ensuite sept à huit jours. Pendant ce temps le beurre salé se détache du pot, parce qu'il diminue de volume, et laisse entre lui et le pot un intervalle d'environ une ligne, dans lequel l'air pourrait s'introduire et gâter le beurre si on le laissait en cet état.

Pour prévenir cet accident, on prépare une saumure de sel et d'eau commune; il faut qu'elle soit assez forte en sel pour qu'un œuf y surnage; il y aurait du danger à la faire trop faible. Cette saumure étant reposée, on la tire au clair et on la verse sur le beurre salé, de manière qu'elle s'introduise dans l'intervalle qui est entre le pot et le beurre salé, et en fasse sortir l'air à mesure qu'elle y entre : on l'excite à y entrer en la versant peu à peu, et en remuant doucement le pot; on augmente la quantité de la saumure, jusqu'à ce que le beurre en soit couvert d'un pouce. Alors l'air ne peut l'approcher d'aucun côté, à moins que le beurre ne flotte dans la saumure : en ce cas, il faut en charger la masse, en sorte qu'elle rentre dans la saumure pour prévenir la corruption de toutes les parties que l'air aurait approchées. Ces pots contiennent de vingt à trente livres de beurre.

Le beurre ainsi préparé se conserve pendant toute l'année. Le grand talent de préserver le beurre de toute altération pendant longtemps consiste à le priver des parties de lait qu'il retient et qui en s'aigrissant le détériorent, et ensuite à le renfermer dans des vases de bonne terre, bien échaudés à l'eau bouillante et écurés avec soin comme nous l'avons recommandé. L'on ôte la rancidité au beurre, par le charbon, de la même manière que nous l'avons indiqué pour les graisses. (*Voyez page* 136.)

3°. *De la conservation et de la dépuration des huiles.*

Les huiles bonnes à manger sont employées dans beaucoup de pays pour la préparation et l'assaisonnement des alimens en remplacement de la graisse ou du beurre. Nous devons donc faire connaître les procédés employés pour les conserver et ceux qui sont connus pour les purifier lorsqu'elles ont subi quelque altération. Comme tout ce qui tend à l'économie entre dans le plan de cet ouvrage, nous traiterons non-seulement de la conservation et de la dépuration des huiles considérées comme aliment, mais même de celles qui servent à la préparation des médicamens, aux peintures, aux vernis, aux diverses fabrications et à l'éclairage.

Conservation des huiles. Les corps gras et onctueux ont leurs pores très-serrés; ils opposent par conséquent à l'air un obstacle qui lui résiste et empêche pendant long-temps son introduction. Cette observation fit naître l'idée d'employer cet intermède pour préserver certaines substances du contact de l'air qui les aurait détériorées; c'est ainsi qu'on parvient à conserver le vin dans de grands vases en le couvrant d'une couche d'huile d'un ou deux pouces d'épaisseur : c'est le même procédé qu'on emploie pour conserver le thon mariné et plusieurs autres poissons. De-là on a cru pouvoir conclure que l'huile pouvait se conserver intacte par elle-même et sans aucun intermède; on n'a pas tardé à s'apercevoir que la surface de l'huile se détériore à l'air et qu'insensiblement elle communique à la masse sa mauvaise qualité.

Par la vétusté, l'huile contracte une odeur forte, âcre, désagréable et même indéfinissable : elle irrite la gorge; on a donné le nom de rancidité à cette espèce de détérioration. On a été long-temps à en reconnaître la cause; aujourd'hui, que la chimie est plus éclairée, on est convaincu que, par le contact de l'air atmosphérique, l'huile se décompose, elle s'empare du gaz oxigène qui lui fait subir une véritable combustion, et la rancidité résulte de cet acte. Pour empêcher donc l'huile de rancir, il suffit de la soustraire au contact de l'air atmosphérique.

La rancidité, ou ce qui revient au même, la combustion de l'huile par l'oxigène est hâtée et favorisée par la chaleur; il faut donc tenir l'huile dans des lieux frais pour retarder autant qu'on le peut cette détérioration.

Mais ce ne sont pas là les seules causes qui tendent à gâter l'huile; il faut jeter un coup-d'œil observateur sur ses parties constituantes; et nous découvrirons aisément les causes de son altération. Personne n'ignore que l'huile contient beaucoup de mucilage, que c'est principalement cet agent qui est la cause de leur détérioration. Il importe donc d'enlever ce mucilage à mesure qu'il se forme et même de chercher des moyens pour le séparer de l'huile, parce qu'étant le seul corps fermentatif qu'elle renferme, il ne peut y avoir que lui qui nuise à sa conservation. Voici les divers procédés qu'on emploie pour remédier à tous ces inconvéniens.

1°. Lorsque les huiles sont récentes, elles sont troubles ; on les laisse déposer ; il se sépare d'abord une grande quantité de mucilage qu'on enlève, par la décantation, dès que l'huile est parvenue au degré de limpidité convenable. Cette première opération ne débarrasse pas l'huile de tout son mucilage, car l'on observe qu'après cette décantation il se rassemble encore beaucoup de matières muqueuses au fond des vases par un repos plus ou moins long, et il importe d'enlever de temps en temps ce mucilage au fur et à mesure qu'on le voit s'accumuler. Pour éviter les désagrémens de ces décantations continues, on a imaginé de mettre de l'eau fraîche au fond des vases ; le mucilage, se rassemblant à la surface de l'eau, y est dissous en grande partie et tombe au fond de l'eau. Par ce moyen on purifie l'huile, mais on tombe dans un autre inconvénient : ces matières mucilagineuses se corrompent au fond de l'eau, y prennent une odeur détestable qu'elles communiquent à l'huile qui surnage, et vicient l'huile que l'on voulait purifier.

2°. Les huiles que l'on destine à la préparation des alimens doivent non-seulement être préservées de corruption, mais elles doivent même conserver leur goût naturel. Pour remplir ce but il est indispensable de leur faire subir une préparation avant de les renfermer dans les vases destinés à leur conservation. Les huiles qui doivent être transportées au loin ont surtout besoin d'être élaborées ainsi que nous allons l'indiquer.

Sur cinquante kilogrammes d'huile on jette un demi-kilogramme ou une livre d'amandes amères, trois onces de girofle, deux onces de laurier-sauce, deux onces de thym, de sariette ou autres aromates semblables, après les avoir bien triturés dans un mortier. Cinq à six jours après, lorsque tous ces ingrédiens se sont précipités au fond du vase et que l'huile est bien claire, on la verse par décantation dans les vases destinés à la conserver, ayant bien soin de ne pas remuer le dépôt du fond; on passe celui-ci à travers un tamis de soie ou un linge fin, et l'on bouche les vases très-exactement.

Dépuration des huiles. 1°. Le procédé que nous allons décrire appartient à *Curaudau* : il est sans contredit le meilleur de tous ceux qui ont été publiés; voici comment il s'exprime :

« On ajoute à cent parties d'huile, dix parties d'eau, dans laquelle on aura délayé une partie de farine; on agite bien le mélange, ensuite on le fait chauffer jusqu'à ce que l'eau ajoutée soit évaporée, ou plutôt jusqu'à ce que l'huile cesse d'avoir de l'homogénéité avec les substances qu'elle tenait en suspension : alors dans cet état elle est dépurée : au bout de vingt-quatre heures elle est fort claire, et elle ne diffère pas en qualité de celle qui a été préparée par les meilleurs procédés; elle a perdu tout son mucilage. »

« Dans la pratique de ce procédé, on observera de chauffer graduellement, et de ne pas élever la température au-dessus de 80 degrés du thermomètre de Réaumur. Cette chaleur est suffisante pour opérer la coction de la farine et de la substance mucoso-extractive que contient l'huile, une plus forte chaleur colorerait l'huile, ce qui lui ôterait le coup-d'œil favorable à la vente. »

« J'ai été conduit à ce procédé, ajoute *Curaudau*, par une observation que tout le monde a pu être à même de faire : on sait qu'une sauce blanche, lorsqu'elle est trop cuite, se sépare en deux parties; l'une est épaisse et occupe le fond du vase, l'autre est claire et surnage le dépôt : la première substance est la partie caseuse du beurre, qui s'est réunie à la farine qu'on a ajoutée à la sauce, et que la coction a séparée de l'huile ; la seconde substance est le beurre dépourvu de tous principes étrangers : dans cet état il peut être appelé beurre dépuré. »

« Ce que je dis ici du beurre est parfaitement applicable à l'huile. »

« C'est à cette simple observation que je dois l'idée que j'ai eue de dépurer les huiles avec la farine et l'eau. »

2°. Les huiles à brûler ont besoin de dépuration afin de les rendre plus propres à la combustion. La dépuration des huiles à brûler n'est autre chose que leur clarification ; c'est surtout depuis qu'on a introduit dans l'économie domestique l'usage des lampes à double courant d'air qu'on s'est occupé des moyens de purifier les huiles qu'on y consume.

3°. Le procédé que nous allons indiquer diffère peu de celui qu'a publié *M. Thénard.*

A cent parties d'huile de colza, nous ajoutons une partie d'acide sulfurique, étendu dans six fois son poids d'eau; nous agitons ensuite fortement le mélange, et, dès qu'il est exactement fait, nous le laissons en repos jusqu'à ce que l'huile se soit éclaircie ; lorsqu'elle est parfaitement claire, la dépuration est faite : il y a au fond du vase une liqueur acide et un peu colorée ; on sépare l'huile d'avec le dépôt, et, pour s'assurer que l'huile ne retient plus d'acide, on y ajoute quelques onces de craie en poudre, on agite et on laisse de nouveau reposer l'huile.

Le rôle qu'a joué ici l'acide sulfurique, quoique étendu d'eau, a été de priver l'huile de toute son humidité, et de lui enlever une substance mucoso-extractive, dont la présence dans l'huile diminue l'énergie de la combustion, charbonne la mèche et produit beaucoup de fumée ; c'est donc de la soustraction de ces principes étrangers aux huiles que dépend la qualité qu'elles doivent avoir pour bien éclairer.

4°. Nous décrirons encore le procédé le plus vulgairement usité pour purifier les huiles et que l'on pratique dans presque tous les ménages et surtout à la campagne. On traite les huiles de la même manière que nous l'avons indiqué pour le beurre fondu (*voy. pag.* 138), c'est-à-dire qu'on les fait bouillir à petit feu. Quand l'huile paraît assez claire, on la retire de dessus le feu, on y verse peu à peu un demi-verre d'eau froide par livre d'huile, et on la laisse reposer afin que les impuretés qui ne sont pas montées à la surface aient le temps de se déposer au fond. Après un repos suffisant, on enlève l'écume et on décante l'huile en la versant assez doucement pour ne pas remuer le dépôt, dont on tire encore partie en le passant au travers d'un tamis ou d'un linge fin.

5°. Les peintres dépurent leur huile par un procédé qui diffère de ceux que nous avons décrits. Quelques-uns la font bouillir sur un petit feu avec quelques bulbes d'ail sans en enlever la peau; d'autres y jettent des oignons blancs coupés en quatre; après un quart-d'heure d'ébullition ils retirent le vase du feu et y versent de l'eau froide ainsi que nous l'avons expliqué dans le dernier article.

6°. Il arrive assez souvent que, par un accident quelconque, soit dans le transport, soit dans les magasins, les futailles qui contiennent l'huile se défoncent, et qu'elle se répand : la perte serait sans doute considérable si l'on n'avait quelques moyens de ramasser presque en totalité cette huile répandue. Voici ce qu'on doit faire dans des cas semblables : on porte sur le lieu une grande chaudière qu'on place sur un trépied en fer, et l'on construit de suite en pierres sèches une espèce de fourneau; pendant ce temps on remplit aux deux tiers la chaudière de la terre imprégnée d'huile; on achève de remplir la chaudière d'eau et l'on fait feu dessous. L'huile vient occuper la surface de l'eau, d'où on la retire avec de grandes cuillers. On réitère cette opération jusqu'à ce que toute la terre impregnée d'huile est passée dans la chaudière.

4°. *Observation générale sur la conservation des alimens.*

Indépendamment des procedés que nous venons de décrire pour conserver et désinfecter les substances alimentaires, il en a été publié un autre par ordre du gouvernement, qui s'applique à toutes sortes de substances animales ou végétales. Ce procedé, inventé par *M. Appert*, mérite de trouver place dans cet ouvrage, dont il doit faire naturellement partie. Nous le ferons connaître dans le chapitre suivant avec tous les détails dont il est susceptible; nous emprunterons souvent le langage de l'auteur et nous décrirons les divers perfectionnemens qu'on a cru devoir apporter à l'opération que *M. Appert* avait indiquée.

Les procédés que nous avons décrits seront utiles dans les ménages, dans les grands établissemens, tels que les collèges, les maisons d'éducation, les hospices, et généralement dans tous les lieux où l'on réunit un grand nombre d'individus ; l'humble ménagère y trouvera même des ressources pour exercer son économie. Mais les armées, mais la marine manquaient de moyens pour transporter au loin et dans des voyages de long cours, les alimens nécessaires à la subsistance des soldats et des passagers pendant tout le temps de leurs courses. *M. Appert* a rempli honorablement cette tâche; ses procédés ont été soigneusement examinés; ses expériences ont été scrupuleusement répétées ; elles ont été couronnées des plus grands succès ; et le gouvernement, convaincu de l'utilité de cette précieuse découverte, s'est empressé d'en répandre la connaissance après avoir récompensé son auteur.

Le procedé de *M. Appert* est d'autant plus intéressant, d'autant plus précieux qu'il consiste dans un moyen unique, applicable à toutes les substances alimentaires. Il n'exige pas de grands appareils ; il est, pour ainsi-dire, à la portée de tout le monde, quoiqu'il soit incontestable qu'il exige de l'exercice dans les manipulations. L'on est étonné de ne point trouver en France de grands établissemens consacrés à ces sortes de préparations, tandis que nos voisins qui s'emparent tous les jours de nos découvertes et de notre industrie en ont tiré le plus grand parti et en font une branche de commerce considérable. La Société d'Encouragement pour l'industrie nationale ne cesse de faire des appels aux divers artistes; sa voix est méconnue, tant est grande l'apathie des Français pour les inventions qui ont pris naissance dans leur pays. Il en sera de cette découverte comme de celle de l'éclairage par le gaz hydrogène; on la recevra en France avec enthousiasme lorsqu'elle y rentrera habillée à l'anglaise. Quelle honte pour notre nation!

CHAPITRE II.

Procédé de M. Appert pour la conservation des substances alimentaires.

On ne peut confondre le procédé de *M. Appert* avec aucune des méthodes imaginées jusqu'à ce jour, et qui se réduiraient, à l'exception du charbon et du gaz acide carbonique, à la dessication, la salaison ou l'amalgame de substances étrangères à celle qu'il s'agit de conserver ; méthode dont quelques-unes entrainent à de grands frais, telle entre autres que la conservation des fruits avec le sucre de cannes ; et dont toutes altèrent, plus ou moins, les qualités naturelles des substances conservées.

La dessication enlève l'arome des végétaux, change le goût des sucs, racornit la matière fibreuse et parenchymateuse.

Le sel porte dans les substances qu'il conserve, une âcreté désagréable, détruit la fibre animale. L'eau employée pour dessaler ces préparations entraîne, aux dépens des parties digestives et nutritives de ces substances, les principes solides qui les constituent.

Le sucre masque ou détruit en partie l'acidité agréable des fruits, sans parler de la quantité de ce condiment qu'il faut employer pour conserver la substance à laquelle on l'unit.

Les effets du vinaigre et de l'eau-de-vie sont trop généralement connus pour que nous ayons besoin d'en parler.

Dans ces méthodes tout est compliqué et altéré : par celle de *M. Appert* les procédés sont de la plus grande simplicité. Cette méthode s'applique non-seulement aux substances végétales, mais encore à toutes les substances animales, c'est-à-dire aux viandes de boucherie, aux bouillons, aux consommés, à la volaille, au gibier, aux poissons, au lait, au petit-lait, aux œufs, et généralement à tout.

Les plantes médicinales et leurs sucs, si nécessaires à la santé, se conservent, par le même procédé, dans leur fraîcheur et leurs qualités primitives.

Ainsi, tous les ménages, sans aucune exception, peuvent se procurer des jouissances ou des ressources. Les marins, dont la santé est si souvent altérée par la mauvaise qualité des substances alimentaires qui leur sont destinées, pourront aujourd'hui transporter à fond de cale tout ce qui sera utile à leur existence et à leur santé; ils retrouveront, au milieu des flots, dans les voyages de long cours, et dans les contrées les plus éloignées, les alimens auxquels ils sont habitués; et aussitôt on verra disparaître le scorbut, ce fléau destructeur de la santé de ceux qui se dévouent au service et aux spéculations maritimes.

Voilà les avantages que présente la précieuse découverte de *M. Appert*; mais il est nécessaire que nous entrions dans quelques détails pour faire connaître ses procédés : cette utile invention ne saurait être assez répandue; elle a déjà été publiée par ordre du Ministre de l'Intérieur, et nous pensons que nous seconderons les vues bienfaisantes du gouvernement en consignant dans cet ouvrage les faits les plus importans indiqués par *M. Appert*; il sera facile d'en faire toutes les applications que les circonstancs pourront exiger. Les personnes qui désireront connaître l'ouvrage qu'il a publié sur cette matière le trouveront chez Barrois l'aîné, libraire, rue de Savoie nº 13; il a pour titre *le Livre de tous les ménages, ou l'Art de conserver pendant plusieurs années les substances animales et végétales.*

§ Ier. *Du procédé conservateur universel.*

C'est la chaleur, c'est le feu qui est le principe conservateur qui opère toutes les merveilles dont nous venons seulement de présenter l'esquisse. Ce principe si pur agit de la même manière et opère les même seffets sur toutes les substances alimentaires; c'est son action bienfaisante qui, en les dégageant du ferment toujours destructif de leurs qualités primitives, ou en le neutralisant, leur imprime ce sceau d'incorruptibilité si fécond en heureux résultats. Ainsi nulle inquiétude sur le principe conservateur; il ne peut jamais avoir d'influence fâcheuse sur la santé : il le peut d'autant moins, que c'est à ce principe dépuratoire que nous soumettons la plus grande partie des alimens qui servent à notre subsistance.

L'application successive que *M. Appert* a faite de ce principe à toutes les substances alimentaires connues, a constamment produit le même résultat, la parfaite conservation de ces substances, d'où il a conclu que l'action du feu détruit ou au moins neutralise tous les fermens qui, dans la marche ordinaire de la nature, produisent ces modifications qui, en changeant les parties constitutives des substances végétales et animales, en altèrent la qualité.

Avant d'entrer dans de plus grands détails sur la nature du principe conservateur des substances végétales et animales, dans les procédés de *M. Appert*; avant de faire connaître l'opinion d'un savant distingué, sur cet objet, il importe d'indiquer, d'une manière générale, les précautions à prendre, pour appliquer aux diverses substances les moyens qu'emploie *M. Appert* pour les conserver à l'abri de toute altération.

Le procédé dont nous nous occupons consiste principalement,

1°. A renfermer dans des bouteilles ou bocaux les substances que l'on veut conserver;

2°. A boucher ces différens vases avec la plus grande attention; car c'est principalement de l'opération du *bouchage*, que dépend le succès.

3°. A soumettre ces substances ainsi renfermées, à l'action de l'eau bouillante d'un bain-marie, pendant plus ou moins de temps, selon leur nature et de la manière qui sera indiquée dans le paragraphe suivant pour chaque espèce de comestible;

4°. A retirer les bouteilles du bain-marie au temps prescrit.

Depuis long-temps l'expérience avait appris que l'action du feu, sur les substances animales et végétales, détruit ou du moins neutralise pour long-temps les principes de fermentation qu'ils contiennent. On savait également que les substances animales et végétales que l'on soustrait au contact de l'air ne s'altèrent pas aussi promptement que lorsqu'on néglige cette précaution. *M. Appert* a eu l'heureuse idée de réunir ces deux moyens conservateurs des substances alimentaires; son invention consiste dans deux opérations essentielles.

Par la première il renferme dans des bouteilles ou bocaux de verre, comme nous l'avons déjà dit, les substances qu'il veut conserver après les avoir assaisonnées convenablement selon la nature de chacune d'elles et à les boucher avec le plus grand soin. Les Anglais ont substitué des boîtes de fer-blanc aux vases de verre de *M. Appert*; ils sont par-là dispensés de boucher ces vases avec du liège, puisqu'ils soudent hermétiquement la plaque supérieure qui sert de bouchon.

Par la seconde il expose ces vases, ainsi remplis et bouchés, à la chaleur de l'eau bouillante, pendant un temps plus ou moins long, selon la nature des substances que chaque vase contient.

M. Gay-Lussac, dans un mémoire lu à l'Institut le 3 décembre 1810, s'est particulièrement occupé de la question de savoir quel était, dans les procédés de *M. Appert*, le principe conservateur des substances alimentaires: voici le résumé qu'il a fait de ses observations.

« Quoi qu'il en soit, dit ce savant chimiste, après avoir recherché les principes de la fermentation, il me semble qu'on peut parfaitement concevoir la conservation des substances animales et végétales, par le procédé de *M. Appert*.

« Ces substances, par leur contact avec l'air, acquièrent promptement une disposition à la putréfaction ou à la fermentation; mais en les exposant à la température de l'eau bouillante, dans des vases bien fermés, l'oxigène absorbé produit une nouvelle combinaison, qui n'est plus propre à exciter la fermentation ou la putréfaction, ou il devient concret par la chaleur, de la même manière que l'albumine.

« On remarque en effet, continue-t-il, qu'un suc disposé à la fermentation, et parfaitement limpide, se trouble à la température de l'eau bouillante, et n'est plus susceptible alors de fermenter, à moins qu'on ne lui donne le contact du gaz oxigène; dans ce cas-ci, on le fait bouillir au moment où la fermentation commence à s'y développer; on l'arrête promptement, et il se fait encore un dépôt de nature animale.

« On peut observer en outre que la levure de bière qu'on a exposée à la température de l'ébullition de l'eau, perd aussi la faculté d'exciter la fermentation du suc; or, puisque le moût de raisin qu'on a fait bouillir, retient encore en dissolution du ferment qui ne demande pour produire la fermentation que le contact de l'air, il faut en conclure qu'il n'y a que la partie qui a absorbé l'oxigène, et qui probablement est dans le même état que la levure de bière, qui soit susceptible de se coaguler par la chaleur.

« C'est ainsi que je conçois la conservation des substances animales et végétales; et si, comme les expériences que j'ai rapportées semblent le prouver, l'oxigène est nécessaire au développement de la fermentation et de la putréfaction, il est évident que, non-seulement il faut que la chaleur soit suffisamment prolongée, pour détruire ou rendre concrète la substance qui a absorbé l'oxigène, et qui est propre à exciter la fermentation, mais encore que les vases qui renferment les substances soient fermés assez exactement, pour que l'air ne puisse y pénétrer.

« Il est très-probable, d'après cette théorie, que l'on conserverait très-long-temps toutes sortes de fruits dans le gaz hydrogène ou le gaz azote, pourvu qu'ils n'eussent point absorbé d'oxigène. On peut aussi en conclure que, si le raisin se conserve long-temps sans fermenter, c'est parce que l'enveloppe extérieure ne donne pas accès à l'oxigène, et non, comme l'a supposé *M. Fabroni*, d'après une très-belle analyse du raisin, parce que le ferment et la matière sucrée sont dans des cellules séparées.

« Je regarde enfin comme possible que, si une substance animale, le lait, par exemple, pouvait être obtenu sans le contact de l'air, il se conserverait long-temps sans altération. »

On ne saurait porter plus de clarté dans la théorie des phénomènes que présente le procédé de *M. Appert*; et nous aurions cru faire un vol à nos lecteurs, si nous ne lui avions pas donné connaissance des observations lumineuses d'un savant dont l'opinion est une puissante autorité pour tous ceux qui ont quelques notions de la science qu'il professe avec tant de succès.

Après avoir décrit d'une manière générale les moyens employés par *M. Appert*, nous allons indiquer la manière d'appliquer le calorique à chacune des substances que l'on veut conserver.

§ 2. *Des procédés particuliers qu'on doit employer pour appliquer le moyen conservateur à chacune des substances alimentaires.*

Le calorique, comme nous l'avons fait observer, est le moyen conservateur général ; il est important de remarquer que *M. Appert* applique le calorique de deux manières différentes.

La première consiste à ranger, dans un cuvier, les vases qui renferment les substances alimentaires, à remplir le cuvier d'eau fraîche jusqu'à deux pouces du bord supérieur du vase s'il est en verre, et à chauffer cette eau par la vapeur de l'eau bouillante. Il a soin d'envelopper les vases de foin, afin qu'ils ne puissent pas se casser en se choquant les uns les autres, par l'agitation qui se produit dans le liquide par l'ébullition. Il emploie la même précaution dans le second procédé dont nous allons parler.

La seconde consiste, après que les vases sont rangés dans le cuvier de la même manière que nous l'avons indiqué pour le premier procédé, et après avoir couvert le cuvier de son couvercle et l'avoir luté avec des linges mouillés, à introduire la vapeur de l'eau bouillante dans le cuvier sans y mettre de l'eau, comme dans le premier cas. L'on voit que dans ce dernier procédé, il fait chauffer les vases dans un bain de vapeur, tandis que, dans le premier, il les fait chauffer au bain-marie. Il est essentiel d'observer que dans ce second procédé, on ne doit faire entrer la vapeur que petit à petit, et qu'on doit l'introduire graduellement, ce qui s'opère très-facilement à l'aide d'un robinet, par lequel on fait passer la vapeur. On ouvre d'abord ce robinet à moitié, et, lorsque les vases ont acquis un grand degré de chaleur, c'est-à-dire lorsque le cuvier et son couvercle sont chauds, on ouvre le robinet en entier. *M. Appert* préfère ce second moyen.

Par l'un ou l'autre de ces procédés, notre auteur conserve toutes les substances, pendant un temps considérable, avec un tel degré de perfection, que, lorsqu'on les retire des vases, on les trouve dans le même état qu'elles étaient lorqu'elles y ont été introduites; les voyages du plus long cours, même sur mer, ne les ont pas altérées. Il conserve avec le même avantage toutes les substances animales ou végétales, crues ou cuites, et même entièrement assaisonnées avec leur sauce et prêtes à être mangées.

Lorsqu'on renferme des substances crues dans les vases, l'action de la chaleur doit être prolongée plus long-temps que lorsqu'on les a déjà préparées par une cuisson préalable. En effet, dans ce cas, il faut que la chaleur non-seulement décompose l'air extérieur des vases, mais encore qu'elle détruise les principes de fermentation que chaque substance contient dans son état de crudité. Si, au contraire, la substance qu'on veut préserver d'altération est déjà cuite, l'air renfermé dans le vase est la seule substance qui doive éprouver l'effet du calorique; l'opération est par conséquent beaucoup moins longue. C'est la raison pour laquelle *M. Appert* fait cuire préalablement, et par les méthodes employées dans les cuisines, la viande de boucherie, les volailles, le gibier, le poisson, etc., avant de les renfermer dans les bocaux; cependant, comme la chaleur du bain-marie, ou bain de vapeur, en agissant sur l'air intérieur, agit aussi nécessairement un peu sur l'objet renfermé, il ne pousse la cuisson que jusques aux trois quarts du degré qu'elle devrait avoir. C'est par la chaleur du bain, ou bien lorsqu'on retire des vases les substances conservées, qu'on leur donne le dernier degré de cuisson.

Les végétaux n'ont pas absolument besoin d'une cuisson préalable : il suffit de les laisser dans le bain plus ou moins long-temps, selon qu'ils sont naturellement plus ou moins difficiles à cuire. Par exemple les petits pois frais doivent rester pendant deux heures dans le bain bouillant, tandis que les fruits et leurs sucs, tels que les groseilles, les framboises, les cerises, les cassis, les mûres, les abricots, etc., ne doivent y rester que trois quarts d'heure. Les petites fèves robées, les artichauts ont besoin d'une bonne heure; les petites fèves dérobées, les haricots verts et blancs doivent y rester une heure et demie. De même toutes les substances animales et végétales qui ont subi une première préparation sur le feu, comme les tomates, la chicorée, l'oseille, etc., les viandes préparées, les consommés, les gelées, etc., n'ont besoin que de trois quarts d'heure.

Certaines plantes, comme l'artichaut, le chou-fleur, doivent être préalablement jetées dans l'eau bouillante, afin de les faire blanchir (selon le langage des cuisiniers); ensuite on les passe à l'eau froide; après quoi, on les fait bien égoutter avant de les introduire dans les vases où elles restent exposées au bain de calorique, comme toutes les autres substances, plus ou moins long-temps, selon qu'elles sont d'une cuisson plus ou moins facile.

L'expérience seule a pu apprendre à *M. Appert* combien de temps chaque substance a besoin de rester au bain de calorique, et la marche qu'il indique à ce sujet est d'autant plus importante, que l'objet renfermé perd de sa bonté s'il reste exposé à la chaleur plus long-temps qu'il ne l'a prescrit.

L'idée de chauffer par la vapeur de l'eau bouillante n'est pas nouvelle, notre auteur l'avoue avec ingénuité. En effet, on lit dans *Sénèque*, qui vivait dans le premier siècle de notre ère, que de son temps on employait ce moyen pour échauffer, par la vapeur de l'eau chaude, toutes les pièces d'un appartement; cette chaleur, dit-il, est on ne peut pas plus agréable. *Daniel Barbaro* en parle aussi et assure que cet usage a lieu depuis long-temps en Russie. *M. Gensoul* paraît être le premier qui ait pratiqué en France, il y a environ une quinzaine d'années, l'art de chauffer par la vapeur : il chauffa, par ce moyen, jusqu'à l'ébullition, les bassines dans lesquelles on travaille les cocons des vers à soie. Quoique *M. Appert* ne soit pas l'inventeur de ce moyen de transmettre la chaleur, l'heureuse application qu'il a su en faire au sujet qui nous occupe, ne lui mérite pas moins les plus grands éloges.

Après avoir fait connaître d'une manière générale le procedé par lequel notre auteur conserve les substances alimentaires, il importe, pour l'utilité de ceux qui voudraient l'employer dans leurs ménages, de décrire ce qu'il a de particulier dans son application aux diverses substances. Toute la différence consiste dans le degré de cuisson qu'on doit leur donner d'abord, et du temps que les vases dans lesquels elles sont renfermées doivent être exposés au bain de calorique. Nous traiterons cette matière le plus brièvement qu'il nous sera possible; nous tâcherons cependant de mettre dans nos descriptions toute la clarté nécessaire pour être entendus de tout le monde.

Nous ferons observer, une fois pour toutes, qu'il faut opérer montre en main pour tous les procédés qui vont suivre, afin de ne pas dépasser le temps prescrit, et ne pas rester en arrière.

1°. *Grosse viande.* L'on comprend sous cette

dénomination la viande de boucherie. Elle doit être cuite avant que d'être mise dans des vases conservateurs ; ensuite on l'expose au bain de calorique pendant une heure, à compter du moment où la chaleur a été élevée à 80 degrés du thermomètre de Réaumur : elle doit être soutenue à ce même degré pendant tout le temps prescrit.

Cette dernière observation est commune à tous les cas, nous ne la répéterons pas.

2°. *Viandes délicates.* Nous comprenons sous cette qualification les *filets*, les *volailles*, les *cervelles*, les *foies*, les *hachis*, etc. On les fait cuire aux trois quarts par les procédés ordinaires avec les assaisonnemens et les sauces convenables ; on les met ensuite dans les vases et on les expose pendant une heure et demie à la chaleur du bain.

3°. *Poissons.* On suit le même procédé que pour la grosse viande. (*Voy. le n°* 1.)

4°. *Riz au lait ou au gras.* Le riz au lait doit être préalablement cuit à moitié ; on le laisse pendant un quart d'heure dans le bain. Le riz gras se prépare de même.

5°. *Potage à la Julienne.* On le fait cuire préalablement à moitié ; on le laisse dans le bain pendant une demi-heure.

6°. *Coulis de racines.* On le prépare d'abord selon l'usage ordinaire ; mais on le fait tellement fort, qu'une pinte de ce coulis mêlée avec une quantité d'eau suffisante, lorsqu'on voudra s'en servir, puisse former un potage pour douze personnes. On l'expose à la chaleur du bain pendant une demi-heure.

Nous ferons observer ici que *M. Appert* indique, dans son ouvrage déjà cité, la manière de préparer et d'assaisonner les diverses substances qu'il veut conserver ; nous serions sortis de notre plan si nous avions transcrit littéralement le *livre de tous les ménages*. Nous regardons cette partie que nous omettons plutôt comme appartenant à l'art du cuisinier qu'à celui dont nous traitons. Nous supprimerons par conséquent tout ce qui n'a pas directement trait à la conservation des substances alimentaires.

7°. *Petits pois verts.* On ne leur fait subir aucune cuisson préalable. Ils restent dans le bain pendant une heure et demie et même deux heures lorsqu'on emploie le bain de vapeurs. Il ne faut pas cueillir les pois trop fins, parce qu'ils fondent en eau pendant l'opération ; on les prend moyens, parce qu'ils ont infiniment plus de goût et de saveur, se trouvant alors plus faits. On les fait écosser aussitôt qu'ils sont cueillis. On les met dans les vases après en avoir séparé les gros; on les tasse bien pour en faire entrer le plus possible, sans les presser, mais en les secouant sur une table ou sur le tabouret. On bouche les vases; on les expose au bain de calorique pendant une heure et demie lorsque la saison est fraîche et humide, et pendant deux heures lorsque l'atmosphère est chaude et sèche.

Les gros pois sont mis à part dans des vases séparés en leur donnant deux heures ou deux heures et demie de bain de chaleur, selon la circonstance de la saison.

8°. *Asperges.* On les prépare comme pour l'usage journalier, soit entières, soit aux petits pois. On les plonge dans l'eau bouillante, et de suite dans l'eau froide pour ôter l'âcreté particulière à ce légume : les cuisiniers appellent cette opération *blanchir*. Après les avoir laissé bien égoutter, on dispose les asperges entières, la tête en bas dans les vases; les autres y sont placées comme les petits pois. On bouche, on les expose au bain de calorique pour y recevoir un bouillon seulement, c'est-à-dire pendant l'espace d'une minute.

9°. *Petites fèves dites de marais.* On les

cueille très-petites, de la grosseur à-peu-près du bout du petit doigt, pour les conserver avec leur robe. Tout en les écossant, on doit avoir la précaution de les mettre de suite dans les vases afin que la robe ne brunisse pas : on les tasse légèrement pour en faire tenir le plus possible et remplir tous les vides ; on place les vases dans un bain d'eau fraîche sortant du puits, et, après les y avoir laissées une heure et demie, on ajoute un petit bouquet de sarriette ; on bouche avec soin et on expose les vases pendant une heure à la chaleur du bain.

L'eau fraîche dans laquelle on place les vases avant de les boucher, sert à conserver à la robe des fèves cette couleur d'un blanc verdâtre qui leur est naturelle et qui est très-agréable.

Si les fèves sont grosses, il faut leur ôter leur robe sans autre préparation. On les met dans les vases, on les tasse, et, sans les faire passer par l'eau froide, on les expose au bain de calorique pendant une heure et demie.

10°. *Haricots verts.* Nous ne parlerons plus de la préparation qu'on fait subir aux diverses substances, puisqu'on emploie les moyens ordinairement usités. Nous n'indiquerons les préparations que dans le cas où elles présenteraient quelque chose de particulier.

On met les haricots dans les vases sans cuisson préalable : on les laisse dans le bain pendant une heure et demie lorsqu'ils sont petits et qu'on doit les servir entiers ; mais lorsqu'ils sont assez forts pour qu'il soit nécessaire de les couper en deux ou trois dans leur longueur, alors ils n'ont besoin que d'une heure au bain de calorique. On a toujours soin de les tasser dans les vases.

11°. *Haricots en grains.* Quand on veut conserver à ce légume le goût qu'il perd en séchant, on le met dans les vases aussitôt qu'il a été cueilli et écossé, mais sans cuisson préalable. On fait subir aux vases un bain d'une heure ou une heure et demie, selon qu'ils sont plus ou moins gros. Le moment le plus favorable pour les cueillir est celui où la cosse commence à jaunir.

12°. *Artichauts.* L'on peut conserver les artichauts soit entiers, soit coupés en quartiers. Lorsqu'on veut les conserver entiers, on doit les choisir de moyenne grosseur ; après les avoir épluchés à la manière ordinaire, on les blanchit (*voyez n°* 8.) ; quand ils sont bien égouttés, on les met dans les vases et on les expose au bain de calorique pendant une heure.

Lorsque les artichauts sont coupés en quartiers, on les blanchit (*voyez n*° 8), et quand ils sont égouttés, on les passe au beurre ou à l'huile dans une casserolle où on les fait cuire à moitié. En cet état ils sont placés dans des bocaux qui ne restent qu'une demi-heure au bain de calorique.

13°. *Choux-fleurs.* Après qu'ils ont été épluchés et blanchis (*voyez n*° 8), on les laisse bien égoutter; on les place ensuite dans les vases qu'on expose pendant une demi-heure au bain de calorique.

Il ne faut pas perdre de vue une règle que l'on peut regarder comme générale et qu'il est important de rappeler. Dans une année fraîche et humide les légumes sont plus tendres, et par conséquent plus sensibles à l'action du feu; dans ce cas, il faut donner sept à huit minutes de moins au bain de calorique, et en donner autant de plus dans les années de sécheresse, où les légumes sont plus fermes et soutiennent mieux l'action du feu.

14°. *Oseille.* On mêle ensemble les plantes suivantes : oseille, belle-dame, laitue, poirée, cerfeuil, ciboule, etc., en proportion convenable. Lorsque le tout est bien épluché, lavé, égoutté, haché, on le fait cuire ensemble dans un vase de cuivre bien étamé, et l'on pousse la cuisson comme pour l'usage journalier. Ce degré de cuisson est le plus convenable. Lorsque les herbes sont ainsi préparées, on les met refroidir dans des vases de faïence ou de grès; ensuite on les met dans les vases, on les bouche bien et on les expose un quart d'heure seulement au bain de calorique. Ce temps suffit pour conserver l'oseille pendant dix ans intacte et aussi fraîche que si elle sortait du jardin.

15°. *Epinards et chicorée.* Ces deux espèces d'herbes se préparent comme pour l'usage journalier; lorsqu'elles sont bien fraîchement cueillies, épluchées, blanchies, rafraîchies, pressées et hachées, on les met dans les vases et on leur donne un quart-d'heure de bain de calorique.

16°. *Tous les autres légumes.* Les carottes, les choux, les navets, les panais, les oignons, le céleri, les cardons d'Espagne, les betteraves et généralement tous les légumes se conservent également, soit blanchis seulement, soit préparés au gras ou au maigre pour en faire usage au sortir du vase. Dans le premier cas, on fait blanchir et cuire à moitié dans l'eau, avec un peu de sel, les légumes que l'on veut conserver: après qu'ils sont bien égouttés et refroidis, on les met dans les vases, et on donne aux carottes, choux, navets, panais, betteraves, une heure de bain, et une demi-heure aux oignons, céleri, etc. Dans le second cas, on a soin de préparer les légumes, comme pour l'usage ordinaire, et après les avoir fait cuire aux trois-quarts, les avoir bien préparés et assaisonnés, on les laisse refroidir, on les met dans les vases et on leur donne un quart d'heure de bain.

17°. *Pommes de terre.* Après ce que nous avons dit dans le chapitre Ier, page 108, etc., sur la conservation de ce tubercule, il paraît que nous aurions dû supprimer cet article des procédés de *M. Appert.* En effet, le procédé de notre auteur serait très-dispendieux si l'on fait attention au nombre de vases qu'il faudrait avoir pour conserver une provision considérable de cette substance; les moyens que nous avons indiqués nous paraissent préférables. Nous ferons connaître cependant les procédés de *M. Appert* afin de ne pas priver le lecteur des moyens de conserver à la pomme de terre la saveur qu'elle a dans sa primeur, ou les avantages qu'elle présente lorsque, cueillie avant son entière maturité, elle est petite et sert à faire des garnitures.

Lorsqu'on les met dans les vases sans cuisson

préalable; on ne les expose que pendant une demi-heure au bain de calorique; mais, lorsqu'on les fait cuire auparavant, c'est toujours à la vapeur; on les pèle avant de les enfermer dans les vases, et on ne les expose au bain de calorique que pendant une minute ou deux.

18°. *Tomates ou pommes d'amour.* On les cueille bien mûres, et il importe de les bien dépouiller de leur eau de végétation, ce qu'on obtient facilement en les coupant par morceaux, les exposant pendant sept à huit jours au grand soleil; ensuite on leur donne trois ou quatre bons bouillons et on les met à égoutter sur une toile claire tendue sur un panier. Quatre heures après on recommence la même opération, qu'on répète s'il est nécessaire. On les enferme enfin dans les vases et on les expose, pendant une minute seulement, au bain de calorique.

19°. *Groseilles, cerises, framboises, mûres, cassis.* On cueille ces fruits avant que leur maturité ne soit trop avancée; on égrappe les groseilles, le cassis; on coupe les queues aux cerises comme pour les confire à l'eau-de-vie. On les met dans les vases, on les tasse bien. Lorsque ces vases sont parfaitement bouchés à l'ordinaire, on les laisse dans le bain de calorique, jusqu'à ce que le thermomètre de Réaumur soit monté à 80 degrés ; aussitôt on soustrait le calorique. Cette opération exige beaucoup de surveillance, afin que la chaleur n'augmente plus dès l'instant que le bain a acquis celle de l'eau bouillante.

20°. *Abricots, pêches, prunes*. On cueille ces fruits avant leur parfaite maturité ; on les coupe pour en détacher le noyau, et on les place dans les vases, qui ne doivent pas rester plus long-temps dans le bain que les groseilles. (*Voyez n°* 19.)

21°. *Poires*. On les pèle, on les coupe en quartiers, on les nettoie de leurs pepins, ainsi que des enveloppes de ces pepins ; on les met dans les vases qu'on bouche et qu'on expose dans le bain, avec les précautions suivantes : si ce sont des poires à couteau, on ne leur donne que le même degré de chaleur prescrit pour les groseilles. (*Voyez n°* 19.) Si ce sont des poires à cuire, il faut cinq à six minutes ; si ce sont des poires tombées, il faut un quart-d'heure.

22°. *Coings*. On les prépare comme la poire, et on leur donne une demi-heure de bain.

23°. *Marrons*. Il faut les piquer à la tête avec la pointe d'un couteau, comme pour les faire griller ; on les met dans les vases comme les autres substances, et on leur fait éprouver, pendant une minute, la chaleur du bain, comme aux groseilles. (*Voyez* n° 19).

24°. *Truffes*. Nous pensons qu'il n'est pas nécessaire de recommander qu'elles soient bien saines et des plus récentes. Il faut les bien laver, bien brosser, enlever légèrement leur superficie avec le couteau, séparer les blanches, les musquées, les mettre dans les vases, sans cuisson préalable, et les laisser dans le bain pendant une heure.

25°. *Œufs*. Les œufs, préalablement assaisaisonnés et apprêtés, comme si on voulait les manger de suite, et à telle sauce qu'on le désire, sont placés dans les vases, comme toutes les autres substances préparées d'avance, et avec les mêmes précautions : on ne les expose que pendant une minute à la chaleur du bain.

26°. *Œufs frais*. Plus l'œuf est frais, plus il résiste à la chaleur du bain. On range les œufs dans les vases avec de la chapelure de pain pour remplir les vides et empêcher qu'ils ne se cassent en se choquant les uns les autres. Après avoir bouché les vases, comme nous l'avons expliqué, on les expose au bain, dont on ne porte la chaleur qu'à 70 degrés, et l'on arrête aussitôt qu'elle est parvenue à ce point. Les œufs alors se conservent très-long-temps aussi frais que le premier jour qu'on les a renfermés. Lorsqu'on veut s'en servir, on les retire du vase, on les met sur le feu dans un vase rempli d'eau fraîche qu'on chauffe jusqu'au 75ᵉ degré : on les retire et ils se trouvent cuits à propos pour les manger à la mouillette.

27°. *Lait.* On prend du lait sortant de la vache, on le rapproche au bain de vapeur (1), et on le réduit à la moitié de son volume en l'écumant très-souvent; ensuite on le passe à l'étamine, et on délaie des jaunes d'œufs bien frais avec ce même lait : la dose est de huit jaunes d'œufs sur douze pintes de lait prises d'abord, et réduites à six par l'ébullition. Lorsqu'il est froid, on en ôte la peau qui se forme sur la surface en refroidissant ; on le met dans les vases et on l'expose au bain de ca-

---

(1) Le bain de sable, le bain-marie, le feu nu ont l'inconvénient d'atténuer le blanc du lait, et de lui donner un goût de frangipane; le bain de vapeur n'a pas cet inconvénient.

lorique pendant deux heures. Le lait se conserve très-bien par ce procédé; la crême, qui s'y trouve en flocons, disparaît en le mettant sur le feu; il supporte très-bien l'ébullition. Il produit du beurre excellent et du petit-lait, et remplace avantageusement la meilleure crême que l'on vend à Paris pour le café.

28°. *Créme.* Cinq pintes de crême, levée avec soin sur du lait trait de la veille, ont été rapprochées au bain-marie ou mieux au bain de vapeur, et réduites à quatre pintes sans l'écumer. On en a ôté la peau qui s'était formée dessus, pour la passer de suite à l'étamine; on l'a mise à refroidir. Après en avoir encore ôté la peau qui s'y était formée en refroidissant, on l'a mise dans les vases et on l'a exposée pendant une heure au bain de calorique. Au bout de deux ans cette crême s'est trouvée aussi fraîche que si elle eût été préparée du jour. On en a fait d'excellent beurre frais à raison de huit à dix onces par pinte.

29°. *Café.* Des trois expériences que *M. Appert* a décrites, nous ne citerons que la dernière comme présentant le meilleur procédé et le plus économique.

Ayant mis sur le feu une livre de café, jusqu'à ce qu'il soit devenu couleur de marron clair, et l'ayant trituré dans un mortier (1), on l'a divisé, après l'avoir passé à travers un tamis, dans quatre vases de demi-pinte chaque : on les a remplis soit avec de l'eau pure, soit avec la décoction du marc d'une première opération, ce qui est préférable. Cette décoction tirée au clair est obtenue en faisant bouillir, pendant six minutes, le marc dont nous venons de parler. Les vases, remplis et bien bouchés, ont été exposés pendant deux minutes au bain de calorique. Après qu'ils ont été refroidis, on les a laissé reposer pendant dix jours : on les a tirés au clair dans des vases que l'on a bien bouchés, et on leur a donné un bain de calorique pendant une minute.

Cet extrait se conserve très-bien : deux ou trois cuillerées à café suffisent, avec l'eau nécessaire, pour procurer la meilleure tasse de café, avec tout l'arome possible. On doit faire usage de cet extrait sans le faire chauffer ; on diminuerait

(1) L'expérience a convaincu que le café trituré dans le mortier a beaucoup plus de parfum que celui qui est moulu. C'est sans doute par cette raison qu'on ne se sert, dans le Levant, que de café trituré.

par là sa qualité, sans nécessité, puisque l'eau ou le lait auquel on l'ajoute, a le degré de chaleur qui lui convient pour être pris.

Les amateurs de café nous sauront gré de leur avoir mis sous les yeux le procédé que *M. Appert* a imaginé pour leur procurer une boisson dont nous nous sommes fait, pour ainsi dire, un besoin; qui renferme beaucoup plus d'arome que lorsqu'elle est préparée par toute autre méthode, en présentant un grand tiers d'économie.

30°. *Petit-lait.* On le prépare à la manière ordinaire : après qu'il a été clarifié et refroidi, on le met dans les vases et on lui donne le bain de calorique pendant une heure. Quand on veut s'en servir, on le filtre, pour l'avoir très-limpide. Dans un cas pressé on le décante avec précaution, on l'obtient de même très-clair. Il est bon d'observer que la chaleur du bain détache toujours du petit-lait, le mieux clarifié, quelques parties caseuses qui forment un dépôt qu'il est agréable de séparer ou par filtration, ou par décantation, comme nous l'avons déjà prescrit.

31°. *Beurre frais.* Après l'avoir bien lavé (1)

---

(1) *Voyez page* 141, la manière de laver le beurre.

et ressuyé sur un linge blanc, on le met dans les vases par petits morceaux que l'on tasse afin de remplir tous les vides le plus qu'on le peut, et on les expose au bain de calorique jusqu'à ce que la chaleur soit parvenue à 80 degrés. Alors, sans attendre plus long-temps, on laisse refroidir le bain pour en retirer les vases. Du beurre ainsi préparé a été examiné six mois après; il était aussi frais que le jour qu'on l'avait enfermé dans les vases.

M. Appert fait observer que la fusion du beurre, qui s'opère par l'application de la chaleur dans le bain, précipite au fond des vases les parties caseuses que le beurre pouvait encore contenir lors de sa préparation, de manière qu'on obtient un beurre vierge parfaitement clarifié, excellent à manger sur le pain, ainsi que dans toutes les préparations journalières, d'un goût plus fin que le beurre frais ordinaire, et plus salubre que ce dernier, dont on ne devrait faire usage qu'après l'avoir clarifié.

On retire le beurre des bouteilles par petites parties, au moyen d'une petite spatule de bois un peu plate et crochue par le bout; on le met dans l'eau fraîche, puis en motte, après l'avoir bien lavé et pelotté dans plusieurs eaux, jusqu'à ce que la dernière soit bien claire.

32°. *Huiles et graisses.* L'auteur conserve les huiles et les graisses de toutes les espèces par le même procédé que nous venons de décrire pour le beurre ; il recommande seulement de les clarifier avant de les enfermer dans les vases, afin qu'il y ait moins de déchet ou de résidu. Ce résidu a toujours un goût rance un peu amer. Il faut avoir soin, comme nous l'avons indiqué pour le beurre, d'arrêter la chaleur du bain dès l'instant qu'elle est parvenue à 80 degrés (Réaumur).

§ III. *Observations générales.*

Nous ne parlerons pas de la manière que l'auteur décrit très au long pour boucher les vases, ni des précautions qu'il prend pour former les bouchons, du lut qu'il emploie, et de tous les accessoires indispensables dans sa manière d'opérer ; nous regardons cette description comme inutile, d'après le perfectionnement que nous avons fait observer que les Anglais avaient apporté à cette précieuse découverte. Si l'on emploie, comme ils l'ont fait avec succès, le fer-blanc pour construire leurs vases, il est certain qu'en soudant parfaitement le couvercle, on peut se passer de bouchons, de fil-de-fer, de mastic, etc.; l'opération sera plus prompte, plus sûre, n'exposera à aucune perte qui résulte de la fragilité des vases de verre, et les diverses substances se conservent dans ces vases de métal avec le même succès.

Nous ne parlerons pas non plus des moyens que l'auteur emploie pour conserver les plantes anti-scorbutiques, et généralement toutes les plantes et tous les sucs d'herbes à l'usage de la pharmacie et de la médecine; ces détails, quoique d'une utilité majeure pour les besoins de la vie, nous écarteraient trop de notre sujet.

L'auteur s'étend beaucoup sur la manière de faire usage des substances préparées et conservées; nous ne le suivrons pas dans cette description; nous dirons seulement d'une manière générale que toutes les substances qui ont reçu une entière préparation avant d'être renfermées dans les vases n'ont besoin que d'être exposées à un degré de chaleur suffisant pour être agréables à manger. Ce degré de chaleur est indiqué par l'usage.

Quant à celles qui ne sont pas suffisamment cuites, on leur donne, en les tirant des vases, le degré de cuisson qui leur manque sans y rien ajouter, si l'on a eu soin d'y mettre tous les assaisonnemens nécessaires. On les assaisonne en entier, ou bien on ajoute les assaisonnemens qu'elles n'ont pas, et on les sert.

D'après tout ce que nous avons exposé, l'on voit que *M. Appert* est parvenu à conserver toutes les substances nutritives avec leurs qualités propres et constituantes. La solution de ce problême avait occupé long-temps les économistes; notre auteur a rendu un vrai service à toutes les classes de la société, en imaginant un procédé extrêmement simple et à la portée de tout le monde.

Nous avons fait connaître les diverses substances que l'homme emploie à sa nourriture; nous avons indiqué les divers moyens qu'on met en usage pour les conserver; il nous reste à décrire les procédés les plus économiques pour faire servir, avec avantage, ces mêmes substances à procurer à la classe la plus populeuse et la plus indigente de la société des alimens sains, nutritifs, savoureux et substantiels. Nous allons nous occuper de cet objet important dans les chapitres suivans.

CHAPITRE III.

Avantages des grands établissemens pour le soulagement des indigens.

De tous les temps les âmes bienfaisantes se sont occupées des moyens de soulager les indigens. Des secours pécuniaires leur furent d'abord prodigués ; mais l'on ne tarda pas à s'apercevoir que l'homme, qui abuse de tout, loin d'être encouragé par les bienfaits dont il était comblé, se laissa entraîner par la paresse vers le plus dangereux des vices, l'oisiveté. Dès l'instant qu'il vit que les secours lui arrivaient sans avoir besoin de travail, il ralentit petit à petit les ouvrages auxquels il se livrait auparavant, il les abandonna enfin, pour courir de porte en porte solliciter la bienveillance publique, et recevoir, ostensiblement et à la face de ses concitoyens, des bienfaits que naguères la piété, l'humanité versait en cachette dans son sein, sans qu'il pût connaître la main qui le secourait, et qui se cachait pour ne pas blesser son amour-propre.

Peu de jours se sont écoulés depuis le premier instant où la charité à découvert sa détresse, et déjà il regarde comme un droit ce qui n'est qu'un bienfait; il murmure de ce qu'il n'est pas aussi abondant qu'il le désire pour satisfaire non-seulement à une partie de sa subsistance, mais à tous ses besoins, à son superflu même. Le premier pas franchi, rien ne l'arrête, il a levé le masque, et cet homme, naguères vertueux, laborieux, l'exemple des ouvriers de sa classe, devient, par l'oisiveté que traîne après elle la mendicité, devient souvent le fléau de la société. Nous ne déroulerons pas le tableau de tous les vices auxquels la mendicité entraîne, il ne ferait que retracer des traits malheureusement trop connus, trop humilians pour l'espèce humaine.

L'on s'occupa des moyens de remédier à tant de maux sans renoncer aux actes de bienfaisance auxquels on s'était voué; et, au lieu de distribuer des secours pécuniaires, on imagina de porter dans le sein des familles malheureuses des subsistances en nature; on leur fournit des alimens tout préparés; on atteignit par-là plus directement le but.

Ces secours ainsi distribués produisent un grand bien; l'oisiveté n'est plus autant flattée;

il n'est pas facile de les convertir en argent pour le faire servir à des usages honteux; mais ce mode présente des inconvéniens, dont le plus grand est celui d'occasionner une trop forte dépense, et de priver ainsi chaque individu qui veut l'exercer d'étendre ses bienfaits autant qu'il le pouvait auparavant.

On chercha des moyens qui pussent concilier tous les intérêts, c'est-à-dire, porter abondamment des secours dans toutes les familles indigentes, et prévenir l'abus qu'elles en pourraient faire soit collectivement, soit en particulier, comme cela n'arrivait que trop fréquemment. Des philantropes éclairés s'occupèrent avec fruit de cette idée; de là naquirent les hôpitaux, les maisons de bienfaisance et de charité. Nous pourrions remonter à l'origine de ces établissemens, désigner les noms de leurs fondateurs, assigner à chacun celui qui les créa et désigner par-là à la vénération publique ces anges de prédilection que le maître de l'univers fixa sur la terre pour porter à leurs semblables tous les genres de consolation, tous les genres de secours.

Nous sortirions du cadre que nous nous sommes prescrit, si nous nous engagions dans une discussion de cette nature; il nous suffira de parler en général de ces établissemens et d'en faire connaître les avantages.

Les trois établissemens que nous avons indiqués exercent la bienfaisance sous trois dénominations et sous trois aspects différens : 1° Les hopitaux ou hospices sont destinés à recevoir les malades indigens ; on les soigne pendant leur maladie et leur convalescence, et lorsqu'ils sont parfaitement rétablis, ils vont reprendre le cours de leurs occupations journalières. 2°. Les maisons de charité répandent dans les familles et à domicile les secours dont peuvent avoir besoin les malades indigens, et principalement ceux qui auraient honte de proclamer leur infortune ; on les soulage même pendant leur convalescence et jusqu'au moment où ils peuvent reprendre leurs travaux. 3°. Les maisons de bienfaisance enfin secourent indistinctement non-seulement les malades, mais même les familles indigentes et laborieuses qui, adonnées au travail, ne trouvent cependant pas dans leurs occupations journalières les moyens de fournir les alimens nécessaires à une nombreuse famille. Arrêtons-nous principalement à cette dernière classe de maisons de secours, et, après avoir indiqué le régime qu'on y suit, il sera facile de prouver combien les grands établissemens sont avantageux pour soulager l'indigence.

Les maisons de bienfaisance furent d'abord instituées, comme les maisons de charité, pour secourir les malades et leur fournir les alimens dont ils ont besoin soit dans leurs maladies, soit pendant leur convalescence. On leur distribuait d'abord des rations de bouillon ; on y ajoutait de la viande après la maladie, et souvent quelques rations de pain. Petit à petit ces établissemens se multiplièrent ; il s'en forma partout grâces aux soins des âmes généreuses pour lesquelles la bienfaisance est un besoin. Chacun porta son obole, et dès-lors on vit s'élever de tous les côtés des associations pour le soulagement de l'humanité ; elles avaient déjà atteint leur but, même à l'instant de leur origine.

Avant ces établissemens, on voyait dans toutes les communes des personnes riches sacrifier chaque année des sommes souvent considérables pour faire préparer, dans leurs maisons, des alimens pour l'indigence ; ils soulageaient, chacun isolément, un certain nombre de malheureux : mais les secours n'étaient pas toujours proportionnés aux besoins et l'on avait la douleur d'avoir fait des efforts impuissans. L'on conçut l'heureuse idée de rassembler les moyens ; tous les petits établissemens d'un même lieu furent réunis daus un seul local, et dès-lors on fût convaincu que, sans augmenter la dépense, la bienfaisance atteignait tous les infortunés. En effet, personne n'ignore que les frais de cuisson, de préparation, etc. sont d'autant moindres que la famille est plus nombreuse. Nous aurons occasion plus bas de donner un nouveau développement à cette idée qui d'ailleurs est à la portée de tout le monde.

L'expérience ne tarda pas à prouver ce qu'on avait judicieusement entrevu, et aussitôt les grands établissemens de ce genre furent fondés, le gouvernement versa des secours entre les mains des administrateurs bienfaisans et désintéressés, les dons des particuliers vinrent augmenter les moyens, et l'infortuné trouva sous sa main, et abondamment, les alimens sains et substantiels dont il avait besoin soit pour réparer ses forces débilitées, soit pour nourrir sa nombreuse et malheureuse famille.

Jusques-là on avait fait un grand pas vers le but qu'on cherchait à atteindre, mais le nombre des infortunés augmentait, les secours n'étaient pas en proportion avec les besoins ; il fallut trouver des moyens plus efficaces sans accroître les dépenses. Les soupes économiques dont nous allons parler dans le chapitre suivant remplirent avantageusement cette tâche.

CHAPITRE IV.

Origine et avantage des établissemens publics pour la distribution des substances alimentaires.

Après avoir fait pressentir, dans le chapitre précédent, les avantages que procurent, en général, les grands établissemens pour secourir l'indigence, il importe de démontrer l'étendue des biens qui sont résultés de l'heureuse conception des soupes économiques et surtout depuis que les maisons de bienfaisance se sont emparées de la confection en grand et de la distribution de cet aliment salutaire.

La philantropie ne se borna pas à ce premier pas vers la bienfaisance; bientôt on s'occupa des moyens de réaliser à peu de frais le beau rêve de *Papin*, et l'on est parvenu de nos jours à extraire des os, avec beaucoup de facilité et d'avantages, la gélatine qu'ils contiennent. Cette précieuse découverte resta longtemps dans l'oubli; elle ne fut considérée que comme une expérience curieuse, et l'humanité n'en retira aucun profit. Il ne fallut rien moins que la disette dont nous fûmes accablés, depuis la récolte de 1816 jusqu'à celle de 1817, pour ranimer la bienfaisance en tirant parti d'une découverte qu'on n'aurait jamais dû perdre de vue. C'est en France que la première expérience en fut faite en 1802; c'est en France que ce moyen protecteur et réparateur fut créé; et c'est la France qui la dernière a vu ses indigens, ses infirmes, ses vieillards soulagés par le bouillon d'os; le premier établissement a été créé à Paris dans le mois de juillet 1817; déjà les nations étrangères, éloignées ou voisines, jouissaient depuis long-temps de ce bienfait. Nous traiterons de cet objet important d'une manière très-détaillée; nous allons nous occuper d'abord des soupes économiques.

§ Ier. *Des soupes économiques.*

Tout le monde conçoit ce qu'on entend par soupe; plusieurs personnes regardent les mots *soupe* et *potage* comme synonymes, et ils se trompent: le *potage* est un bouillon avec ou sans tranches de pain; la *soupe* est un aliment fait de pain et de bouillon, mais il n'est pas nécessaire que le pain y soit en tranches comme au potage. Quoi qu'il en soit, ce genre de mets par lequel commence ordinairement le dîner du riche comme celui du pauvre, forme la partie la plus essentielle, quelquefois et souvent même la partie unique du repas de l'indigent. Cet aliment plus ou moins liquide, plus ou moins savoureux, plus ou moins nutritif, a attiré l'attention des zélés philantropes qui ont cherché à créer des ressources en faveur de la classe indigente.

Ils se sont convaincus que, quoique tous les liquides puissent servir de véhicule ou d'excipient aux matières muqueuses, gélatineuses et extractives qui constituent les différens potages, c'est sans contredit l'eau qui est le meilleur; aussi emploie-t-on communément l'eau à cet usage. Ce n'est que par le concours du feu qu'on parvient à faire une soupe, c'est-à-dire qu'on parvient à identifier l'eau avec la substance alimentaire, et à donner à celle-ci cette mollesse, cette flexibilité si nécessaires pour la transformer en chyle. Ainsi, dans son passage à l'état de soupe, la matière nutritive, au moyen d'une cuisson ménagée et lente, n'a subi d'autres changemens que sa combinaison intime avec l'eau, et un plus grand développement dans ses propriétés alimentaires. Il est incontestable que l'eau combinée et modifiée d'une certaine manière a une influence sensible, et sur la qualité et sur les résultats de la nourriture.

Un des plus précieux avantages de l'aliment amené à l'état de soupe, c'est de ne réunir toutes ses qualités que quand il se trouve pourvu d'un certain degré de chaleur. Aussi voyons-nous dans les annales de l'espèce humaine, ajoute *Parmentier* qui nous a fourni cet article, l'aliment qui renferme le plus d'eau et de calorique, la *soupe* appartenir à tous les âges, à tous les états, à tous les banquets; elle est, après le lait, le premier aliment de l'enfance; et dans tous les périodes de la vie, les Français surtout ne s'en lassent jamais; le soldat à l'armée, le matelot en mer, le voyageur en route, le laboureur au retour de sa charrue, le moissonneur, le vendangeur, le faucheur, le journalier qui vont quelquefois travailler loin de leurs foyers, trouvent dans la soupe un aliment qu'aucun autre ne saurait suppléer; la plupart d'entr'eux croiraient n'être pas nourris si elle leur manquait.

Bien convaincus que la soupe est la meilleure nourriture qu'on puisse procurer à l'homme, on chercha à en varier la composition de manière à la rendre appétissante et éminemment nutritive. Cet aliment prit le nom de *soupe économique* dès son origine, et ce nom lui est resté : on verra par la suite qu'il lui convient parfaitement. Ce fut en France que l'on conçut la première idée des soupes économiques. Un missionnaire fit imprimer à Saintes, en 1680, une petite brochure dans laquelle on trouve la composition de deux soupes de cette espèce. L'orge, les semences légumineuses, et surtout les haricots en font la principale base.

Helvétius, médecin hollandais, vint à Paris sans aucun dessein de s'y fixer. Il acquit dans cette ville une grande célébrité; son mérite étant reconnu de plus en plus, il fut nommé inspecteur général des hôpitaux de Flandre, et devint médecin du duc d'Orléans alors régent du royaume; il mourut en 1727. Il avait proposé de secourir les indigens en leur distribuant des soupes économiques; on en trouve plusieurs recettes dans un de ses ouvrages qui a pour titre : *Traité des maladies les plus fréquentes, et des remèdes spécifiques pour les guérir.*

Personne n'ignore qu'avant la révolution les curés de Saint-Roch et de Sainte-Marguerite faisaient distribuer aux pauvres de leurs paroisses, sous le nom de riz économique, une soupe dont la base était le riz, les pois, la pomme de terre et les plantes potagères : les carottes, les navets, les potirons formaient l'assaisonnement.

Rumford, que l'indigent pleurera long-temps, *Rumford* adopta ce mode de secours pour le malheureux; la Bavière fut le théâtre de ses expériences, et les plus brillans succès couronnèrent ses travaux. Son zèle philantropique l'attira à Paris; il y exerça sa bienfaisance et créa des associations de charité non-seulement dans la capitale, mais même dans plusieurs villes des départemens. Les services importans que ce philosophe estimable à rendus à l'humanité par ses travaux assidus et opiniâtres, principalement dirigés vers l'économie domestique, lui ont acquis de justes droits à la reconnaissance publique. C'est particulièrement le pauvre qu'il a eu en vue; c'est aussi dans le sein du pauvre qu'il a trouvé sa récompense.

On ne peut point attribuer à *Rumford* l'invention des soupes économiques, on a déjà vu qu'elles étaient inventées long-temps avant lui; mais on ne peut lui refuser la gloire de les avoir remises en vigueur, et d'en avoir perfectionné la composition. Cette vérité est incontestable, elle est attestée par les établissemens nombreux qu'il a fondés dans plusieurs grandes villes de l'Europe, et qu'il a présidés.

Parmentier dont le nom se rattache à tout ce qui tient à l'économie agricole, publique et domestique; *Parmentier* qui s'est tant illustré par ses travaux sur la boulangerie, par une infinité de découvertes dont il a enrichi les arts; *Parmentier* a aussi travaillé sur le sujet qui nous occupe; il a recueilli tout ce qui a rapport à la confection des soupes économiques. *Parmentier* distingua, parmi les personnes qui l'entouraient, un savant, *M. Bouriat*, professeur à l'école de pharmacie de Paris, dont le zèle ardent pour le soulagement de la classe indigente et souffrante est sans bornes; il l'associa à ses travaux. Les mêmes goûts les animaient, le même but les dirigeait; ils avaient l'un et l'autre la même ardeur pour les propager. Ces deux savans ont fait de concert un grand nombre d'épreuves sur le choix des substances dont on doit composer les soupes économiques, et sur les moyens de porter cette sorte d'aliment au degré de perfection qu'il peut atteindre.

Dans l'énumération que nous faisons des principaux bienfaiteurs de l'humanité, nous nous garderons bien d'oublier les membres de la société philantropique de Paris, à la tête desquels nous placerons MM. Delessert et Decandolle qui en conçurent le projet et la fondèrent en l'année 1800. Les associés philantropes qui dirigent cet établissement de bienfaisance firent imprimer en 1812 une instruction sur la préparation des soupes économiques et sur la construction des fourneaux par eux adoptée, et qu'ils ont cru la plus propre pour arriver au double but qu'ils ont cherché à atteindre. Ces messieurs n'ont rien négligé pour donner une entière connaissance de leur établissement, et surtout pour propager de tout leur pouvoir la doctrine qu'ils professent.

Cependant, si l'on examine avec attention les diverses recettes préconisées par tous les auteurs qui ont écrit sur cette matière, l'on se convaincra aisément qu'ils se sont copiés les uns les autres, et qu'ils ont tous copié servilement *Helvétius*. Mais en ne s'attachant qu'à donner des recettes, ils ont négligé de parler des ustensiles dont notre docteur recommande l'usage; ils n'ont fait aucune mention des moyens qu'il faut employer pour préparer et faire cuire les substances qui entrent dans la composition des soupes économiques. C'est pourtant de la préparation des alimens et de leur cuisson que dépendent leur effet salutaire sur l'économie animale, et leur saveur agréable ; du concours de ces diverses circonstances réunies résulte l'économie proprement dite.

Dans tout ce que nous avons à dire sur le sujet qui nous occupe, nous ne marcherons pas toujours sur la route d'autrui ; nous choisirons ce qui nous paraîtra le meilleur. Lorsque nous proposerons des pratiques nouvelles, ce ne sera pas une simple opinion qui nous aura entraîné, le flambeau de l'expérience nous aura servi de guide. Dans les arts la pratique doit toujours marcher à côté de la théorie ; celle-ci éclaire la pratique, mais quelquefois cette dernière fait découvrir des vérités importantes qui souvent resteraient cachées au simple théoricien.

Nous l'avons déjà dit, c'est par la soupe que commence le repas du riche ; elle est le mets principal des familles d'une fortune médiocre ; elle est le seul aliment qui compose la nourriture du pauvre. Peu importe que sur les tables splendides les soupes soient plus ou moins succulentes, elles sont toujours très-agréables, et c'est surtout ce qu'on exige, sans se mettre beaucoup en peine des frais qu'elles ont occasionnés. Il n'en est pas ainsi dans les ménages qui ne se soutiennent que par une stricte économie : chez l'ouvrier, par exemple, comme chez l'homme des champs, dans les casernes comme à l'armée, dans les prisons comme dans les hôpitaux, enfin dans tous les établissemens consacrés au soulagement de l'indigence, on ne saurait employer trop de soins pour confectionner des soupes très-substantielles, par les méthodes les mieux éprouvées et les moins dispendieuses.

Transportons-nous dans les campagnes éloignées des cités, découvrons le pot au feu qui doit servir à nourrir des familles nombreuses, utiles et laborieuses. Nous n'y verrons le plus souvent que de l'eau chaude, dans laquelle cuit tantôt un chétif morceau de lard salé, tantôt quelques oignons avec un peu de beurre ou d'huile. C'est dans cette eau qu'ils font tremper un pain noir, compacte et de mauvais goût. Telle est la nourriture qui alimente la partie la plus utile, la plus intéressante de la nation ; telle est la soupe dont se contente le plus grand nombre des agriculteurs, parce qu'ils ignorent que, sans faire plus de dépense, ils pourraient se procurer un aliment beaucoup plus savoureux, beaucoup plus nourrissant.

Les ouvriers, les journaliers sont dans le même cas que les hommes des champs : dans l'intention de vivre économiquement, ils ne se nourrissent que de fromages, de mauvais fruits, ou de viandes froides que leur procurent des revendeuses des divers quartiers des grandes villes, et qui proviennent de la desserte de la table des riches. Ils obtiendraient, avec beaucoup moins de dépense, un aliment plus varié, plus agréable, plus substantiel, si les cabaretiers ou les gargotiers, qui les logent, établissaient chez eux l'usage des soupes économiques, soit en les préparant dans leurs cuisines, soit en s'approvisionnant aux établissemens de bienfaisance.

On distribue des aumônes en argent avec plus de sensibilité que de discernement ; elles ne sont souvent employées par ceux qui les reçoivent qu'à satisfaire leurs passions, et ces soins, que la charité leur procure, ne tendent ordinairement qu'à leur faire regarder la mendicité comme un métier lucratif : ce ne seront pas ceux-là qui exciteront notre sollicitude

Quant aux pauvres qui méritent les regards de la sensibilité, qui font un usage raisonnable des secours en argent qu'ils obtiennent, ils sont forcés de dépenser beaucoup plus qu'il ne faudrait pour se procurer leur nourriture préparée d'après les procédés consacrés par l'habitude. Ils économiseraient beaucoup et se nourriraient infiniment mieux, s'ils mettaient en usage les méthodes imaginées par la bienfaisance de quelques philantropes, de quelques savans, amis de l'humanité.

L'invention des soupes économiques est un véritable service rendu à l'indigence. Elles offrent un aliment tout-à-la-fois sain, nutritif, agréable et salutaire. Une portion, du poids d'une livre et demie, suffit pour le repas d'une personne robuste, qui serait loin d'être rassasiée par une livre de pain qui coûte au moins trois fois plus. L'estomac, quoique chargé d'un grand volume de substance, fait ses fonctions avec plus de facilité, parce que la soupe, quoique plus nourrissante, est moins difficile à digérer que le pain. C'est là précisément ce qui contribue le plus à maintenir le corps en bonne santé. Les soupes économiques sont très-appétissantes, parce qu'on peut leur donner la saveur qu'on désire ; on n'a qu'à faire choix des diverses substances dont on peut les composer, car on peut les varier de plusieurs manières différentes selon les goûts, les saisons, les pays et les habitudes. Nos soupes, faites d'après les méthodes les plus usitées, et qui ont reçu la sanction de l'expérience, sont plus faciles à préparer et occasionnent moins de dépense que tous les autres alimens dont le peuple se nourrit, et qui sont bien moins savoureux et moins nutritifs.

L'aliment dont nous nous occupons renferme tous les caractères qui doivent lui faire occuper une place distinguée dans les ressources de la bienfaisance pour secourir les malheureux. Non-seulement il est salutaire, mais il est agréable au goût, sain et nourrissant : sa composition n'est ni difficile, ni compliquée ; on peut en varier les bases selon les goûts et les circonstances. Les frais qu'il nécessite sont en outre très-modiques, ce qui lui a fait donner le nom de *soupe économique*. Tous ces avantages réunis ont fait naître l'idée heureuse de les distribuer aux indigens, à qui elles procurent des secours plus abondans et plus profitables que les aumônes en argent, dont il est si facile d'abuser, et dont on abuse presque toujours, parce qu'au lieu de soulager des besoins réels, ils ne servent souvent qu'à satisfaire les passions, telles que la boisson des liqueurs fortes, et les perfides espérances des jeux de hasard, ce qui contribue à entretenir la fainéantise, d'où naît la mendicité, vrai fléau des états. Quelques rations de *soupe économique*, versées dans la demeure de l'indigent, portent la paix et le bonheur dans toute sa famille; sa femme et ses enfans y trouvent, comme lui, une subsistance saine et salutaire, tandis que souvent l'argent qu'il recueille en mendiant n'entre pas dans le lieu de sa retraite, où il laisse souffrir de faim et de misère les innocentes victimes de sa dépravation.

Certes la bienfaisance avait fait un grand pas en découvrant la composition d'un aliment aussi substantiel, aussi nutritif que les soupes économiques, et qu'on obtient à si peu de frais; mais la philantropie ne s'arrêta pas à ce terme; il fallait pouvoir faire participer à ces avantages toutes les classes d'indigens, ménager surtout la délicatesse de ceux qui n'osent pas se montrer, que l'on désigne sous le nom de *pauvres honteux;* il fallait trouver le moyen d'augmenter le nombre des distributions, sans augmenter la dépense. Des établissemens publics ont été formés, ils ont rempli avantageusement ce double but; on leur a donné le nom modeste de *fourneaux*. Là cet aliment se prépare en grand, et se distribue à des heures réglées, avec d'autant moins de frais que la quantité qu'on en prépare est plus grande. On assure que cette idée heureuse prit naissance en France, il y a très-long-temps; mais, comme toutes les bonnes choses que notre pays enfante, elle y resta dans l'oubli : ce n'a été qu'après son voyage d'outre-mer qu'on en a senti l'utilité, et qu'on l'a mise en pratique. Grâces au zèle et aux lumières de *Rumford*, cette idée a été réalisée; elle est devenue aujourd'hui la pratique générale de l'Europe entière.

Les premiers essais d'humanité en ce genre furent faits, par ce célèbre philantrope, dans la ville de Munich; de là il passa à Londres, où il exerça le même genre de bienfaisance. Paris enfin reçut cet ami de ses semblables, et, qui le croirait! ce ne fut qu'après de vives sollicitations qu'il parvint à fonder des établissemens semblables dans cette grande ville. A l'imitation de la capitale, beaucoup de villes secondaires voulurent avoir leurs fourneaux; *Rumford* les éclaira et les dirigea. De tous ces établissemens, le premier et le plus important sans doute, celui qui se soutient avec le même zèle et le même succès, est celui qui fut fondé, en 1800, dans la capitale, par *MM. Delessert* et *Decandole*, ces hommes bienfaisans avantageusement connus par leur dévouement au soulagement de l'infortune.

Cette association, dont ces deux hommes respectables sont membres, prit le nom de *Société philantropique*, et réunit tout ce que la capitale compte d'hommes bienfaisans. Bientôt, par les soins et le zèle de chacun des coassociés, l'on a vu se multiplier le nombre des fourneaux, où l'on prépare et où l'on distribue les soupes économiques : Paris en compte quarante-deux dans vingt-deux établissemens séparés.

Le régime de ces établissemens est très-bien conçu, sa simplicité en assure la durée : il importe de le connaître. Les personnes qui veulent secourir des indigens envoient à la société leurs offrandes en argent, et en échange on leur remet pour le même montant, et à raison de cinq centimes chaque, un nombre proportionné de cartes portant une gravure qui représente l'emblême de la miséricorde, au-dessus duquel est une légende en noir sur un fond blanc portant ces mots, POTAGE AUX LÉGUMES, et au-dessous, en blanc sur un fond noir, *bon pour une soupe à midi.* Ceux qui ont acheté ces cartes, les donnent aux pauvres qu'ils veulent secourir. Quiconque apporte à l'un des établissemens une ou plusieurs de ces mêmes cartes, y reçoit en retour, gratuitement, autant de portions de soupe, chacune du poids de une livre et demie. Tout individu peut néanmoins obtenir de la soupe quoiqu'il n'ait pas de cartes; il lui suffit de se présenter avec un vase et de payer cinq centimes (un sou) pour chaque portion. La somme qu'il paie est à-peu-près la moitié de celle que chaque portion de soupe coûte à la société philantropique. Par ce moyen beaucoup de personnes, des familles entières qui n'ont pas le temps ou le moyen de se préparer de bons alimens, et qui cependant n'osent pas recourir à la charité d'autrui, trouvent à peu de frais les moyens de se nourrir sainement et agréablement.

Dans le rapport fait par *M. Deleuze* sur les travaux de la société pendant l'année 1814, on trouve que, dans le courant de l'hiver de 1812, il a été distribué quatre millions trois cent quarante-deux mille six cents rations de soupes, et, depuis 1800 jusqu'au premier janvier 1816, la totalité s'est élevée à douze millions quatre cent trente-neuf mille six cent quinze rations.

Le même *M. Deleuze* a fait, dans l'assemblée générale du 6 avril 1816, un nouveau rapport sur les travaux de la société philantropique, dans lequel il expose que, dans le courant de l'année 1815, il a été vendu ou distribué gratis aux indigens de Paris, huit cent soixante-dix-neuf mille trois cent quatre-vingt-six rations de soupes.

D'après tout ce qui précède on doit être convaincu que l'établissement des soupes économiques serait infiniment avantageux non-seulement dans les grandes villes, mais même dans tous les lieux de logement ou d'étape militaire. Le soldat qui marche isolément, trouverait en route, et moyennant la modique somme de cinq centimes, une portion de soupe substantielle, très-nutritive, très-fortifiante; les habitans peu fortunés de ces communes, obligés de loger le soldat, seraient délivrés non-seulement de l'embarras et des soins que le pot au feu de ces militaires leur occasionne, mais même seraient à l'abri de leur offrir des légumes que leur amour national leur commande lorsque leur défaut de fortune les en empêcherait.

« Dans tous les pays de l'Europe, dit *Rumford* (3e *Essai*, *chap.* 4), la paie d'un soldat est excessivement modique et beaucoup plus que celle d'un journalier : il est même surprenant que, dans certains pays, ils trouvent les moyens de subsister avec de si faibles ressources.

« La paie d'un fantassin et même celle d'un grenadier au service du grand-duc de Bavière n'est que de cinq kreutzers (3 sous 7 deniers 7/12) par jour ; il reçoit, indépendamment de cette somme, une livre treize onces et demie de pain de seigle, qui coûte deux sous deux deniers un douzième, ce qui forme cinq sous neuf deniers deux tiers par jour : c'est tout ce que le soldat reçoit.

« Un Anglais aura de la peine à concevoir qu'il soit possible de procurer la subsistance nécessaire à un homme avec une somme si modique ; mais quel serait son étonnement s'il voyait une armée entière, composée de soldats les plus grands, les plus forts et les plus vigoureux qu'on puisse voir, dont l'extérieur annonce la meilleure santé et la plus grande satisfaction, et vivant néanmoins avec une paie si minime !

« Il est certain, que si les soldats étaient obligés de vivre chacun séparément, ils ne pourraient subsister avec leur paie : la réunion par ordinaire leur en facilite les moyens. En France, avant l'époque de la révolution, le fantassin n'avait que cinq sous huit deniers par jour et une livre et demie de pain de munition fournie par le roi; non-seulement il se nourrissait bien, mais encore il payait quantité de dépenses accessoires, telles que le blanchissage, la cire pour les souliers, le blanc pour la buffeterie, etc. En Prusse, les soldats ont trente-cinq kreutzers (25 sous 5 deniers 5/12 de France) tous les quatre jours, pour solde et pain, et ils ne font point ordinaire; aussi plusieurs d'entre eux demandent la charité même à Berlin et à Postdam, sous les yeux du souverain, etc. »

D'après cet exposé il est facile de concevoir les avantages que présentent les grands établissemens destinés au soulagement des malheureux; indépendamment de la préparation des alimens, qui s'y opère avec plus de soin, moins de peine et moins de frais, on est parvenu à porter très-loin l'économie du combustible, ce qui est un objet très-important. La pyrotechnie a fait depuis peu de si grands progrès, qu'on a mis à contribution cet art nouveau pour mettre à profit tout le calorique que fournit le combustible. Les fourneaux sont construits sur de meilleurs principes ; le calorique y est mieux concentré ; sa distribution est faite plus également sur tous les points des vases qu'il s'agit de chauffer ; aucune portion n'en est perdue, par conséquent moins de combustible pour dégager la chaleur nécessaire, et de là résulte une grande économie.

Après avoir fait connaitre les avantages que procurent les grands établissemens des soupes économiques, il convient de traiter de la manière de les confectionner.

§ II. *Des substances qu'il convient d'employer pour la confection des soupes économiques.*

Parmi les substances que l'homme a reconnues propres à lui servir d'alimens, il en est peu dont l'art du cuisinier ne puisse tirer parti pour faire de la soupe. Nous ne nous attacherons pas à indiquer ici toutes les espèces de soupes que l'on est dans l'usage de faire, ou que l'on pourrait encore imaginer, nous sortirions du cadre dans lequel nous nous sommes proposés de nous renfermer. Notre dessein est d'indiquer quelles sont les substances qu'il est le plus convenable d'employer pour faire les soupes économiques, en cherchant à atteindre le double but qu'on se propose, la bonne qualité de l'aliment et la plus sévère économie dans la dépense.

Nous pouvons dire en général que les grains, les légumes, les plantes potagères et les graisses, les beurres ou les huiles, convenablement assaisonnés avec du sel, du poivre, des aromates de différentes espèces, le tout cuit dans l'eau, forment la base des soupes économiques, dites au maigre.

Pour se procurer des soupes au gras, il faudrait employer de la viande, mais son prix ne permet pas d'appeler économique le bouillon qui en résulte. Cependant des savans philantropes ont proposé de tirer parti des os; quelques-uns ont prescrit de les employer en nature et d'en extraire, par une longue ébullition, la gélatine qu'ils contiennent. *Papin* imagina son digesteur, et d'autres prescrivirent des moyens plus ou moins ingénieux; tous réussirent plus ou moins quant au produit, mais aucun ne réussit quant à l'économie. Les difficultés ne rebutèrent point ces savans laborieux; plus ils rencontrèrent d'obstacles et plus ils redoublèrent d'efforts. Enfin, *M. Darcet* père, dont le zèle pour tout ce qui a trait à la bienfaisance, ne s'est jamais ralenti; *M. Darcet* vit ses travaux couronnés du plus brillant succès. Il trouva le moyen d'extraire, par un procédé chimique, toute la partie gélatineuse des os; il les fit ensuite dissoudre dans l'eau bouillante, et en obtint un excellent bouillon. Le fils de ce savant chimiste, qui marche avec honneur sur la même route que son respectable père lui a frayée, a perfectionné ce procédé qu'il exécute en grand avec beaucoup d'avantage. Par le moyen de l'acide muriatique, il s'empare du phosphate de chaux que contiennent les os; il laisse à nu la gélatine, qui se dissout ensuite facilement dans l'eau bouillante. Cette découverte est infiniment précieuse pour les arts; mais ce procédé est encore trop dispendieux pour être employé à la confection des soupes économiques. Il était réservé à *M. Cadet de Vaux*, ce philantrope infatigable, de découvrir un moyen simple et facile pour extraire, presque sans frais, la gélatine des os. Nous nous abstiendrons de décrire en ce moment les procédés qu'il emploie. Nous consacrerons un paragraphe entier à cette matière importante.

Dans le premier chapitre de cet ouvrage nous avons fait connaître les diverses substances qui servent d'aliment à l'homme; nous en avons fait distinguer les qualités; nous avons traité des moyens de les conserver: il nous reste à indiquer celles qui conviennent le mieux à la préparation des soupes économiques, et la manière dont on doit les employer.

1°. *Des grains.*

Les grains auxquels on doit donner la préférence, parce qu'ils présentent le double avantage de faire des soupes savoureuses et économiques, sont : l'*orge*, le *riz* et le *maïs* ou *blé de Turquie.*

L'orge. Un grand nombre d'expériences a démontré que de tous les grains l'orge est celui qui contient le plus de parties nutritives. Cette vérité est incontestable.

L'orge a la propriété d'épaissir l'eau et de la convertir en une sorte de gelée. Elle est rafraîchissante, d'une facile digestion ; elle peut être cultivée dans des terrains moins propres à d'autres productions : on la récolte dans tous les départemens, dans tous les lieux.

On emploie l'orge de toute manière, ou *mondé*, ou *grué*, ou en *semoule*, ou en *farine.* Lorsque le grain d'orge est seulement dépouillé de sa pellicule, et qu'il est devenu blanc comme le riz, on le nomme *orge perlé* ou *mondé.*

Quelquefois on se contente de concasser

l'orge, soit sous le pilon, soit au moyen d'une meule verticale, comme celle d'un moulin à cidre ou à huile : on l'appelle alors *orge grué.*

Dans ces deux premiers cas l'orge est préférable pour les soupes économiques, parce qu'elle communique plus facilement sa qualité nutritive à l'eau dans laquelle on la fait cuire. D'ailleurs elle a l'avantage de se gonfler assez par la cuisson pour remplacer le riz par la forme : elle le remplace un peu par le goût.

Si l'on écarte les meules d'un moulin à blé un peu plus qu'elles ne doivent l'être pour faire de la farine, et que, dans cette disposition, on leur fasse moudre de l'orge, on obtiendra l'*orge en semoule.*

L'on peut employer, dans les soupes, l'orge en *farine;* c'est même l'état dans lequel elle coûte le moins cher, mais elle est alors sujette à prendre un goût de brûlé, si l'on n'a pas la précaution de la remuer continuellement avec une spatule jusqu'à ce que sa cuisson soit parfaite.

Le riz. Il s'emploie ordinairement en grains que l'on fait cuire, ou, pour nous servir de l'expression vulgaire, que l'on fait *crever,* jusqu'à ce qu'il soit bien lié au liquide dans lequel il bout.

On fait aussi du gruau et de la farine de

riz; mais sous ces deux différentes formes le riz ne paraît pas aussi agréable à manger.

Du reste, pour ne pas nous écarter des règles de la plus stricte économie que nous nous sommes proposés d'atteindre dans cet ouvrage, il est bon de faire remarquer qu'on ne doit faire usage du riz, dans les soupes économiques, que lorsque son prix ne dépasse pas vingt-cinq à trente centimes (5 à 6 sous) la livre, ou le demi-kilogramme. Par cette observation nous indiquons assez qu'on ne peut employer économiquement que le riz d'Europe, tel par exemple que le riz de Piémont; car celui de la Caroline, dont la qualité est meilleure, se vend toujours à un prix beaucoup plus élevé pour l'usage que nous nous proposons.

Le maïs ou *blé de Turquie*. Il entre ordinairement en gruau ou en farine dans la composition des soupes économiques. C'est principalement dans les départemens méridionaux qu'on peut en faire usage avantageusement, parce qu'on l'y récolte avec plus d'abondance et que son prix y est beaucoup moins élevé que partout ailleurs.

Nous ne traitons en ce moment que des soupes économiques; nous parlerons plus bas des divers moyens d'employer le maïs, dans les pays où ce grain est abondant, pour se procurer un aliment agréable et peu coûteux.

2°. *Des légumes.*

On se rappellera ce que nous avons déjà dit, pag. 62, sur le sens que nous donnons au mot *légume ;* nous ne le répéterons pas ici.

Les *pois*, les *haricots*, les *fèves* et les *lentilles* sont les légumes que l'on emploie le plus communément dans les soupes économiques. Les pois, les haricots et les fèves sont très-agréables à manger et fort recherchés lorsqu'ils sont verts, c'est-à-dire lorsqu'ils ne sont pas encore arrivés à leur parfaite maturité; mais ce n'est pas dans cet état qu'ils sont propres à faire des soupes avec l'économie qu'on se propose. Nous ne les employons que lorsqu'ils ont été cueillis après leur parfaite maturité et desséchés ensuite.

Les haricots et les lentilles peuvent être employés en grains ou en farine; il est bon d'en être approvisionné des deux manières.

A l'égard des pois on ne les fait entrer dans les soupes qu'après les avoir préalablement réduits en farine. Lorsqu'on les emploie en grains, leur enveloppe, en cuisant, se détache de la partie farineuse, sans pourtant s'en séparer totalement, et cette pellicule que l'ébullition n'amollit point, rend cet aliment désagréable à la vue et à la bouche.

Les fèves s'emploient dans les soupes, soit concassées, soit en farine. Dans l'un ou l'autre cas, il faut qu'elles soient préalablement *dérobées*, ou, ce qui est la même chose, pelées. Cette opération peut se faire aisément de deux manières : la première consiste à les faire macérer dans l'eau jusqu'à ce qu'elles soient assez imbibées et gonflées, pour que la peau ou la robe s'en détache entièrement. Par la seconde on partage les fèves en deux, par le milieu, au moyen d'un couteau ou d'un fer tranchant que l'on fixe au milieu d'une petite boîte en forme de tiroir. On prend la fève entre le pouce et l'index d'une main, on pose l'œil de la fève sur le tranchant du fer, et avec un petit maillet qu'on tient de l'autre main on frappe un petit coup ; la fève est aussitôt partagée en ses deux lobes. Il devient alors facile d'enlever la peau sans la mouiller, ce qui est préférable.

Il est inutile d'examiner ici quelles sont, parmi les légumes dont nous venons de parler, les espèces qui sont les meilleures, et conséquemment celles qu'il conviendrait d'employer de préférence. Dans chaque pays la qualité de ces légumes varie, et il n'est personne qui ne sache laquelle est la meilleure dans le lieu qu'il habite. Dans le ci-devant Soissonnais les haricots blancs sont regardés comme les plus savoureux, tandis qu'aux environs d'Orléans les haricots rouges sont les plus recherchés. Entre les haricots de la même commune, il y a aussi des différences qui viennent du terrain : ici le haricot blanc commun l'emporte sur le haricot de grosse espèce, et ailleurs c'est peut-être le contraire. Ce que nous disons des haricots doit s'entendre également des pois, des lentilles, des fèves. Le choix entre les différentes espèces de chaque légume doit donc être dirigé par des connaissances acquises dans les divers pays d'où l'on peut s'en procurer.

Nous n'indiquerons pas non plus une préférence marquée, pour l'un plutôt que pour l'autre, des quatre légumes dont nous venons de parler pour la composition des soupes économiques : on se décide toujours pour celui qu'on peut avoir au plus bas prix. Nous observerons seulement qu'on s'arrête en général plus volontiers aux haricots, parce que, toutes choses égales d'ailleurs, ils fournissent une plus grande quantité de substance nutritive, et que leur goût s'amalgame beaucoup mieux que celui des autres légumes avec les divers ingrédiens qu'on ajoute. Néanmoins, ne serait-ce que pour varier le goût des soupes économiques, et par-là les rendre plus agréables, nous conseillons de faire provision de ces quatre espèces de légumes, et de les employer, soit séparément, soit simultanément, tantôt en grains, tantôt en farine, quelquefois dans les deux états à la fois, selon les circonstances. Par ce simple stratagême, la soupe peut varier de goût pendant une semaine entière; cette variation sera agréable au consommateur. Nous entrerons dans de plus grands détails dans le chapitre suivant.

3°. *Des plantes potagères.*

On désigne en général, sous la dénomination de plantes potagères, toutes les plantes que l'on est dans l'usage de cultiver dans les jardins potagers, pour servir d'aliment à l'homme; nous désignerons sous ce nom toutes les plantes qui entrent dans la composition des potages ou soupes. Il y a certaines plantes dont on ne prend pour la cuisine que les racines, d'autres dont on emploie seulement les fruits, d'autres enfin dont on n'utilise que les tiges ou les feuilles. Les diverses parties qu'on emploie font aussi distinguer les plantes potagères en racines, en fruits et en herbes. Nous avons traité de ces substances sous les mêmes rapports dans le premier chapitre de cet ouvrage; nous les avons considérées sous le point de vue de leur récolte et de leur conservation; nous nous bornerons ici à indiquer les moyens de les choisir et de les employer.

Des racines potagères. Nous plaçons dans la même classe les *racines bulbeuses*, les *racines fibreuses* et les *tubercules*; cette division, que nous avons cru nécessaire dans notre premier chapitre, nous paraît superflue ici; ce que nous nous proposons de dire sur une de ces espèces peut être appliqué aux autres.

Les racines potagères les plus connues, celles qu'on emploie le plus communément dans les soupes, sont : l'oignon, le porreau, l'ail, les navets, les carottes, les panais, les salsifits, la pomme de terre. Ce tubercule est généralement et constamment employé dans les soupes économiques; il en est une des principales bases, de même que les légumes farineux. Les autres racines potagères n'entrent dans les soupes que pour donner du goût au potage. On s'en sert soit séparément, soit en en mêlant plusieurs ensemble ; selon la nature des substances principales qu'on fait entrer dans la composition de la soupe qu'on se propose de faire, et selon les pays et les saisons. Dans les années, par exemple, où certaines racines potagères ne sont pas abondantes, elles se vendent à des prix trop élevés pour être employées à des soupes économiques ; alors on les supprime et on leur en substitue d'autres qu'on se procure à plus bas prix. Dans certaines saisons quelques-unes de ces racines perdent de leurs qualités; il est prudent alors de les supprimer parce qu'il faudrait en employer une trop grande quantité pour produire l'effet qu'on se propose. L'économie, qui est une condition essentielle dans la confection des alimens qu'on destine au secours des indigens, ne permettrait pas cette dépense.

Des fruits potagers. Les plantes dnot le fruit seul entre dans les soupes sont en petit nombre. Les principales sont *le potiron*, *la citrouille*, *le concombre*, *le giraumont*. L'usage a consacré les deux premières pour l'emploi dont il s'agit ici; mais elles sont, en général, cultivées en trop petite quantité pour qu'on puisse habituellement les employer dans les soupes préparées par l'économie.

Des herbes potagères. Les herbes potagères que l'on emploie communément dans la composition des potages économiques, sont *le chou*, *les épinards*, *l'oseille*, *la poirée*, *la laitue*, *le pourpier*, *le céleri*, *le cerfeuil*, *le persil*, *la ciboule*.

Le chou doit être employé seul, parce qu'il porte avec lui un goût très-caractérisé qui suffit et qui, d'ailleurs, ne s'accommode pas toujours avec la plupart des autres herbes. Lorsque nous prescrivons d'employer le chou seul, nous n'entendons comprendre dans cette exclusion, que toute autre espèce d'herbe, et non les substances farineuses dont nous avons parlé précédemment. Ces légumes s'allient parfaitement avec toutes les espèces de racines et de plantes potagères; ainsi la soupe aux choux n'en doit pas moins avoir pour base la farine de pomme de terre et d'orge, comme on le verra par la suite.

A l'égard des autres herbes, on les mêle ordinairement ensemble, de manière cependant que la plus grande quantité soit en oseille, poirée, laitue et pourpier. On ne met du céleri, du cerfeuil, du persil et de la ciboule, que la quantité nécessaire pour donner leur goût au potage. Il n'est pas indispensable de mettre dans la même soupe toutes les espèces d'herbes que nous venons d'indiquer; deux, trois, quatre espèces différentes, plus ou moins selon le goût ou la saison, suffisent; il faut seulement faire attention que, lorsqu'on emploie l'oseille, on doit toujours lui associer de la poirée ou de la laitue: l'une ou l'autre de ces deux herbes est destinée à corriger la trop grande acidité de l'oseille. C'est avec ces différentes plantes qu'on fait la soupe aux herbes, qui, comme tous les autres potages économiques, n'en a pas moins pour base des substances farineuses. Ce sont ces substances qui donnent aux préparations alimentaires, dont nous nous occupons, cette faculté nutritive qui les rend si avantageuses.

4°. *Du beurre, de la graisse et de l'huile.*

De quelque manière qu'on prépare les alimens, on ne peut se dispenser d'ajouter à l'assaisonnement une certaine portion de substance grasse qui aide à les rendre plus appétissantes, et à faciliter leur transport dans l'estomac où sans doute elle n'est pas sans utilité pour la digestion, pourvu qu'elle y soit dans une proportion convenable. Néanmoins, un potage privé de toute substance onctueuse serait autant imparfait, qu'il serait peu agréable et même nuisible s'il en était chargé avec excès.

Lorsqu'on fait de la soupe au bouillon de viande ou d'os, il s'y trouve toujours assez de graisse pour qu'il ne soit pas nécessaire d'y en ajouter d'autre ; il arrive même souvent que cette sorte de bouillon contient trop de parties grasses : la soupe n'est bonne qu'après qu'on en a extrait l'excédant. Cette opération est facile à faire : comme la graisse est plus légère que l'eau, elle surnage toujours ; il n'y a qu'à laisser le liquide en repos jusqu'à ce qu'il ne soit plus agité par l'ébullition ; alors la graisse se rassemble à la superficie, et on l'enlève avec une cuiller. Si l'on peut attendre que le bouillon soit entièrement refroidi, la graisse qui le couvre se fige et n'en devient que plus facile à retirer.

Ce n'est que dans la *soupe* dite *au maigre*, c'est-à-dire dans celle qui est faite sans aucune addition de viande ou d'os, qu'il est nécessaire d'ajouter un peu de substance onctueuse. Le beurre est la substance qu'on emploie le plus ordinairement ; on y supplée soit par du sain-doux, soit par du lard, soit par de la graisse provenant de toute autre sorte de viande ou d'os, selon qu'on a la facilité de se procurer économiquement l'une ou l'autre de ces substances.

Dans le midi de la France, l'huile d'olive est le seul corps gras qu'on emploie à la préparation des alimens. Les habitans de ces contrées ont contracté depuis l'enfance une telle habitude des sauces préparées à l'huile, qu'ils répugnent à manger des alimens dont le beurre sert de condiment; ils ne s'y accoutument que très-difficilement. Le beurre est toujours dans ces contrées plus cher que l'huile; c'est la principale raison qui éloigne le beurre des préparations alimentaires.

5°. *De la viande et des os.*

La viande fait les meilleurs potages, c'est une vérité incontestable; mais la viande est toujours à un prix trop élevé pour qu'on puisse établir, à un sou par portion, des soupes du poids d'une livre et demie, comme on y parvient en n'employant que des substances farineuses et des plantes potagères. Mais, nous dira-t-on, ne pourrait-on pas faire les portions moins fortes et y joindre un morceau de viande en divisant celle qui aurait servi à faire le bouillon? L'indigent préférerait peut-être avoir moins de soupe, si l'on suppléait à ce qui manquerait par une ration de viande.

Il est facile de répondre victorieusement à ces questions qui ne laissent pas que d'être spécieuses : 1° De quelque manière qu'on s'y prenne, on ne parviendra jamais à nourrir un homme avec un peu de soupe grasse et un morceau de viande, sans excéder le prix modique d'un sou par ration. 2° En distribuant de la viande, il serait indispensable d'y joindre du pain pour la manger, ce qui augmenterait encore la dépense. Voudrait-on laisser aux indigens le soin de se fournir le pain ? alors on ne leur porterait pas un secours aussi complet que celui qu'ils reçoivent des soupes aux légumes et aux plantes potagères. Ajoutons à ces considérations la difficulté de diviser la viande à la satisfaction de chaque individu. Celui-ci voudrait du maigre; celui-là du gras; un troisième demanderait un mélange de gras et de maigre; un autre se plaindrait d'avoir des os dans sa ration. Non-seulement on ne contenterait pas tout le monde, mais on finirait par ne contenter personne.

Qu'on ne s'imagine pas qu'il faille compter pour rien la satisfaction de ceux à qui on fait des aumônes; l'expérience prouve que ce n'est pas une petite affaire que de rendre les pauvres taisans, l'on rencontre beaucoup de difficultés à les contenter. Il faut leur pardonner cette mauvaise humeur qui leur fait considérer, comme des dettes qu'on acquite envers eux, les charités en nature ou en argent qui leur sont distribuées. La plupart d'entr'eux n'ont pas assez d'instruction pour avoir acquis la force de supporter avec patience la pauvreté qui les accable, surtout quand ils voient continuellement un si grand nombre de riches insensibles à la misère d'autrui.

Le philosophe, qui consume son temps et son superflu au soulagement du malheureux, s'applique à le secourir par des moyens qui lui soient tout-à-la-fois les plus utiles et les moins capables d'exciter ses plaintes. Les soupes économiques ont parfaitement rempli ce double but, et c'est la raison pour laquelle on doit de sincères remercîmens à celui qui a imaginé les potages faits avec des légumes et des plantes potagères. Les personnes qui en ont propagé et perfectionné les procédés, qui ont créé des établissemens publics pour soulager les indigens par la distribution de ces secours, méritent de trouver leur part dans les témoignages de la reconnaissance publique.

Ce n'est pas qu'il faille abandonner l'idée de faire du bouillon gras avec des parties animales qui ne contiennent presque pas de viande, tels que sont la tête et les pieds de bœuf; mais ce ne peut être que dans les cas où ces sortes d'objets sont à très-bon marché. On pourrait aussi se contenter des os qui font un excellent bouillon, mais les bouchers se gardent bien de les vendre séparément de la viande. Ils ont l'art au contraire de dépecer leur viande de manière à laisser dans chaque morceau qu'ils débitent une telle quantité d'os, qu'il ne leur en reste point sans viande; aussi vendent-ils plus cher la viande à laquelle il ne tient aucune sorte d'os, comme ce qu'ils appellent le filet et la tranche.

La seule ressource qu'on puisse invoquer pour faire du bouillon gras à aussi bon marché qu'il soit possible, est d'employer les os de la viande qu'on a consommée. Comme ils ont déjà subi l'épreuve du feu, lorsqu'on a fait cuire la viande à laquelle ils étaient attachés, ils ont perdu quelques portions de leurs parties nutritives, de sorte qu'il faut un peu plus d'os cuits que d'os crus pour avoir la même quantité de bouillon; mais si l'on considère qu'ils ne coûtent rien, puisqu'il ne s'agit que de les mettre à part dans un panier, au lieu de les jeter, on en obtiendra toujours un produit très-économique. Pour peu que les personnes riches tiennent la main à ce que les os qui sortent de leurs tables soient donnés aux établissemens destinés à soulager l'indigence, on en aura toujours les provisions nécessaires pour faire, avec du bouillon gras, des potages qui coûteront même moins que des potages au bouillon maigre, et qui porteront aux malheureux, dans l'état de maladie, les secours dont ils ont besoin pour recouvrer la santé et réparer leurs forces débilitées.

Nous indiquerons plus bas les moyens d'extraire facilement la gélatine des os pour en faire un excellent potage économique. On y verra que quatorze livres ou sept kilogrammes d'os peuvent fournir cent rations de potage gras, pesant chacune une livre et demie, sans qu'il soit nécessaire d'une cuisson ni plus longue, ni plus difficile que s'il s'agissait de faire cuire quatorze livres de viande.

6°. *Des assaisonnemens et de l'eau.*

Le sel est le principal et le plus indispensable des ingrédiens dont on se sert pour assaisonner les préparations alimentaires. Sans le sel, les substances dont la saveur est la plus marquée présenteraient une sorte de fadeur désagréable au goût, qu'il importe de détruire ou de masquer.

Après le sel viennent le poivre, la muscade, le girofle et plusieurs autres sortes d'épiceries qu'il est inutile de désigner puisque nous ne les employons pas. La plupart des épiceries, indépendamment du prix trop élevé auquel elles se soutiennent toujours, ont l'inconvénient d'échauffer beaucoup le sang; ces deux raisons réunies s'opposent à l'emploi de ces substances dans les soupes économiques. On ne se sert guères que du poivre et encore en petite quantité. Lorsqu'on veut donner aux alimens un parfum plus fort, plus décidé que ne peut en procurer une dose modique de poivre, on a recours aux plantes indigènes propres à cet usage. De ce nombre sont l'oignon, l'ail, l'échalotte, le persil, le cerfeuil, le thym, le laurier-sauce, le basilic, la menthe, l'anis, la sarriette, l'écorce d'orange et celle de citron, et autres semblables aromates qu'on choisit suivant les saisons, les goûts et l'espèce des alimens qu'il est nécessaire d'assaisonner.

L'eau. Que ce soit au maigre, que ce soit au gras que l'on fasse de la soupe, il est indispensable de faire cuire dans l'eau soit la viande, soit les herbages qu'on se propose d'employer. La seule observation importante consiste à choisir l'eau la plus pure, c'est-à-dire celle qui est tout-à-la-fois la plus claire et la moins chargée de sels, car toute espèce d'eau n'est pas propre à cuire les alimens; il en est dans laquelle les légumes cuisent mal, ou même ne cuisent pas du tout. Les eaux qui contiennent des sels à base terreuse produisent cet effet. Le *sulfate de chaux*, le *carbonate de chaux* et celui de *magnésie* sont les sels qui sont le plus généralement répandus dans les eaux de source, de rivière et plus souvent de puits, et qui font qu'elles sont impropres à la cuisson des alimens. On les appelle alors *crues* ou *dures*; il importe de savoir les reconnaître afin de pouvoir les éviter.

Les chimistes ont des moyens, non-seulement pour déterminer les différens principes qui sont contenus dans les eaux, mais même pour assigner, avec précision, la quantité de chacun. Les procédés nécessaires pour cette analyse exigent souvent des connaissances approfondies, et une habitude d'expériences qu'on ne doit pas supposer dans ceux qui s'occupent de préparer les soupes économiques : heureusement une épreuve triviale et facile suffit pour faire connaître si une eau contient ou non une quantité nuisible de sels; c'est la dissolution de savon.

L'œil suffit pour reconnaître l'eau limpide et suffisamment clarifiée; mais il n'est pas toujours aisé, même au goût, de décider si une eau très-limpide, et dans laquelle on ne reconnaît aucune saveur, ne contient, en dissolution, rien de nuisible. L'expérience la plus à la portée de tout le monde pour éprouver une eau qu'on ne connaît pas, consiste à y faire dissoudre un peu de savon; si la dissolution est complète, que le savon ne fasse autre chose que la blanchir et lui donner une apparence nébuleuse et qu'on n'aperçoive aucun caillot à sa surface, on en conclut que l'eau est suffisamment pure et qu'elle est très-propre à cuire les alimens et surtout les légumes.

Il ne sera pas inutile d'expliquer le phénomène de la non-dissolution du savon dans les eaux dures. Tous les sels à base terreuse décomposent le savon par échange de bases : leur terre s'unit avec l'huile, pendant que leur acide se combine avec l'alcali du savon. De la combinaison de l'huile et de la terre résulte un savon à base terreuse, qui, étant insoluble dans l'eau, forme les caillots qu'on observe alors.

Lors donc qu'une eau est claire, qu'elle se renouvelle, qu'elle n'a point de saveur sensible, et qu'elle dissout bien le savon, on peut la regarder comme très-propre à cuire les alimens et surtout les légumes, et toutes celles qui ont ces qualités y sont également propres.

On conçoit maintenant pourquoi l'eau la plus pure est la plus légère, qu'elle est limpide, sans odeur et dépourvue de toute espèce de goût. L'eau distillée, qui renferme tous ces caractères, est sans contredit la meilleure; mais elle coûte trop à obtenir, pour qu'on puisse s'en servir dans les usages ordinaires, qui en exigent une trop grande quantité. L'eau de pluie occupe le second rang; mais pour l'avoir pure il faut la recevoir immédiatement des nuages sans qu'elle passe sur les toits, où elle rencontre des sels à base terreuse dont elle se sature plus ou moins. L'on sent qu'il serait ridicule de proposer l'emploi de l'eau de pluie aussi parfaite que nous venons de l'indiquer, et qu'il serait impossible d'ailleurs de s'en procurer en assez grande quantité pour suffire aux besoins d'un grand établissement; ainsi l'on doit se borner à choisir la meilleure eau, en l'éprouvant par la dissolution du savon.

Lorsque l'eau n'a d'autre inconvénient que d'être trouble, à cause des substances terreuses qu'elle charie, ce qui arrive à quelques fontaines, à quelques puits et aux rivières pendant les grandes pluies, mais que ces terres qui les salissent ne portent aucun sel qu'elle puisse dissoudre, il est facile de la clarifier, soit en la laissant reposer pour donner le temps aux parties terreuses de se précipiter, soit en la filtrant au travers du sable fin de rivière.

Les filtres de charbon, imaginés par *M. Smith* et *M. Cuchet*, sont excellens pour se procurer à peu de frais de très-bonne eau; il n'est personne qui ne puisse se donner facilement des filtres de cette nature. A six pouces au-dessus du fond d'un tonneau, on place un double fond percé d'une multitude de petits trous; au-dessus de ce double fond on jette une couche de petits cailloux de rivière, plus gros que les trous et d'un pouce d'épaisseur; sur cette couche de cailloux on répand du sable fin de rivière, jusqu'à cinq à six pouces d'épaisseur, et par-dessus une couche semblable de charbon de bois concassé et lavé pour en ôter la poussière. On verse l'eau impure sur ce charbon. Des expériences souvent répétées ont démontré que l'eau la plus croupie et la plus sale devient, en passant à travers un filtre de cette nature, claire, limpide, et qu'en sortant du robinet, placé au bas de la pièce, elle se trouve dégagée de tous les principes étrangers qu'elle tenait en dissolution.

On ne peut guères être embarrassé à Paris sur le choix de l'eau, parce qu'il y existe de grands établissemens, où l'on filtre l'eau en grand par la méthode de *Smith* et *Cuchet*, dont nous venons de parler : la voie de deux seaux de cette eau clarifiée et ainsi dépurée ne coûte pas plus que la voie d'eau, souvent très-sale, prise aux fontaines publiques ou dans la Seine. On ne peut disconvenir que les établissemens de ce genre ne soient d'une grande utilité pour la majeure partie des habitans; car l'eau de la Seine, qu'on y boit, charrie continuellement les immondices de cette immense cité.

Il est donc de la plus grande importance de bien choisir l'eau dont on se sert pour faire cuire les substances destinées aux soupes économiques. Deux motifs doivent déterminer à bien faire ce choix, si l'on a bien saisi ce que nous avons dit dans cet article : 1° la bonne eau fait cuire parfaitement les légumes, qui servent de base aux potages ; la mauvaise eau n'opère pas cette cuisson, ou ne l'opère qu'imparfaitement; 2° l'eau qu'on emploie à la préparation des alimens que la bienfaisance offre aux indigens doit être très-propre, puisque ces infortunés les reçoivent avec une aveugle confiance : elle ne doit pas être trompée, et un acte de bienfaisance ne peut pas être fait à demi.

§ III. *Du prix des différentes substances qui entrent dans la composition des soupes économiques.*

Il faut un talent plus qu'ordinaire pour administrer sagement un établissement consacré au soulagement de l'indigence. L'administrateur doit être un bon père de famille; il ne suffit pas qu'il soit animé du seul désir de faire le bien, il faut encore qu'il ait de vastes connaissances sur les diverses branches de l'administration d'une maison de bienfaisance. La cuisine d'un établissement de ce genre exige la plus stricte surveillance, et la préparation des substances alimentaires demande beaucoup de soins. L'ordre, la propreté, la connaissance, 1° des différentes espèces de substances qu'on veut employer, afin de choisir celles qui sont de la meilleure qualité, car il y a toujours de l'économie à employer ce qu'il y a de meilleur; 2° des quantités qui sont nécessaires pour nourrir un certain nombre d'individus, afin de faire les provisions indispensables pour ne pas se trouver au dépourvu, car alors on est obligé de payer plus cher lorsque l'on se laisse presser par le besoin; 3° des prix des diverses substances, à l'effet de donner la préférence à celles que l'on peut se procurer à meilleur marché (1). Tels sont les objets qui doivent fixer

(1) On ne peut avoir une connaissance exacte des prix des diverses substances qu'autant qu'on compare en même temps les poids avec les prix. Une mesure d'orge coûte 7 fr., une autre mesure n'en coûte que 6; mais la première pèse soixante-cinq kilogram. tandis que la seconde n'en pèse que cinquante-quatre : il est évident que la première est moins chère que la seconde. Pour qu'elles fussent au même prix, il faudrait

toute l'attention de l'administrateur, afin qu'il ne soit pas exposé à faire une mauvaise gestion, et que les dépenses journalières n'absorbent pas les revenus de l'établissement.

Puisqu'il nous est impossible de déterminer quelles sont, pour chaque pays, les diverses substances que l'on peut s'y procurer pour faire les potages économiques, nous allons faire connaître, par le poids, le prix de celles dont on se sert journellement dans les établissemens dirigés par la Société philantropique de Paris. On aura un terme de comparaison qui servira à régler partout le choix de celles qu'il faut préférer selon que l'indiquera l'économie. Les prix que nous allons donner sont ceux des marchés de Paris. Nous les inscrivons dans la table suivante par ordre alphabétique, afin de faciliter les recherches.

Beurre. Quand il est frais, il varie considérablement de prix, selon sa qualité et les saisons. Il se vend, en gros, de 55 à 80 francs le

---

que la seconde pesât cinquante-cinq kilogram. cinq septièmes. On doit donc faire une double comparaison des prix et des poids afin de porter un jugement raisonnable.

quintal, ou les cent livres, ou, ce qui revient au même, les cinquante kilogrammes. En détail, on le vend depuis 16 jusqu'à 30 sous la livre, ou le demi-kilogramme, lorsqu'il est en petits pains d'une livre. Le beurre fin, qui est formé en gros pains plus ou moins pesans, se vend toute l'année de 20 à 30 sous la livre : le beurre fin dont nous parlons est un peu salé, on le nomme *beurre demi-sel*; c'est celui qui convient aux établissemens de soupes économiques.

Bœuf. Voyez *viande de boucherie*.

Eau. Celle de la rivière ou des fontaines de Paris pèse environ soixante livres la voie de deux seaux, contenant chacun dix-sept pintes, ou à-peu-près seize litres. Elle coûte 10 cent., ou 2 sous, la voie rendue dans la cuisine.

Fêves de marais. On ne les vend pas à l'hectolitre, mais au boisseau. Le boisseau pèse de quinze à seize livres, et coûte de 3 à 4 fr.

Graisses. Celle de bœuf et de mouton, dont on se sert pour les soupes en remplacement des autres substances onctueuses, coûte de 50 à 60 centimes, ou 10 à 12 sous, la livre; mais au quintal on ne la vend que 45 à 50 francs les cent livres.

Haricots blancs communs. Ils coûtent de 15

à 17 francs l'hectolitre. Un boisseau pèse de 15 à 18 livres, et se vend de 2 fr. à 2 fr. 50 cent.

Huile. Il y en a de différentes espèces selon les pays. Dans les départemens méridionaux on ne connaît, pour la cuisine, que celle d'olive; mais dans d'autres départemens, comme par exemple dans ceux qui composent l'ancienne Tourraine, ou l'ancien Dauphiné, on emploie l'huile de noix. Dans beaucoup d'autres pays, où l'huile d'olive est fort chère, on se sert d'huile de faîne, ou d'huile d'œillet, ou d'huile de pavot, ou d'autres sortes qu'on tire de différentes plantes. Comme dans les bonnes cuisines de Paris on ne connaît guères que l'huile d'olive, nous ne parlerons que du prix de cette substance qui vaut ordinairement, en qualité moyenne, de 100 à 145 francs le quintal, ou les cinquante kilogrammes. On la paie, en détail, de 24 à 36 sous la livre, selon sa qualité.

Lard. On le vend de 80 à 90 cent., ou 16 à 18 sous, la livre.

Lentilles. Elles valent depuis 25 jusqu'à 30 fr. l'hectolitre. Un boisseau pèse de quinze à seize livres, et se vend de 4 francs à 4 francs 50 cent.

Maïs ou blé de Turquie. Le boisseau pèse

à-peu-près douze livres; il se vend de 3 fr. à 3 fr. 50 cent.

Mouton. Voyez *viande de boucherie.*

Orge. Elle se vend à la mesure. L'hectolitre pèse de soixante-trois à soixante-cinq kilogrammes, qui font de cent vingt-six à cent trente livres : son prix est de 6 fr. 66 cent. à 7 fr. 66 cent. Le terme moyen de ces deux prix est de 7 fr. 16 cent. l'hectolitre qui contient huit boisseaux : le boisseau pèse huit kilogrammes, ou seize livres, et coûte environ 90 centimes, ou 18 sous.

Pois secs. Il y en a de deux sortes, les verts et les gris :

Les verts valent 16 francs l'hectolitre. Un boisseau pèse de quinze à seize livres, et coûte 2 fr. 50 cent.;

Les gris valent 10 fr. 66 cent. l'hectolitre. Un boisseau pèse de quinze à seize livres, et se vend de 1 fr. 80 cent. à 2 fr.

Poivre. Les trois qualités qui sont en vente en ce moment valent de 1 fr. 80 cent. à 1 fr. 90 cent. le demi-kilogramme ou la livre; mais chez les épiciers on le paie 2 fr. 50 cent. à 3 fr. la livre en grains, ou 4 à 5 sous l'once la plus basse qualité.

Pommes de terre. On les vend au sac ou au

boisseau. Un sac qui contient ordinairement neuf boisseaux se vend de 3 à 4 fr., suivant la saison; ce qui établit proportionnellement le prix de chaque boisseau de 40 à 60 cent. Un boisseau de pommes de terre pèse ordinairement de quinze à seize livres; mais, lorsquelles sont pelées, il ne pèse plus que treize livres.

Riz. Le riz ne se vend pas à la mesure, mais seulement au poids. Celui de Piémont, qui est le moins cher, coûte 25 fr. le quintal, ou cinquante kilogrammes. Mais en détail, on le vend de 35 à 40 cent., c'est-à-dire 7 à 8 sous la livre.

Sain-doux. On le vend au même prix que le lard.

Sel. Sa valeur intrinsèque était de 15 cent. la livre. Nous ne parlons ici que du sel gris, parce que le sel blanc coûte un peu plus cher. Ce dernier est employé sur les tables, mais non dans les cuisines. Depuis l'impôt mis par le gouvernement sur cette denrée, son prix est resté à 20 fr. le quintal ou 4 sous la livre.

Viande de boucherie. Le prix de celle de bœuf varie moins que celle de mouton qui, elle-même, varie encore moins que celle de veau. Au reste, ces trois espèces de viande ont chacune trois qualités différentes. Voici le prix actuel de chacune d'elles, quoique les marchés soient abondamment pourvus.

Le bœuf se vend, savoir : la première qualité, 55 cent. ou 11 sous la livre ou le demi-kilogramme.

La seconde qualité, 45 cent. ou 9 sous.

La troisième qualité, 35 cent. ou 7 sous.

Le mouton dans chaque qualité se vend au même prix que le bœuf.

Le veau. La première qualité se vend 60 c. ou 12 sous.

La seconde qualité, 50 cent. ou 10 sous.

La troisième qualité, 45 cent. ou 9 sous.

Nota. Nous ne parlons ici ni du poids, ni du prix des plantes potagères, parce qu'elles ne se vendent ordinairement, ni au poids, ni à la mesure. Dailleurs, chaque pays a ses usages pour la vente de ces sortes de denrées. Leur prix en outre varie beaucoup selon les lieux et les saisons. Enfin ces plantes qui sont ou des racines, ou des fruits, ou des herbes, ne forment pas la base des soupes économiques; elles n'y sont introduites que par petite quantité, ordinairement pour en relever le goût et le varier.

§ IV. *De l'approvisionnement des substances propres aux soupes économiques.*

Nous avons fait sentir combien il importe dans un grand établissement de faire des approvisionnemens considérables, afin de se rendre maîtres des évènemens, et pouvoir prévenir des hausses accidentelles dans certaines saisons, ou dans certaines circonstances imprévues. L'on doit par conséquent faire ses emplettes dans les temps les plus faborables, et où les denrées sont au plus bas prix.

Ces approvisionnemens exigent nécessairement des locaux appropriés à la nature des diverses substances qu'on doit y renfermer, et des précautions pour les conserver à l'abri de toute détérioration. Nous allons nous occuper de ce dernier objet.

Quoique nous ayons, dans le premier chapitre de cet ouvrage, traité très-longuement des moyens de conservation de toutes les substances alimentaires, nous avons pensé qu'il serait à propos de réunir, dans un seul paragraphe, tout ce qu'il importe de savoir sur cet objet, relativement aux seules substances employées à la confection des soupes économiques. Nous ne nous répéterons point dans ce paragraphe, et, lorsque nous aurons à parler des objets que nous aurons traités, nous aurons soin d'y renvoyer le lecteur.

Les établissemens des soupes économiques n'auraient qu'un degré d'utilité très-borné, si l'on ne pouvait pas se procurer, pendant toute l'année les substances qui entrent dans leur composition. En indiquant, dans le paragraphe précédent, les diverses substances dont l'économie sait tirer parti pour nourrir les indigens, nous avons suffisamment prouvé que les soupes peuvent en tous temps leur être distribuées. En effet, les grains et les légumes dont nous avons parlé se conservent entiers pendant plusieurs années, sans aucune espèce de détérioration, pourvu qu'on les tienne dans un lieu sec et qu'on les fasse remuer de temps en temps, ainsi que nous l'avons prescrit pour chacun d'eux au chapitre Ier. La farine de ces graines se conserve aussi très-bien; elle exige seulement un peu plus de soins pour empêcher qu'elle ne s'échauffe; nous avons, dans le même chapitre, indiqué les moyens d'y parvenir. Du reste, lorsque l'on craint de ne pouvoir la conserver assez long-temps, on ne fait moudre que successivement les grains qui la fournissent, et chaque fois seulement la quantité suffisante pour en avoir la provision nécessaire pour le service de deux ou trois mois.

A l'égard des plantes potagères, il n'y a guère qu'un seul moyen de les conserver longtemps; c'est de les placer dans un lieu où elles soient absolument privées d'air, ce qui n'est pas toujours facile à pratiquer sans frais. Cette précaution ne paraît pas cependant d'une grande importance, lorsqu'on fait attention que les plantes potagères, à l'exception des pommes de terre, ne servent qu'à donner de la saveur aux soupes, et à les rendre rafraîchissantes. Or, il n'est pas de saison dans l'année où il ne soit facile de trouver au marché, et à peu de frais, la petite quantité de ces substances dont on a besoin pour relever le goût des potages.

Nous ne mettons pas la pomme de terre dans la classe des plantes potagères, elle fait, comme les autres farineux, la base principale des soupes économiques, et mérite d'occuper une place à part. Nous en avons traité avec beaucoup de détails au chapitre Ier, pag. 106; nous y renvoyons le lecteur. Nous aurons occasion d'en parler encore, lorsque nous traiterons du pain fait avec ce tubercule.

1°. *Manière de conserver les herbes ou herbages.*

Parmi les herbes potagères que l'on emploie le plus ordinairement dans les soupes, nous devons faire observer que le chou et le céleri se conservent naturellement d'une saison à l'autre; il est par conséquent inutile de s'occuper d'autres moyens pour en avoir pendant toute l'année. Il n'en est pas de même des autres espèces d'herbes, et, quoique nous ayons avancé qu'on pouvait se dispenser de s'en occuper, parce qu'il est facile, avons-nous dit, d'en trouver au marché à peu de frais, il est cependant certain qu'il est des saisons où elles sont rares, et qu'il serait avantageux alors d'en avoir fait l'approvisionnement dans le temps où elles coûtent peu, pour en jouir avec économie dans celui où elles sont plus chères.

Nous avons déjà dit que les épinards, l'oseille, la poirée, la laitue, le pourpier, le cerfeuil, le persil et la ciboule s'emploient ensemble dans la composition des soupes; il est facile d'en jouir pendant l'hiver, à l'aide d'une préparation qui les conserve à l'abri des rigueurs de la saison. Les herbages sont d'une si grande utilité pour donner du goût aux potages dans la saison où les autres sortes d'assaisonnemens, tels que les racines et les plantes bulbeuses, sont rares et chers, qu'il importe d'indiquer comment on s'y prend vulgairement pour conserver ces plantes potagères.

L'on fait provision d'herbages dans le temps où ils sont vendus au plus bas prix, afin que ceux qui seront consommés pendant l'hiver ne coûtent pas plus cher, au moyen du procédé conservateur, que ceux qu'on aura employés pendant la bonne saison. Il faut faire entrer l'oseille pour les trois quarts de la quantité qu'on veut conserver; l'autre quart est composé de poirée, de laitue et de pourpier : ces deux dernières plantes ne sont cependant pas nécessaires. L'on peut mettre en outre du cerfeuil, du persil et de la ciboule, mais seulement ce qu'il en faut pour donner du goût au mélange. Le tout doit être épluché, lavé et bien haché : on le met ensuite dans une chaudière sur le feu, ayant soin de le remuer continuellement avec une spatule de bois, et, lorsque la cuisson est presque terminée, on y ajoute le sel et les épices.

Le degré de cuisson convenable est facile à reconnaître; il faut retirer de la chaudière un peu du mélange, le mettre dans une assiette de faïence que l'on incline. Si, par l'effet de cette inclinaison, les herbes se divisent dans l'assiette, c'est une preuve qu'elles ne sont pas assez cuites; mais si, au contraire elles restent unies comme une pâte qui glisse en masse, on en conclut que la cuisson est suffisante, et on enlève la chaudière de dessus le feu. Ceux qui n'opèrent pas comme *M. Appert*, emploient le procédé suivant :

Pendant qu'on laisse refroidir, on prépare des pots de terre vernissée ou de faïence qu'on a eu soin de bien laver et de laisser parfaitement égoutter, afin qu'il n'y reste point d'humidité qui ferait moisir les herbages ou les ferait tourner à l'aigre : pour plus de sûreté, on les fait dessécher au feu. On remplit ces pots d'herbages cuits, jusqu'à un bon pouce de leur bord, et l'on achève de les remplir avec de l'huile, ou du beurre ou de la graisse. L'huile est préférable parce quelle garantit mieux les herbes de l'accès de l'air ou de l'humidité.

On peut employer la graisse ou le beurre en remplacement de l'huile ; il suffit alors de leur imprimer un degré de calorique suffisant pour les faire entrer en liquéfaction, et on les verse sur les herbes cuites, comme on l'a pratiqué pour l'huile. Lorsque le beurre ou la graisse sont figés, on couvre les pots avec une feuille de papier qu'on assujétit au moyen d'une ficelle; mais il vaut mieux la coller sur les bords. Les bonnes ménagères en usent ainsi pour couvrir leur provisions de confitures. Elles ne se servent pas d'autre colle que celle qui est contenue dans le papier même; à cet effet elles le passent rapidement, et une seule fois, dans l'eau, elles l'appliquent ainsi mouillé sur la couverture et le pressent légèrement: quand le papier est sec il se trouve suffisamment collé sur les bords du pot. On peut néanmoins enduire d'un peu de colle de farine les bords du vase avant que d'y appliquer le papier mouillé. Dès que cette couverture est sèche, on peut écrire dessus le nom de la substance que renferme le pot, afin de la reconnaître. Enfin, de quelque manière qu'on assujétisse le papier sur les pots, il faut y mettre encore dessus une ardoise, ou une brique, ou toute autre chose semblable, afin que les rats et les souris, attirés par l'odeur de la substance grasse qu'on a placée sur la superficie des herbes cuites, ne puissent pas les endommager.

On ne doit jamais mêler des plantes aromatiques dans les herbages que l'on fait cuire, soit pour les conserver, soit pour les employer sur-le-champ, parce que la cuisson les faisant changer de nature, elles communiquent un mauvais goût à l'oseille et à la poirée qui forment la base des soupes aux herbes.

Il n'y a point d'inconvénient à mettre la dose de sel et de poivre plus forte qu'à l'ordinaire dans la préparation des herbes qu'il s'agit de conserver ; elles sont moins sujettes à se gâter, et on en est quitte pour employer une moindre quantité de ces assaisonnemens quand on se sert de cette conserve pour les soupes.

Quand on veut retirer une portion des herbes cuites que renferme un des pots, on commence par verser l'huile superficielle dans un plat ; on prend ensuite la quantité d'herbes qu'on désire ; on nivelle bien ce qui reste dans le pot, et on replace par dessus la même huile, on y en ajoute même si cela est nécessaire, afin que toute la superficie des herbes soit couverte à un pouce d'épaisseur. Dans le cas où le pot ne serait pas cylindrique, mais que son diamètre vînt à s'accroitre en arrivant vers le centre, cette précaution serait indispensable. On couvre ensuite le pot avec du papier, comme on l'a dit plus haut.

Si, au lieu d'huile, on a employé de la graisse

ou du beurre pour couvrir les herbes, on se comportera de même que nous venons de le prescrire plus haut, avec la seule différence qu'on enlèvera avec une cuiller la partie figée, et, après avoir bien nivelé les herbes restantes, on y versera le beurre ou la graisse, rendus suffisamment liquides par un petit degré de calorique.

La chicorée exige une petite préparation différente. Après l'avoir épluchée et lavée avec beaucoup de soin, on la jette dans de l'eau bouillante, avec du sel, et on la retourne continuellement jusqu'à ce qu'elle soit amortie, mais non cuite. On la jette ensuite dans l'eau fraîche, et on la laisse bien égoutter avant de la mettre dans les pots. On a soin de jeter la première eau salée au bout de vingt-quatre heures d'infusion, puis on remet de l'eau fraîche, dans laquelle on n'épargne pas le sel : on couvre les pots de la même manière que nous l'avons indiqué plus haut.

Quand on veut manger la chicorée, il faut la laver avec beaucoup de soin; on l'éponge bien chaque fois qu'on la change d'eau, on la fait cuire à grande eau et on la hache bien avant de l'assaisonner.

§ II. *Moyen de conserver les pommes de terre par dessication.*

Nous avons déjà indiqué dans le premier chapitre (*pag.* 107) les moyens de conserver les pommes de terre soit en les réduisant en fécule, soit en les faisant dessécher au four après les avoir réduites en bouillie à la suite d'une cuisson préalable. Nous avons réservé pour ce chapitre la description d'un procédé facile à exécuter et qui convient particulièrement aux établissemens de soupes économiques. Ce moyen est la dessication. Il importe, avant de le faire connaître, de prouver la nécessité de les conserver par cette voie. Nous allons commencer par là.

La pomme de terre ne peut se conserver pendant plus de six mois dans son état naturel, et encore faut-il, pour qu'elle arrive à ce terme, que les chaleurs n'arrivent pas trop tôt ; car dès-que le printemps s'annonce, et que les beaux jours commencent, elle germe et perd ses qualités nutritives. On est averti de cet accident parce qu'elle contracte alors un goût particulier qui répugne à l'homme et aux animaux.

Il y a environ 36 ans que *M. de Malesherbes*,

qui s'ocupait beaucoup d'économie, eut l'heureuse idée de faire dessécher au four la pomme de terre, afin d'en assurer la conservation pendant un laps de temps considérable. Les découvertes utiles ne sont pas celles qui sont adoptées le plus promptement, surtout en France : d'ailleurs les évènemens de la révolution absorbèrent, dès son principe, toute l'attention des hommes les plus capables de propager les méthodes économiques. La précieuse découverte de *M. de Malesherbes*, méconnue dans notre patrie, ne fut pas perdue pour l'Angleterre; on y fit beaucoup d'essais, et en 1811 *Sir John Sinclair* passa pour l'inventeur de ce procédé: on le proclama comme le bienfaiteur de l'humanité; il n'était question que d'élever un autel à ce célèbre Anglais qui venait tout récemment, disait-on, de proposer cette préparation pour les embarcations maritimes.

M. Cadet de Vaux, dans un ouvrage très-intéressant sur les *Moyens de prévenir le fléau et le retour des disettes*, indique presque tout ce qu'il est important de savoir sur les divers produits qu'on retire de la pomme de terre et l'emploi qu'il est possible d'en faire. Nous croyons rendre service au lecteur et entrer dans les vues de ce zélé philantrope en transcrivant ici quelques-unes de ses idées qu'on peut appliquer au sujet qui nous occupe :

« La France avait dès long-temps, dit *M. Cadet de Vaux*, pris l'initiative sur l'Angleterre. Il y a vingt-cinq ans que, sous le ministère de M. le maréchal de Castries, *M. Parmentier* et moi préparâmes à l'école de boulangerie des quintaux de biscuits de pommes de terre. Il fut embarqué pour les îles et adressé à *M. Rupins*, alors intendant aux colonies. »

« Tandis que le biscuit de froment se détériore si promptement en mer, parce que cette farine porte les élémens de sa détérioration, le biscuit de pomme de terre renvoyé l'année suivante en France, et oublié dans le port de Brest pendant six mois, sortit de sa caisse tel qu'il était sorti du four ; quelques biscuits formant le lit supérieur avaient été frappés, à leur surface, de moisissure ; mais elle n'y adhérait pas plus que sur la pierre. »

On ne pouvait pas ignorer en Angleterre ce que nous venons de rapporter ; le fait était public, tous les journaux l'avaient proclamé. On pouvait ignorer que *M. de Malesherbes* fût auteur de la découverte de la conservation de la pomme de terre par la dessication, puisqu'on l'ignorait même en France ; mais quelle est donc cette manie des Anglais de vouloir dépouiller notre nation de ses inventions utiles pour se les attribuer !

Il nous importait de faire remarquer que, de même que l'idée de distribuer les soupes économiques aux indigens est née en France, quoiqu'elle ait été attribuée à un Anglais, ainsi que nous l'avons prouvé, de même la méthode de conserver la pomme de terre, qui est une des bases principales de ces mêmes soupes, a été imaginée en France, par *M. de Malesherbes,* il y a environ 36 ans.

La méthode de cet ami de l'humanité consistait à faire sécher la pomme de terre au four, soit entière, ce qui exigeait beaucoup de temps, soit après l'avoir coupée en tranches, ce qui abrégeait l'opération. La pomme de terre acquérait alors une dureté si considérable qu'il était impossible de la ramóllir par la cuisson, et qu'il était très difficile de la soumettre à la mouture.

Pour rendre la découverte de ce magistrat philosophe aussi utile qu'elle pouvait le devenir, les chimistes qui se sont occupés après lui de la conservation de la pomme de terre, ont pensé qu'une première cuisson, avant la dessication, la rendrait plus soluble dans l'eau. L'expérience a justifié l'exactitude de cette théorie. « Cette cuisson, continue *M. Cadet de Vaux*, opère, par l'eau de végétation, la dissolution et de la fécule et de la fibre, pour faire un tout homogène de ces trois principes distincts dans la pomme de terre récente. En la divisant et la desséchant, elle n'a plus alors à perdre que son eau de végétation, et la voilà assimilée aux légumes desséchés. »

« Dans ce nouvel état, elle est inaltérable, tandis qu'aucune espèce de légume sec ne passe à la seconde année sans altération. Tout légume perd beaucoup par la dessication, même la plus soignée : témoin le pois sec, qui conserve si peu de ressemblance avec le pois vert, qu'ils semblent ne point s'appartenir ; tandis que la double coction de la pomme de terre la différencie d'elle-même, par l'amélioration qui en résulte, au point de lui avoir entièrement soustrait cette odeur, cette saveur âcre qu'elle tient de son suc, et d'y avoir substitué une saveur sucrée. »

« La saveur sucrée de la châtaigne cuite, que lui ont imprimée sa cuisson à la vapeur et sa dessication au four, est due à la double action du feu, dont l'effet est non-seulement de développer le principe sucré qui appartient spécialement à son parenchyme, mais même de concourir à sa formation. »

« Par la dessication, la pomme de terre acquiert de la transparence; elle ressemble à de la corne, plus ou moins laiteuse; c'est une colle forte végétale. Ces tubercules sont ce qu'est au bouillon de viande les tablettes qu'on en prépare, c'est-à-dire que sous le moindre volume elles donnent le plus de substance alimentaire. »

Veut-on faire usage des tranches desséchées de la pomme de terre? on les jette dans du bouillon maigre ou gras, comme si c'étaient des croûtes de pain; elles s'y ramollissent autant qu'on le désire, et même, si on les y laisse mitonner, elles y forment une bouillie épaisse qui ressemble à de la panade.

Le but principal qu'on se propose, par la dessication de la pomme de terre, dans les établissemens dont nous nous occupons, est de la réduire en gruau ou en farine pour en faire la base des soupes économiques. Ce n'est pas que dans les ménages, sous ces deux formes, elle ne puisse être aussi utile et aussi agréable qu'en tranche sèche; car si l'on met du gruau ou de la farine de pomme de terre dans du bouillon gras, on obtient un excellent potage. Dans du lait chaud, ce gruau ou cette farine fait une bouillie qui n'a pas besoin d'assaisonnement. Si cependant on y délaie des jaunes d'œufs et qu'on y ajoute un peu de sucre et un arome tel que de la vanille, du citron, etc., on obtient une crême délicieuse.

Le plus important des avantages qu'on retire de la dessication de la pomme de terre, c'est qu'outre qu'elle se conserve indéfiniment, elle acquiert, par cette opération, une qualité alimentaire à-peu-près quadruple de celle qu'on y trouve à poids égal, quand elle est fraîche. L'expérience a constamment démontré que deux livres de pommes de terre, dans cet état de dessication, produisent, dans la soupe, autant de nourriture qu'environ huit livres de pommes de terre fraîches.

On lit dans le Bulletin de la Société d'Encouragement, nº CIV, février 1813, pag. 42, les détails d'un procédé que *M. de Lasteyrie* emploie pour réduire la pomme de terre en farine, et la conserver long-temps dans cet état. On la fait macérer dans l'eau assez long-temps pour amener une espèce de décomposition de ce tubercule; on la presse ensuite pour en faire sortir l'eau, et on l'expose à la chaleur du soleil, ou d'une étuve, ou d'un four pour achever sa dessication. L'auteur assure que dans cet état la pomme de terre peut facilement se réduire en farine, si on la fait passer sous la meule d'un moulin ordinaire; et qu'elle se garde, sans altération, pendant une longue suite d'années, puisque celle qu'il conserve depuis dix-huit ans dans un grenier, et sans aucune précaution, n'a pas été attaquée par les insectes, et est aussi saine et aussi bonne qu'elle l'était le jour où elle a été faite.

On n'a pas besoin de peler les pommes de terre, il suffit de les laver et de les couper par rouelles. Sur cinquante-trois livres de pommes de terre que *M. de Lasteyrie* a mises en macération, il a eu pour produit quatorze livres six onces de farine. Cette méthode est infiniment plus avantageuse que le procédé ordinaire, puisque, avec beaucoup de précaution, on ne peut extraire, par ce procédé, que trois onces de fécule, au plus, sur une livre de pommes de terre.

Méthode de dessication. Après avoir prouvé qu'il est de l'intérêt des grands établissemens publics de conserver la pomme de terre par voie de dessication, plutôt que par toute autre manière, nous allons indiquer la méthode qui nous paraît la plus prompte et la meilleure.

Il faut successivement, 1° laver les pommes

de terre; 2° les faire cuire; 3° les diviser; 4° les faire sécher; 5° les réduire en gruau ou les moudre. Expliquons ces diverses opérations :

1°. *Lavage*. Les pommes de terre, placées dans une cuve ou un grand baquet, sont couvertes d'eau; on les agite avec un balai usé. Dans les grands établissemens on se sert d'un cylindre à claire-voie, dans lequel sont renfermées les pommes de terre. Les deux extrémités de l'axe de ce cylindre sont placées sur le bord de la cuve, de manière qu'il puisse tourner dans l'eau, comme un brûloir à café tourne dans son réchaud. Le frottement que les tubercules éprouvent les unes contre les autres dans l'intérieur du cylindre les débarrassent en peu de temps de la terre qu'elles portaient encore. C'est là le seul but qu'on se propose en les lavant.

2°. *Cuisson*. La vapeur de l'eau bouillante est, sans contredit, le meilleur de tous les agens qu'on peut employer pour faire cuire la pomme de terre. Ce tubercule exposé à la vapeur y acquiert plus de saveur par le développement de l'arome et du principe sucré répandus dans l'eau de végétation sans addition d'aucune eau étrangère.

On ne doit faire cuire les plantes, les racines, les légumes dans l'eau, que quand on veut charger cette eau des parties qu'elle tire de la substance même en la pénétrant par l'ébullition; c'est ce qui arrive quand on fait du bouillon au gras ou au maigre, du café, de la bière, des teintures, des tisanes et autres décoctions. On emploie le même procédé lorsqu'on veut manger la substance d'une plante dont la saveur serait trop forte, si on ne lui en faisait pas perdre une partie. Par exemple, la carotte préparée au blanc, avec de la crême, est délicieuse; mais dans les pays où elle acquiert un arome trop prononcé, il est nécessaire d'affaiblir ce goût, en faisant cuire la plante dans une eau abondante; c'est ce que les cuisiniers appellent *faire blanchir* la carotte, les cardes, les artichauts, etc.

Il faut donc éviter la cuisson dans l'eau bouillante quand il s'agit des subtances auxquelles la nature n'a pas donné une trop forte saveur, telles que sont les pommes de terre. Il importe au contraire de chercher les moyens non-seulement de ne rien perdre de leur saveur, mais même de la rendre plus énergique lorsque cela est possible. La cuisson à la vapeur opère cet effet; elle est en outre plus expéditive que la cuisson à l'eau bouillante; elle conserve aux végétaux leur couleur naturelle; elle exige beaucoup moins de soins, ce qui procure économie de temps, et par conséquent de combustible.

On n'a besoin que de très-peu d'eau pour obtenir la vapeur nécessaire à la cuisson d'une grande quantité de légumes. Dix à douze litres d'eau sont plus que suffisans pour faire cuire à la vapeur 100 livres, ou 50 kilogrammes, de pommes de terre, tandis qu'il en faudrait plusieurs seaux pour submerger et faire bouillir la même quantité. Il y a donc encore ici une grande économie de combustible. Remarquons en outre que la chaudière nécessaire pour contenir cent livres de pommes de terre et l'eau indispensable pour les faire cuire par ébullition, doit avoir une capacité d'environ quatre pieds cubes, tandis qu'un vase capable de contenir 10 à 12 litres d'eau en ébullition suffit pour la cuisson à la vapeur d'une même quantité de ces tubercules. Quelle différence entre le prix d'un aussi petit vase et celui de l'autre grande chaudière?

Ajoutons à ces observations que toute espèce d'eau peut, sans inconvénient, produire la vapeur nécessaire à la cuisson, puisque cette vapeur est une eau extrêmement pure, une eau distillée. Voilà un dernier avantage bien important; car la plupart des eaux sont chargées de sels terreux, et par conséquent sont impropres à la cuisson des légumes par la voie humide ordinaire. Tous ces motifs réunis sont trop puissans pour que, dans tous les cas, on ne préfère de faire cuire, non-seulement les pommes de terre, mais même les légumes, à la vapeur.

3°. *Division.* Quand la pomme de terre est cuite, ce qui n'exige pour un quintal qu'une heure d'exposition à la vapeur, on la pèle pendant qu'elle est encore chaude, parce qu'en cet état la peau est plus facile à enlever que lorsqu'elle est refroidie. Cette précaution dans une manipulation en grand peut être négligée parce que le résultat en est fort peu important. On ne pèle les pommes de terre que pour obtenir une farine un peu plus blanche; mais la différence est si peu considérable qu'elle ne vaut pas le temps qu'on y emploie. Ce degré de blancheur ne mérite d'ailleurs aucune considération pour les soupes, puisqu'elles sont plus ou moins colorées selon les diverses substances qui entrent dans leur composition.

Ce qui pourrait engager à peler les pommes de terre, serait la crainte de communiquer un goût désagréable à la farine; mais cet inconvénient n'est pas à redouter, parce que cette pellicule lavée, cuite et desséchée, devient si mince qu'elle est imperceptible, surtout à raison de sa petite quantité, comparée à la grande masse de substance farineuse qu'elle enveloppe. Au reste, l'expérience a prouvé que cette pellicule, après sa dessication, ne contient aucun goût et ne déteriore nullement la farine.

On pourra donc se dispenser de peler les pommes de terre, mais il faut nécessairement les couper en tranches minces autant que la cuisson peut le permettre. Ce n'est pas qu'elles ne puissent sécher sans avoir été ainsi divisées; mais la dessication ne serait ni aussi prompte, ni aussi parfaite. Le centre conserverait encore un peu d'humidité lorsque le reste serait suffisamment sec. Au contraire quand le tout a été coupé en tranches de même épaisseur, la dessication s'opère d'une manière uniforme.

Dans les ménages on coupe la pomme de terre avec le couteau; mais ce moyen est trop long pour les grands établissemens. On doit se servir d'une machine semblable à celle qu'on emploie pour couper les côtes des feuilles de tabac, ou de la machine qui sert, dans les fermes, à couper les racines qu'on donne à manger aux animaux, et qui est connue de tout le monde.

4°. *Dessication.* Après que les pommes de terre, cuites à la vapeur, ont été divisées en tranches, on les étend sur des claies que l'on place dans une étuve, d'où on ne les retire que lorsque la dessication est complète. On peut se servir aussi d'un four modérément chaud, dans lequel on range les claies qui supportent les pommes de terre coupées; mais le four est insuffisant pour les grands établissemens, il est plus commode et plus expéditif d'y pratiquer une étuve. La dessication étant complète, ce qu'on reconnaît quand elles résonnent comme des coquilles de noix, on les dépose dans des magasins secs et à l'abri de toute humidité; c'est de là qu'on les tire pour l'emploi journalier.

5°. *Réduction en gruau.* La pomme de terre est dite en gruau, lorsque ses parties ne sont pas assez divisées pour se présenter sous l'aspect de la farine.

Si l'on ne tient pas à avoir un gruau bien égal, on peut se contenter de briser, après leur dessication, les tranches de pommes de terre dans un mortier par l'action du pilon.

Pour avoir du gruau plus égal et de différente grosseur, on passe les tranches concassées à travers plusieurs cribles, le plus fin sera de la semoule, et enfin ce qui sera trop fin sera moulu et formera de la farine.

Ces mêmes tranches, employées dans du bouillon gras ou maigre, sans être brisées, ressemblent parfaitement à des croûtes de pain et font un potage excellent. On fait griller quelquefois les croûtes de pain afin de leur donner un petit goût de brûlé qui plaît dans le potage; on peut en faire autant aux tranches de pommes de terre sèches. Une très-légère torréfaction leur donne plus de couleur et les assimile davantage, même pour le goût, aux croûtes de pain.

6°. *Mouture.* Le principal usage que l'on fait des pommes de terre pour les soupes économiques exige qu'elles soient réduites en farine. A cet effet, lorsque les tranches de ce tubercule ont acquis une entière dessication, on les jette dans la trémie d'un moulin, d'où elles passent entre les deux meules et y sont brisées pour n'en sortir qu'en farine. Les parties qui n'ont pas été divisées peuvent repasser une seconde fois sous la meule, ou bien on peut les garder pour servir comme gruau ou comme semoule. Il n'y a aucun inconvénient de faire entrer dans les soupes économiques de la farine avec du gruau et de la semoule de pomme de terre ; ce mélange ne peut produire qu'un bon effet.

La farine, comme le gruau de pomme de terre, obtenue par voie de dessication, se conserve très-long-temps sans la moindre altération. On n'aura pas de peine à le croire, lorsqu'on se rappellera que la farine obtenue de cette plante par macération (méthode que les plus habiles chimistes et les philantropes les plus éclairés n'ont pas approuvée), ayant été placée sans précaution, par *M. de Lasteyrie* dans des sacs dans un grenier, s'y conserve sans altération depuis dix-huit ans, et n'a pas même été attaquée par les insectes.

Il est généralement reconnu qu'avec quatre livres de pommes de terre on obtient à peu de chose près une livre de farine ; et il est prouvé qu'une livre de gruau ou de farine de pomme de terre présente autant de parties nutritives qu'environ quatre livres de pommes de terre fraîches. De là on doit conclure que l'eau de végétation contenue dans le tubercule forme un peu plus des trois quarts de son poids : car, par la dessication opérée selon la méthode que nous venons d'expliquer, la pomme de terre n'a perdu absolument que son eau de végétation.

CHAPITRE V.

De la composition des soupes économiques.

Nous avons dû entrer dans tous les détails, qui ont fait la matière du chapitre précédent, pour faire connaître l'origine et les avantages des soupes économiques, les substances dont il convient de s'approvisionner pour cette sorte d'aliment, les moyens de conserver au moins d'une saison à l'autre celles de ces substances qui sont sujettes à se gâter en peu de temps. Ces connaissances préliminaires étaient indispensables avant d'en venir au but principal qui consiste à donner les moyens de composer les soupes pour qu'elles procurent une nourriture substantielle, agréable et saine, sans cesser d'être économique.

§ 1er. *Avis généraux sur la préparation et la cuisson des substances alimentaires.*

Avant de parler des recettes les plus utiles et les plus économiques pour composer les soupes, il faut considérer qu'il est possible de varier de beaucoup de manières les espèces et les quantités des ingrédiens qu'on peut y faire entrer. Les différentes saisons, les diverses productions du pays où l'on se trouve, la rareté ou l'abondance de telles ou telles substances, les goûts des personnes qu'on est chargé d'alimenter, les habitudes particulières aux habitans de certains départemens, enfin toutes les circonstances qui peuvent déterminer les modifications dont peut être susceptible la composition des potages économiques, sont autant de considérations différentes qui ne doivent pas être négligées. Mais, quel que soit le choix des substances et leur mélange, il est des règles générales dont on ne peut guères s'écarter sans risquer de manquer le but, c'est-à-dire ou la bonté des soupes, ou l'économie que l'on veut atteindre. Il importe donc, avant de nous occuper des recettes particulières, de donner quelques avis généraux.

Le lait, le petit lait, le lait d'amandes, toutes les liqueurs fermentées peuvent, comme l'eau, servir de véhicule aux matières muqueuses, gélatineuses et extractives qui constituent les différentes sortes de potage; néanmoins l'économie prescrit de préférer l'eau à toute autre substance, non-seulement parce qu'elle est moins coûteuse que les autres liquides, mais encore parce qu'elle se combine en général beaucoup mieux avec toutes les espèces de substances alimentaires. Il est des plantes potagères, comme l'oseille par exemple, qui feraient tourner le lait dans lequel on les ferait bouillir, tandis que l'eau n'est pas sujette à cet inconvénient.

C'est par le secours du feu qu'on parvient à tirer des substances alimentaires leurs parties extractives, à les identifier pour ainsi dire avec l'eau, et à les ramollir au degré nécessaire pour les rendre manducables.

La substance dont le goût domine dans chaque sorte de soupe, lui donne le plus souvent son nom; ainsi l'on dit: de la soupe au riz, de la soupe aux pois, de la soupe aux choux, de la soupe aux herbes, etc., selon qu'on a employé, comme base principale, l'une de ces substances. Quand l'eau pure n'a pas servi de véhicule aux ingrédiens dont on a fait usage, la soupe prend le nom du liquide qu'on y a employé; de là viennent les dénominations de *soupe au vin*, *soupe à la bière*, *soupe au lait*, etc., selon que l'eau a été remplacée dans la soupe, par le *vin*, par la *bierre*, par le *lait*, etc.

Parmi les avis généraux dont nous nous occupons, nous devons placer les trois premiers articles du règlement suivi dans les cuisines de la Salpétrière, l'un des plus grands hospices de Paris ; les voici :

« 1°. La graisse provenant des marmites et des rôtis est employée préférablement au beurre pour l'assaisonnement des soupes et des légumes. »

« 2°. Les potages maigres se préparent avec du premier bouillon fait à raison de 125 pintes d'eau de rivière et 10 livres de différentes plantes potagères pour 100 soupes. Lorsque le bouillon est réduit d'un quart par une cuisson lente de cinq heures au moins, on y fait entrer deux livres quatre onces de graisse ou trois livres de beurre, deux livres deux onces de sel, un gros et demi de poivre ; et des légumes en purée dans la proportion d'un demi-boisseau pour 100 soupes. »

« 3°. Les légumes secs trempent dans l'eau de rivière, vingt-quatre heures avant leur cuisson, qui est au moins de cinq heures ; ils sont assaisonnés avec deux livres quatre onces de graisse, ou trois livres de beurre ; deux livres deux onces de sel, un gros et demi de poivre pour deux cents décilitres (100 portions), et ils sont rendus plus sapides par un roux composé avec dix onces de beurre, huit onces de farine et huit onces d'oignons pour deux cents décilitres (100 portions); ces préparations achevées, les deux cents décilitres sont saupoudrés de huit onces de ciboule et de persil hachés. »

Ce qui est prescrit dans ce règlement pour la cuisson des légumes secs, destinés à être mangés après la soupe, doit être considéré comme une règle générale, qu'il est bon de suivre même pour les légumes dont on se propose de faire des potages. Par ce moyen on est plus assuré qu'on les fera cuire complètement et dans moins de temps. Cette précaution n'est pas à négliger, lors même que les légumes et l'eau sont de bonne qualité. Par la macération, les légumes se ramollissent, leur cuisson n'en est que plus prompte, plus parfaite et par conséquent plus économique.

Voici la méthode prescrite par *Rumford* à ce sujet, particulièrement pour l'orge.

« Dès que la soupe est faite, dit-il (*Troisième Essai, chap. III*), et que les marmites sont vidées, on les remplit sur-le-champ d'eau, et l'on y jette l'orge destinée à faire la soupe le lendemain pour la laisser infuser la nuit; et dès le matin, à six heures, on allume le feu sous les marmites. »

« D'après quelques expériences faites récemment, ajoute le même auteur, on a trouvé que la soupe acquérait un degré de perfection de plus, en faisant assez de feu sous la marmite pour faire bouillir l'eau; fermant ensuite le cendrier et le registre dans la cheminée, et couvrant la marmite avec un gros drap ou avec une couverture de laine, pour que le contenu reste chaud jusqu'au lendemain. Cette chaleur concentrée pendant long-temps produit un grand effet sur l'orge et épaissit l'eau d'une manière surprenante. On pourrait tirer parti de cette expérience pour la préparation du gruau à l'eau fait avec la farine d'avoine. »

Il est bon de rapporter encore ce que dit le même auteur, des pois qui semblent faire exception au principe général établi par le règlement de la Salpétrière.

« On ne laisse jamais, dit-il, les pois toute la nuit dans la marmite, parce que diverses épreuves nous ont démontré qu'ils restent toujours durs, si l'eau dans laquelle on les fait cuire n'est pas très-bouillante. Peut-être cette qualité n'est-elle particulière qu'aux pois qui croissent en Bavière. »

« Il faut que la cuisson s'opère lentement, c'est-à-dire que le liquide soit porté seulement au premier degré d'ébullition. En vain pousserait-on le feu au point de causer le plus fort bouillonnement; ce serait une consommation de combustible faite en vain, et on y gagnerait peu de temps. En effet l'expérience a prouvé que l'eau arrivée à 80 degrés de chaleur, qui est celui de l'ébullition, n'est pas susceptible d'en prendre davantage, quelle que soit la violence du feu. Non-seulement on ménage le combustible en faisant cuire les alimens par une ébullition douce et continue, mais encore on leur conserve les principes de saveur et de nutrition qui contribuent essentiellement à la bonification des soupes, qu'une évaporation trop forte leur enlèverait. »

Ces avis qui sont donnés par tous ceux qui se sont occupés de la préparation des substances alimentaires, s'appliquent à la viande aussi bien qu'aux légumes. Voilà pourquoi il est reconnu qu'un potage à la viande est d'autant meilleur que le feu a été entretenu plus modérément, toujours égal, et que la cuisson s'est opérée lentement. Cette observation explique pourquoi, sur les tables des personnes riches et chez les meilleurs traiteurs, la soupe grasse est souvent bien moins bonne que chez les petits particuliers, où elle forme le principal aliment, et où la ménagère, moins distraite par d'autres soins, met toute son attention à bien conduire son feu.

Lorsqu'on a épluché, avec soin, celles des substances alimentaires qui en sont susceptibles, on les jette dans l'eau fraîche, afin de les laver parfaitement avant de les mettre dans la marmite. La viande elle-même doit être lavée avec beaucoup de soin pour la débarrasser du sang et des saletés dont elle peut avoir été atteinte. On ne lave pas l'oignon, l'ail, ni les autres substances que la peau, dont elles sont recouvertes, met à l'abri de la malpropreté; on se contente d'enlever cette peau.

L'extrême propreté des vases dont on se sert pour la préparation des alimens est une condition absolument indispensable; c'est un précepte généralement recommandé et qui doit être religieusement observé. On sait que la moindre négligence peut causer les plus graves inconvéniens, surtout si l'on opère dans des vases de cuivre. On doit laver avec précaution ; dans une lessive chaude, tous les vases et les ustensiles de cuisine, chaque fois qu'ils ont servi ; c'est le moyen le plus sûr de les débarrasser de toutes les parties grasses ou salines qui s'attachent à leurs parois ; le moindre inconvénient qui résulterait de celles de ces parties qui n'auraient pas été enlevées, serait de produire du rance, ou tout autre mauvais goût qu'elles communiqueraient aux alimens qu'on préparerait ensuite dans ces mêmes vases.

Tous les ustensiles qui sont en cuivre doivent être bien étamés, et l'étamage doit y être entretenu avec soin. Outre cette précaution, qui est de la plus grande importance, on ne doit jamais se permettre de laisser refroidir aucune sorte d'alimens dans des vases de cuivre, quelque bien étamés qu'ils soient. On a éprouvé des effets funestes d'une pareille confiance dans l'étamage le mieux appliqué. Ainsi, pour conserver d'un jour à l'autre, et même du matin au soir, des alimens cuits, il faut, aussitôt que la cuisson est achevée, les retirer des vases de cuivre et les mettre dans des vases de terre, où ils peuvent séjourner sans danger.

Des expériences souvent répétées, et qu'il est bon de rappeler ici, ont appris que les substances alimentaires sont plus nourrissantes lorsqu'on les mange après qu'elles ont été cuites, que lorsqu'elles sont mangées crues; et que, pour rassasier un homme avec un fruit cru, par exemple, il en faut une quantité plus considérable en poids, que si le même fruit était cuit. La cuisson, en combinant intimement l'eau avec les alimens, ajoute à leur faculté nutritive.

On a remarqué aussi que les alimens cuits sont bien plus nourrissans lorsqu'ils sont mangés chauds que lorsqu'ils sont mangés froids; c'est pourquoi *Helvétius* recommande de manger la soupe bien chaude. Il paraît que la chaleur introduite dans l'estomac avec les alimens, sert à y développer leurs parties nutritives d'une manière bien plus énergique, que lorsqu'ils sont mangés froids. Cette observation explique la raison pourquoi un animal, abandonné librement dans un pré, ne s'y engraisse que dans un temps presque double de celui qu'il aurait fallu s'il avait été nourri avec des substances cuites et chaudes.

On peut conclure naturellement de ces réflexions, que les établissemens, dans lesquels on prépare des soupes pour les indigens, sont essentiellement avantageux, puisqu'ils fournissent des alimens cuits et chauds. Il est extrêmement important de distribuer les soupes très-chaudes, afin que ceux à qui elles sont destinées leur trouvent encore une chaleur suffisante au moment où ils les consomment.

Il est certain que, si de pareils établissemens étaient formés dans toutes les parties de la France, et que la méthode de faire les soupes avec économie fût répandue dans toutes les campagnes, on éprouverait une diminution très-sensible dans la consommation générale de toutes les substances alimentaires, ce qui serait bien désirable pour la prospérité publique.

Nous ne devons pas oublier de faire observer que les soupes sont d'autant plus économiques qu'elles sont préparées en plus grande quantité à-la-fois. Par exemple six cents portions préparées par une seule opération ne coûteront pas autant que si l'on eût opéré six fois successives en préparant cent portions chaque fois. On conçoit d'abord qu'il ne faut guère plus de temps pour la cuisson de 600 portions, qu'il n'en faudrait pour 100, dès que le feu est proportionné à la capacité des chaudières; il est ensuite reconnu qu'il ne faut pas à beaucoup près, pour faire cuire 600 portions en une seule fois, six fois autant de combustible que la cuisson de 100 rations nécessiterait. L'expérience a aussi prouvé qu'il en est à-peu-près de même pour les assaisonnemens; il n'en faut pas, pour 600 rations dans la même chaudière, précisément six fois autant que pour 100 seulement.

Il est possible que quelques-unes des substances que nous indiquons par une de nos recettes, ne se trouvent pas dans certains pays, ou dans certaines saisons, ou bien qu'elles y soient plus rares et par conséquent plus chères; on peut dans ces cas les remplacer par d'autres qui leur soient analogues. Ainsi une farine peut être remplacée par une autre sorte de farine, en observant seulement d'augmenter ou de diminuer la quantité de celle-ci, selon qu'elle donne à l'eau plus ou moins de consistance que la farine dont on manque. Pareillement une espèce de légume pourra être suppléée par une autre; des pois, par exemple, pourront être remplacés par des fèves ou des lentilles, et réciproquement.

Si l'on venait à manquer de quelqu'une des plantes potagères que nous avons désignées comme devant entrer dans la composition des potages, ce ne serait pas une raison pour qu'ils fussent moins bons. L'on doit se rappeler que nous avons fait observer que les plantes potagères sont principalement destinées à donner du goût aux potages ; il suffira, dans ce cas, d'augmenter la quantité de celles qu'on aura en proportion de ce qui sera nécessaire pour suppléer à celles qui manqueront. L'habitude d'employer ces sortes de plantes fait assez connaître la quantité qu'il faut mettre des unes pour remplacer les autres.

L'on a vu plus haut (*page* 278) que, dans l'article 2 du règlement fait pour la cuisine de la Salpétrière, il est prescrit d'employer, pour les assaisonnemens, les graisses qui proviennent des viandes, de préférence au beurre ; ce n'est pas seulement parce qu'elles ne coûtent que la peine de les lever sur la superficie des marmites et sous les rôtis qu'on en recommande l'emploi, mais parce qu'il en faut moins que de beurre ; trois quarts de livre de ces graisses remplacent une livre de beurre.

Nous terminerons ce paragraphe par une observation importante sur la manière de couper le pain qu'on veut tremper dans la soupe. On sait que l'action des mâchoires est d'une très-grande utilité pour broyer les alimens et les imprégner de salive qui est nécessaire pour aider et faciliter la digestion. La nature, afin de nous forcer à ne pas négliger ce mouvement, a voulu que ce fût seulement durant la mastication que nous goûtions la saveur des alimens, et que nous jouissions, dans ce moment seulement, de ce qu'on peut appeler le plaisir de manger. Les farines, qui font la base de nos soupes économiques, ne peuvent guère fournir une matière suffisante aux fonctions des dents; les herbages y contribuent aussi fort peu; il ne faut donc compter que sur le pain, et, en conséquence, ne pas manquer de le couper en petits morceaux d'environ un demi-pouce cube, comme le prescrit le docteur *Helvétius*, ainsi qu'on va le voir dans le paragraphe suivant.

§. II. *Diverses formules de soupes économiques données par Helvétius, Vauban, et Rumford.*

1°. *Bouillon selon le docteur Helvétius.*

Nous avons prouvé que l'invention des soupes économiques a pris naissance en France; qu'elle est due au docteur *Helvétius* qui, le premier, en a rendu la recette publique dans l'ouvrage que nous avons cité (*pag.* 200). En rapportant la formule d'un potage économique imaginé depuis un siècle, nous n'avons pas l'intention de la donner comme ce qu'il y a de meilleur. Nous n'ignorons pas que la précision à laquelle sont parvenues aujourd'hui les sciences économiques, laisse bien en arrière les méthodes anciennes ; mais nous avons pensé qu'il serait utile d'avoir cette formule sous les yeux, pour pouvoir juger des perfectionnemens auxquels on est parvenu. Notre intention a été ensuite d'élever un trophée à la mémoire de ce célèbre médecin, et de rendre un nouvel hommage à ce zélé philantrope qui s'est aussi constamment occupé de secourir l'humanité indigente, que de soulager l'humanité souffrante. Nous allons transcrire la recette d'un potage qu'il conseillait de distribuer aux pauvres ; nous ignorons si ses intentions bienfaisantes ont eté remplies. Quoi qu'il en soit, voici la formule qu'il prescrit pour faire des bouillons à peu de frais pour cinquante personnes. Ces bouillons avec le pain qu'on y ajoute forment cinquante rations, pesant chacune deux livres :

« Prenez, dit-il, quarante pintes d'eau et les mettez dans un chaudron enté sur un fourneau, tel que celui des teinturiers ; de cette manière, il ne faudra que le tiers du bois qu'on emploie ordinairement. »

« Il sera bon qu'il y ait un gros robinet au bas de ce chaudron, pour en tirer le bouillon aisément et promptement ; si l'on n'a pas cette commodité, on pourra se servir d'une marmite de fer ordinaire, et la pendre à la crémaillère. »

« Quand l'eau sera tiède, jetez-y une demi-livre de sel au plus, et y mêlez deux livres de gruau ou orge mondé cuit pour épaissir la soupe et lui donner bon goût. »

« On observera de faire cuire les racines et les herbes potagères, ou légumes dont on voudra se servir dans une marmite à part, de la manière suivante ; parce que, si on les faisait cuire dans le grand chaudron, il faudrait employer plus de temps et plus de feu, ce qui ferait diminuer le bouillon. »

« Prenez deux livres de beurre salé, de graisse ou de lard ; faites les fondre dans une marmite qui soit de telle grandeur, que vos herbes la puissent remplir tout-à-fait. »

« Jetez dans cette graisse ou dans ce beurre roussi les herbes épluchées, lavées et coupées menues, et remuez-les souvent, afin que le tout se cuise également. »

« Si vous prenez des choux, oignons, concombres, citrouilles, navets, porreaux, et telles autres racines, herbes ou légumes, il faut les couper par petits morceaux, afin qu'elles puissent être mêlées plus également lorsqu'elles seront mises dans la grande marmite. Pour relever les potages, vous y ajouterez un peu de ciboules, d'aulx ou d'échalotes. »

« Si vous voulez mettre des pois ou des fèves dans vos potages, prenez-en un demi-boisseau, et faites les moudre après les avoir fait sécher au four, ils cuiront alors en un quart-d'heure; d'ailleurs, si vous les laissez en leur entier, il ne se peut faire que ce demi-boisseau, partagé en cinquante portions, se répande également. »

« Les pois, le riz, l'avoine et l'orge mondé, moulus ou battus, se cuisent en un quart-d'heure, comme de la bouillie; au lieu qu'il faut bien du temps et des façons pour les faire cuire lorsqu'ils sont entiers. »

« Lorsque les racines, herbes ou légumes seront cuits dans la petite marmite, on les jettera dans l'eau bouillante du grand chaudron, et l'on fera bouillir le tout ensemble pendant un quart-d'heure, plus ou moins. »

« Quand on sera prêt à tremper la soupe,

on ajoutera une cuillerée de poivre dans le bouillon, et ensuite on y ajoutera promptement vingt-cinq livres de pain coupé par petits morceaux, gros comme la moitié du pouce, et non par petites tranches. Plus la soupe est chaude quand on la mange, plus elle fortifie et rassasie; c'est pourquoi il sera bon, si cela se peut commodément, de faire bouillir le pain avec le bouillon, l'espace d'une minute. »

Nous avons annoncé que nous ne rapportions la formule qu'on vient de lire, qu'afin de donner au lecteur la facilité de la comparer à celles qu'on emploie aujourd'hui et juger du degré de perfectionnement que ces sortes de préparations ont acquis. Nous ne parlerons pas des diverses recettes données par *Parmentier* pour la composition de différentes soupes, elles se rapprochent trop de celle qu'on vient de lire, et ne sont pas à beaucoup près aussi économiques que celles que nous donnerons plus bas; on verra que nous avons atteint de plus grands perfectionnemens. Nos soupes sont composées d'une plus grande quantité de substances farineuses; mais nous y employons moins de pain qui est toujours plus cher. En effet, comment pouvoir faire des soupes dont la ration ne doit pas s'élever au-dessus de dix centimes, si dans chacune il entre une demi-livre de pain, comme le porte la formule d'*Helvétius*, le pain se vendant actuellement à Paris vingt-cinq centimes la livre? L'on voit que cela serait impossible, puisqu'il en coûterait douze centimes et demi pour le pain seul, ce qui excéderait le prix total de la ration.

La quantité de graisse ou de beurre que nous employons aujourd'hui est aussi moins considérable que celle indiquée par le docteur *Helvétius*. Ainsi, nos potages sont d'abord plus économiques, ils sont en outre plus sains, puisqu'ils contiennent plus de substances nutritives, et moins de graisse qui ne se digère pas bien quand elles est en trop grande quantité. Il est vrai que nos portions ne pèsent qu'une livre et demie chacune, tandis que, suivant la nature des substances qui entrent dans la formule donnée par *Helvétius*, chaque portion doit peser environ deux livres; mais cet excédant de poids ne sert qu'à donner à-peu-près la même quantité de parties nutritives sous un plus grand volume.

Ce qui mérite principalement d'être remarqué dans les observations que fait *Helvétius* sur la recette de son bouillon, c'est qu'il recommande de manger la soupe chaude, et de couper le pain, non en tranches minces comme on le fait habituellement, mais par petits morceaux un peu épais, afin de fournir matière à la mastication, et, par le mélange de la salive, préparer très-utilement l'arrivée des alimens dans l'estomac.

2°. *Conserve de bouillon selon le Maréchal de Vauban.*

Les armées, pendant leurs marches et même dans les camps, n'ont pas toujours à leur disposition toutes les substances nécessaires pour faire de la soupe; cependant cette espèce de nourriture, étant reconnue la plus saine et la plus substantielle, est une de celles qui conviennent le mieux aux militaires. Persuadé de cette vérité, le Maréchal *de Vauban*, qui s'est constamment occupé du bien général de la France et du soin des soldats, désirait de procurer aux troupes le moyen de ne jamais manquer de soupe, ou du moins des ingrédiens nécessaires pour en faire. Il imagina la composition d'un bouillon très-concentré qui, restant sous forme concrète, devient facile à transporter et se conserve assez long-temps.

Pour en faire usage, il suffit de délayer une petite partie de cette conserve dans une certaine quantité d'eau chaude, ce qui forme un excellent bouillon dans lequel on peut tremper du pain.

Dans les longs voyages, ou lors des circonstances difficiles, comme dans les grandes gelées, ou pendant la chute abondante des neiges, dans les pays de montagnes, une infinité de personnes pourraient trouver un secours utile dans la conserve de bouillon. Cette réflexion nous engage à faire connaître la recette du Maréchal *de Vauban*. Les ingrédiens qu'elle indique ne sont ni nombreux, ni coûteux, ni embarrassans à transporter, ni longs à préparer; on peut en faire provision d'avance, et avoir, dès l'approche du mauvais temps, des bouillons en réserve. On ne doit donc pas être étonné qu'en Bavière l'espèce de soupe dont nous nous occupons, forme la principale nourriture des bûcherons que leur travail oblige de s'enfoncer dans les forêts. Elle est d'une saveur très-appétissante, et les paysans d'Allemagne, qui jouissent d'une certaine aisance, en font un aliment de choix.

La recette que nous allons donner est pour vingt rations:

Prenez farine de froment, d'orge, ou de seigle........................ 2 liv. 0 onc.

	liv.	onc.
Beurre ou sain-doux........	0	5
Oignons rouges ou blancs..	1	0
Sel pilé.....................	0	4
Poivre.......................	0	0 1/4

Mettez le beurre, ou le sain-doux, soit dans un poëlon, soit dans une casserolle; faites le fondre sur un feu doux. Après avoir épluché les oignons, les avoir haché bien menus, vous les jetterez dans le beurre, ou le sain-doux, pour les y faire roussir, en remuant continuellement avec une cuiller de bois. Quand l'oignon est cuit, vous mettez le sel, le poivre, et ensuite vous ajoutez la farine peu à peu en remuant toujours, jusqu'à ce que la matière, ayant pris une couleur de brun clair, devienne une pâte d'une consistance assez solide. Alors retirez le mélange du feu et laissez-le refroidir. On peut le garder en cet état dans un pot, ou dans une boîte de fer-blanc, ou même simplement dans du papier.

La farine d'orge est préférable aux deux autres; cependant *Parmentier* dit qu'on peut prendre non-seulement de l'une des trois espèces de farine, indiquées par *M. de Vauban*, mais encore de celles de pomme de terre, de maïs, de riz, ou de tout autre légume quelconque, selon qu'on peut disposer plus favorablement de l'une ou de l'autre, ou qu'elle présente plus d'économie.

Cette composition se conserve pendant un mois sans éprouver la moindre atteinte de corruption; et, comme il n'entre point de viande dans sa fabrication, on est autorisé à croire que la moisissure et la puanteur ne peuvent l'atteindre; qu'elle servira au moins un mois après sa préparation, et qu'en s'altérant ce ne sera qu'une véritable oxigénation qu'elle subira. Or, dans cet état, non-seulement la conserve dont il s'agit n'est pas malfaisante, mais encore elle plaît à beaucoup de personnes; il existe des cantons, surtout dans les montagnes et les pays froids, dont les habitans font leurs délices du beurre fort et du lard rance, c'est-à-dire du beurre et du lard qui, avec le temps, se sont chargés d'oxigène.

Quoi qu'il en soit du temps que peut durer la conserve de bouillon que nous venons de décrire, il est certain que sa composition est simple, et d'une dépense bien peu considérable. Elle est d'une grande ressource pour les militaires, les voyageurs, et même pour un pays entier dans des circonstances difficiles.

Lorsqu'on veut faire usage de cette conserve, on en prend une once et demie pour chaque portion de soupe qu'on veut préparer; on la délaie dans trois quarts de pinte d'eau qu'on expose sur le feu dans une marmite ou dans un poêlon, et on laisse bouillir quelques instans. On y ajoute alors du sel et du vinaigre, ensuite on y jette, pour chaque portion, deux onces de pain, coupé par petits morceaux. Dès que le pain est suffisamment trempé, la soupe est prête à manger.

On voit que chaque ration de soupe avait été combinée par le Maréchal *de Vauban* de manière à peser une livre et demie : c'est sur la même échelle que sont calculées les portions de soupe qu'on distribue aujourd'hui dans les établissemens publics de charité.

Si l'on voulait économiser le pain, on pourrait n'en mettre qu'une once par chaque ration: dans ce cas, lorsqu'on voudra employer la conserve, et qu'elle aura été bien dissoute dans l'eau, on y versera peu à peu de la farine de pomme de terre, ou de haricots, ou telle autre quelconque, à raison d'une once par chaque portion. C'est après avoir fait ainsi cuire cette farine, jusqu'à parfait amalgame avec le bouillon, qu'on y fera tremper le pain coupé par petits morceaux et non par tranches par les raisons que nous avons données plus haut.

3°. *Soupes économiques selon Rumford.*

« Chaque portion de soupe devrait être d'une chopine et demie. Si la soupe a de la consistance, ce sera un très-bon repas pour une personne adulte. Cette portion de soupe doit peser une livre un quart, environ 20 onces.

« La base de chaque portion de soupe doit être d'une once et un quart de farine d'orge bouillie dans environ une pinte d'eau, mesure de Paris, jusqu'à ce que le tout ait la consistance d'une gelée épaisse. Tout ce qu'on pourrait ajouter à cette soupe ne servira qu'à la rendre plus agréable au goût, ou bien, en provoquant la mastication, qu'à prolonger et à augmenter le plaisir de manger. Ces deux objets sont néanmoins d'une grande importance, et l'on ne saurait y porter trop d'attention ; mais avec de l'ordre on peut atteindre l'un et l'autre but sans faire beaucoup de dépense.

« Si l'on me demandait la recette d'une espèce d'aliment qu'on pourrait fournir au meilleur marché possible dans ce pays (la Bavière), j'indiquerais la suivante :

« *Recette pour faire une soupe à très-bon marché.* Prenez huit gallons (32 pintes de Paris) d'eau, et mêlez-y cinq livres de farine d'orge; faites bouillir jusqu'à consistance de gelée, et assaisonnez le mélange avec du sel, du poivre, du vinaigre, de fines herbes et quatre harengs crus écrasés dans un mortier. Au lieu de pain, ajoutez cinq livres de maïs réduit en *samp*, et, remuant le tout avec une spatule, vous diviserez la soupe en portions de vingt onces chacune. »

« Le *samp*, dont je recommande l'usage, est un mets nouvellement inventé par les sauvages de l'Amérique septentrionale qui n'ont point de moulin à blé. C'est du maïs dépouillé de son enveloppe en le laissant tremper dix à douze heures dans une lessive d'eau ou de cendres. La pellicule, étant séparée du grain, s'élève à la surface de l'eau et tombe au fond du vase. Ce grain, dépouillé de son enveloppe, est placé dans une chaudière auprès du feu, où on le fait bouillir très-lentement pendant environ deux jours. Quand les grains sont suffisamment cuits, ils s'enflent considérablement et se fendent à la superficie. Cet aliment qui est très-doux et nourrissant, peut être employé de plusieurs manières différentes; mais la meilleure manière de s'en servir, est de le mêler avec du lait, et de l'employer, en guise de pain, dans les soupes et les bouillons : il convient mieux que le pain pour cet usage, parce qu'il ne s'amollit point quoiqu'il ne soit pas d'une fermeté désagréable, et qu'en conséquence il exige de la mastication, ce qui augmente et prolonge nécessairement le plaisir de manger. »

« La soupe peut être préparée avec la quantité d'ingrédiens mentionnés dans la recette précédente et divisée en soixante-quatre rations ».

§ III. *Du bouillon de gélatine extraite des os.*

Sans pouvoir fixer l'époque à laquelle on soupçonna que les os des animaux contiennent une substance nutritive, on ne peut disconvenir qu'elle doit remonter à des siècles bien reculés. Il suffisait d'examiner un chien acharné non à ronger, mais à manger un os. Il le brise avec les dents, le broie, l'avale et le digère. L'on remarque que les gros chiens dont les mâchoires très-fortes sont capables de rompre les os les plus gros et les plus durs, préfèrent cette nourriture à celle de la viande, et que ceux qui se nourrissent exclusivement des os sont plus gras et mieux portans. Leurs excrémens, chargés presque exclusivement de phosphate de chaux, annoncent qu'ils en ont fait complètement la digestion. Cette observation dut naturellement indiquer que cet animal trouve dans cette substance une nourriture plus succulente, plus substantielle, plus abondante que dans la viande même. L'histoire nous présente *Papin* comme le premier physicien que cette observation ait frappé : il chercha les moyens d'extraire cette substance nourricière ; il y parvint, quoiqu'imparfaitement, par le digesteur qui porte son nom.

Depuis, plusieurs savans, parmi lesquels la France compte *MM. Proust*, *Rouelle*, *Darcet* père, *Pelletier*, *Cadet de Vaux*, *Darcet* fils, ont cherché à obtenir par des moyens plus simples la gélatine que contiennent les os. Nous ne nous occuperons pas à rapporter les travaux de tous ces savans ; nous nous arrêterons seulement à décrire les procédés de *MM. Cadet de Vaux* et *Darcet* fils, parce qu'ils se rattachent plus particulièrement au sujet que nous traitons, l'économie alimentaire.

1°. *Avantages du bouillon fait avec la gélatine des os.*

Tous ceux qui connaissent la nature de la viande sont convaincus que la propriété nutritive qu'elle communique au bouillon, est due en grande partie, nous pourrions même dire en totalité, à la gélatine. Si l'expérience journalière n'en fournissait pas des preuves irrécusables, nous pourrions les puiser dans une foule d'auteurs qui ont écrit sur ce sujet, et qui regardent tous la gélatine comme la matière animale la plus nourrissante. Il est aujourd'hui démontré que les os contiennent une bien plus grande quantité de gélatine que la viande ; ils renferment donc une bien plus grande quantité de parties substantielles et nutritives que cette dernière.

Il n'est pas une ménagère qui ne sache qu'on obtient un bouillon d'autant meilleur qu'on met dans la marmite, avec la viande, une plus grande quantité d'os. On a même fait des bouillons excellens avec des os seuls sans y ajouter de la viande. Voilà des faits qu'on ne peut pas révoquer en doute. C'est à ces seules observations que s'arrêta pendant long-temps l'économie. *Papin* est parvenu par son digesteur, que tout le monde connaît, à extraire seulement deux livres de gélatine par deux livres d'os; la trop vive action de la chaleur qu'il emploie, détruit une partie de la gélatine à mesure qu'elle se forme.

M. Cadet de Vaux a repris les expériences de *Papin*, mais il a opéré dans un autre sens; aussi a-t-il obtenu d'une livre d'os autant de bouillon qu'aurait pu lui en donner six livres de viande. Ce bouillon, soumis à l'examen de la Faculté de Médecine de Paris, comme nous le verrons par la suite, a été reconnu, sous les rapports diététiques, préférable au bouillon de viande.

Le docteur *Vierme*, chargé, à Vienne, de suivre les expériences ordonnées par le Prince *Charles*, dans les hôpitaux militaires, sur l'importance du bouillon d'os, assure qu'avec une livre de cette substance, il a obtenu en quantité et en qualité le même bouillon qu'il aurait retiré de six livres de viande. Il ajoute que le bouillon d'os est même le plus convenable pour les malades et les convalescens. Un chimiste distingué pense que ce résultat n'est vrai que lorsqu'on se borne à de petites opérations, et que dans les grandes on ne doit compter que sur la moitié de ce produit, ou bien, ajoute-t-il, il faudrait y employer trop de temps et de combustible. Il assure que seize livres d'os produisent cent bouillons gras de première qualité, pourvu qu'il n'y ait pas quinze jours que les os aient été extraits de la viande, parce qu'ils ne peuvent, dit-il, se conserver plus long-temps sans que les parties nutritives qui les constituent ne commencent à fermenter et à se corrompre.

Ce chimiste se trompe; on verra plus bas par les expériences de *M. Proust*, par celle de *M. Perrinet*, par d'autres qui nous sont propres, que nous rapporterons, que les os donnent une bien plus grande quantité de bouillons. Mais ne serait-ce pas encore un assez grand avantage que de se procurer, avec une livre d'os, la même quantité de bouillon qu'on retirerait de trois livres de viande, c'est-à-dire environ six livres ou trois pintes? Il est bon d'observer que ce bouillon ainsi réduit a plus de consistance que le bouillon de viande, et qu'après un parfait refroidissement il ressemble à de la gelée : c'est là en effet de la gélatine.

M. Darcet, aujourd'hui vérificateur des essais à la monnaie, dont les expériences sont postérieures à celles du chimiste que nous avons

20

cité, a poussé bien plus loin les produits de la gélatine. « Il faut, nous a-t-il écrit, cent li-
« vres d'os secs pour avoir sept cents bouil-
« lons; mais, par les moyens que j'emploie et
« que je me réserve de publier moi-même, j'en
« retire quinze cents, et peux à volonté en ob-
« tenir deux mille à deux mille cinq cents, avec
« beaucoup moins de peine et de frais. »

Nos lecteurs seront bien aises sans doute de trouver ici une notice sur les procédés qu'emploie *M. Darcet*; nous les transcrivons d'un rapport fait en 1814 par la Faculté de Médecine de Paris, sur cet objet, *et de la Bibliothèque universelle*, en les prévenant que l'inventeur a pris un brevet d'invention qui lui en assure la propriété.

« Jusqu'ici on a extrait la gélatine des os, en les soumettant à l'action de l'eau bouillante pendant un temps toujours très-long. Par cette méthode, qui exigeait la pulvérisation des os, on obtenait à peine le tiers de leur gélatine, encore était-elle en partie dénaturée par la longue action que l'eau et la chaleur exerçaient sur elle. *M. Darcet* a suivi une marche entièrement opposée; il enlève, au moyen de l'acide muriatique étendu, le phosphate de chaux, et obtient la partie animale à l'état solide, et conservant encore la forme de l'os. Pour enlever à cette substance les petites portions d'acide et de graisse qu'elle retient, il la met dans des paniers, et la plonge ainsi, pendant quelques instans, dans l'eau bouillante : enfin, après l'avoir essuyée avec des linges, il l'expose à un courant d'eau froide et vive, qui, en la nettoyant parfaitement, lui donne une demi-transparence et de la blancheur. »

« Ainsi préparée et coupée par morceaux, cette gélatine se dissout très-promptement et presque en entier dans l'eau bouillante. Veut-on la conserver pour s'en servir en des temps éloignés ? il suffit de l'exposer sur des claies ou des filets, entière ou coupée, dans un lieu sec et chaud ; alors enfermée dans des futailles ou des caisses, elle ne subit aucune altération et peut se conserver des milliers d'années avec toutes ses qualités. »

M. Proust a comparé les produits divers des différens os qui constituent la charpente de l'animal, et il n'est rien moins qu'indifférent de les indiquer.

« Dix livr. d'os de bœuf, têtes d'os de cuisses et de jambes, ont donné environ trente livres de gelée. Nous négligeons les fractions ; d'ailleurs, personne n'ignore qu'un peu plus ou un peu moins de consistance donnée à la gelée en diminue ou en augmente le poids. Nous prions d'observer que *M. Proust* a réduit son bouillon en gelée, et que, pour le prendre sous la forme de bouillon ou de soupe, il ne doit pas être autant concentré.

« Dix livres d'os de côtes et vertèbres ont donné quarante-quatre livres de gelée.

« Dix livres d'os des hanches ont donné, crus, quarante-huit livres de gelée.

« Ces mêmes os repris et bouillis en ont donné cinquante-deux autres livres. »

M. Cadet de Vaux qui a cité les expériences de *M. Proust*, surpris d'un aussi grand produit, s'écrie: S'il n'y pas de faute typographique, car je n'ai pas répété l'expérience, quelle mine de gélatine sont ces os des hanches! Le lecteur ne partagera pas cette surprise, lorsqu'il aura pris connaissance du résultat des expériences de *M. Perrinet*, et de celles que nous avons faites; mais continuons auparavant l'analyse du travail de *M. Proust*.

« Ce savant chimiste a extrait la gélatine des os de mouton et de cochon; dix livres fournissent à-peu-près quarante livres de gelée. Il a observé une différence de saveur dans ces diverses gelées; celle des côtes est plus agréable que celle des hanches, et celle-ci plus que celle des articulations. La plus savoureuse est la gelée des os de cochon. Les produits en graisse varient d'os à os comme ceux de gélatine. »

Voilà ce que fournit de précieux le travail de *M. Proust*, cette différence de produit. Les os des hanches lui ont fourni une quantité de tablettes de bouillon bien plus grande que celle qu'on obtient d'un même poids de viande, puisque dix livres d'os lui donnent dix-huit onces de tablettes sèches, tandis que dix livres de viande n'en donnent que cinq onces.

Comment cette idée de tablettes de bouillon d'os, si précieuses pour la marine, si préférables à celles de viande que fournit le commerce, comment cette idée, dirons-nous avec *M. Cadet de Vaux*, est-elle demeurée reléguée dans un journal ? Il en est des découvertes des savans comme de l'œuf de la poule ; elle le pond, chante et l'abandonne ; il faut le ramasser et l'aller porter à couver.

Les expériences de *M. Proust*, dont nous venons de donner connaissance, suffiraient sans doute pour convaincre le plus incrédule sur les avantages que présente la gélatine extraite des os ; mais nous avons à présenter des résultats qui confirmeront ce que ce savant a avancé.

M. Perrinet, pharmacien en chef de la succursale des militaires invalides de Louvain, sur l'invitation de *M. Doulcet-Pontécoulant*, préfet du département de la Dyle, fit en 1802 quelques expériences sur les moyens d'extraire la gélatine des os, et de l'appliquer aux besoins de l'indigence ou des malheureux détenus dans les maisons d'arrêt. Voici son procédé et ses résultats.

« On prend dix-huit livres d'os crus de boucherie, ou sortis des viandes bouillies; on les écrase grossièrement; puis on les fait bouillir avec une poignée de sel et huit pintes d'eau, dans une chaudière garnie de son couvercle, pendant une heure environ; alors on passe le tout à travers un tamis de crin, recouvert d'un torchon blanc : on laisse refroidir cette décoction pour enlever et mettre à part la graisse qui se fige à sa surface, et, lorsque les os sont bien égouttés, on finit de les pulvériser dans un mortier de fer avec un pilon de même métal, pour les remettre dans la chaudière avec le premier bouillon et douze pintes de nouvelle eau. On recouvre la chaudière, on lui fait jeter quelques bouillons, on l'entretient à cette température pendant douze heures, en remuant de temps en temps, afin de renouveler les surfaces. Après cette longue digestion, on passe de nouveau, on met le bouillon obtenu à part, on remet les os dans la chaudière avec douze pintes d'eau chaude et une poignée de sel; on lui fait prendre un bouillon; on la couvre de son couvercle comme auparavant pour l'entretenir à cette température pendant douze heures; on passe une troisième fois; on met ce bouillon avec le premier; on remet les os dans la chaudière avec huit pintes d'eau bouillante pour les tenir encore à la température de soixante à soixante-quinze degrés pendant six heures; on passe pour la dernière fois, on jette les os, on réunit leurs décoctions, on les rapproche par évaporation, dans un vaisseau couvert, jusqu'à ce qu'en en prenant un peu entre les doigts, on les sente s'agglutiner les uns aux autres, signe qui annonce que la gelée est assez consistante. »

« D'une autre part, on a préparé une décoction de légumes verts, épicés et aromatisés convenablement, pour y délayer, par chaque pinte, dix à douze onces de gélatine; on ajoute à ce bouillon suffisamment de sel, et on le colore si l'on veut avec le caramel, ce qui le rend plus agréable à l'œil et au goût. »

« *Nota.* Dix-huit livres d'os extraits de

viandes, bouillis, traités de cette manière, m'ont donné cinquante-huit livres deux onces de gélatine qui peuvent fournir, au besoin, cent dix à cent quinze pintes de bouillon, et deux livres une once de graisse, qu'on peut employer à assaisonner des légumes. »

L'on voit par cette expérience que *M. Perrinet* a obtenu environ six pintes et demie de bouillon par chaque livre d'os, ce qui est un résultat bien plus avantageux que celui qu'a obtenu *M. Proust*.

En 1803, nous avons répété l'expérience de *M. Perrinet*, et nous avons obtenu les mêmes résultats.

Nous ne parlerons pas de la quantité de graisse que nous avons obtenue, elle s'est trouvée à-peu-près dans le même rapport que celle qui est résultée des expériences de *M. Perrinet*. Ce résultat ne doit point étonner, il est beaucoup au-dessous de celui que *M. Darcet* obtient par des procédés chimiques.

Ce savant ne se contente pas de faire des bouillons avec des os; il les réduit en gélatine dont il fait des tablettes qui ressemblent à de la colle forte et qui se conservent un temps infini sans altération. Les établissemens qui se bornent à distribuer chaque jour des soupes aux indigens n'ont pas besoin de faire de la gélatine ; il suffit pour l'économie journalière d'extraire des os la partie gélatineuse sous forme de bouillon ; l'économie du temps et du combustible exige impérieusement de ne pas dépasser ce terme. Nous indiquerons dans le paragraphe suivant la manière de procéder.

Si nous considérons le bouillon d'os sous les rapports diététiques, nous serons convaincus qu'il mérite la préférence sur le bouillon de viande. En effet les physiologistes regardent la matière gélatineuse des os comme éminemment chargée de vie, comme produisant, par sa décomposition, plus de molécules ou de corpuscules animés qu'aucune autre substance animale. C'est un principe de physiologie, *que la gélatine des os abonde en sucs nourriciers qui s'assimilent presque sans altération à nos organes et qui les réparent en peu de temps*. Aussi le bouillon de substances osseuses est-il *plus salutaire*, plus facile à digérer, plus réparateur, plus assimilé conséquemment aux organes de l'enfance, du sexe, de la vieillesse, du malade et du convalescent, que ne l'est le bouillon de viande. Ce sont ces considérations qui ont fait dire à *M. Darcet* père que la gelée d'os est déjà un gluten élaboré et presque prêt à remplir la fonction importante à laquelle la nature l'a destiné. Il faut lire l'intéressant *mémoire* de M. *Cadet de Vaux sur la gélatine des os*, dans lequel ce philantrope a rassemblé toutes les preuves des vérités que nous n'avons fait qu'énoncer.

Aux avantages qui résultent de la propriété qu'ont les os de fournir une nourriture très-saine, s'en joignent d'autres non moins importans pour l'économie. Cette substance ne coûte rien, il ne sagit que de conserver proprement les os qui sortent de la viande même après sa cuisson, et qu'auparavant on jetait avec les ordures au coin de la borne. Les os, après qu'ils ont bouilli, ont perdu, il est vrai, un peu de leurs parties nutritives, mais cette perte qui est evaluée à un trente-deuxième seulement, est si peu de chose, que ce n'est pas la peine de la faire entrer pour aucune considération dans leur emploi.

On sait que les os laissés par les bouchers aux morceaux de viande qu'ils dépècent, ou ceux qu'ils ajoutent aux parties qu'ils vendent, forment à-peu-près le sixième du poids de la viande qu'ils délivrent, en sorte que, dans toute portion de viande pesant six livres, il s'y trouve une liv. d'os qu'on jette après la cuisson. Or, si l'on compte au minimum la quantité de gélatine que peut fournir une liv. d'os, et qu'on ne la considère que comme susceptible de fournir huit rations de bouillon du poids de 24 onc. chacune, ou 1 liv. 1/2, on aura un total de 12 rations de bouillon. Si l'on applique ce calcul à la quantité de viande de boucherie qui se consomme journellement à Paris, et qui se porte à 214,096 liv., on verra que les os jetés de toutes les cuisines, suffiraient pour fournir d'excellent bouillon à tous les indigens de cette grande cité. Pourquoi un moyen de les secourir aussi certain est-il négligé? Ne devrait-on pas, dans les maisons riches de toutes les villes, avoir l'attention de ramasser les os inutiles, et de les envoyer aux établissemens de charité? Pourquoi ne pas établir dans tous les coins des rues, comme on le pratique à Genève, des boîtes où chacun vient déposer les os qu'il a soin d'extraire proprement de la viande qu'il consomme? Ces os sont ensuite retirés et portés dans les établissemens de bienfaisance où ils sont employés au secours des indigens. Un pareil soin ne coûterait rien, et fournirait une grande ressource pour soulager les malheureux.

Non-seulement le bouillon d'os apporterait

une grande économie dans les établissemens destinés à la préparation et à la distribution des soupes pour les pauvres, mais il serait encore d'un grand avantage dans les hôpitaux, les colléges, les séminaires, en un mot dans tous les lieux où il se fait une grande consommation de viande.

L'utilité de l'extraction de la gélatine des os ne se réduit pas à remplacer la viande pour se procurer des bouillons; ce procédé fournit en outre une graisse surabondante qui sert à l'assaisonnement des légumes et des soupes maigres, ainsi qu'on la vu soit dans les exemples que nous avons donnés, soit par le réglement pour la cuisine de la Salpétrière que nous avons cité (*page* 278). Cette graisse ne coûte absolument que la peine de l'enlever de dessus le bouillon, et de la conserver dans des pots comme on le verra dans le paragraphe suivant.

D'après tous ces avantages universellement reconnus, pourquoi l'usage du bouillon d'os n'est-il pas plus généralement répandu? Il serait si facile, par ce moyen, de soulager l'humanité souffrante dans toutes les circonstances où l'on ne peut se procurer de la viande fraîche qu'à grands frais. Les hospices, les établissemens de bienfaisance augmenteraient leurs ressources pour fournir aux malades, aux convalescens, aux enfans, aux vieillards une nourriture plus saine, plus nutritive, plus substantielle, plus appétissante que celle qu'ils sont habitués à leur donner. Ces nouveaux moyens de secours n'augmenteront pas leur dépense; car, nous le répétons, la matière première, les os, ne coûtent rien, et, outre le bouillon, on en retire de la graisse qui paie amplement les frais du combustible. En effet, d'une livre d'os qui ne coûte rien, qu'on donnerait aux chiens ou qu'on jetterait sur le tas d'ordures, on en retire, indépendamment du bouillon, trois onces d'une excellente graisse qu'on estimera bien peu si nous ne la portons qu'à trois sous, et, certainement, on ne dépensera pas pour trois sous de combustible, pour confectionner ce bouillon qui n'exige que cette seule dépense.

Ministres d'un Dieu de paix, vous que la confiance publique a placés à la tête des paroisses des villes et des campagnes, vous dont les fonctions les plus importantes consistent à secourir le malheureux et à porter la consolation dans l'humble chaumière qu'habite l'indigent, exercez dans toute son étendue le ministère de charité dont vous êtes revêtus; ne dédaignez pas, quelque vil que paraisse ce soin, ne dédaignez pas de faire ramasser les os que les habitans aisés de vos paroisses rejettent. Formez autour de vous des établissemens de bienfaisance: quelque petite que soit l'étendue du territoire sur lequel vous exercez votre ministère, les pauvres béniront les soins que vous prendrez, les larmes de la reconnaissance arroseront vos bienfaits, et votre mémoire restera à jamais gravée dans leurs cœurs. Associez d'abord à vos travaux philantropiques vos paroissiens les plus aisés, les autres, moins fortunés, voudront y prendre part, et vous aurez fixé le bonheur et la joie là même où régnait naguère la douleur et le désespoir. Qu'en coûtera-t-il pour réaliser un pareil projet? rien; le soin de ramasser des os inutiles. Le moyen de les faire servir au soulagement de l'indigence n'est pas plus pénible, ni plus difficile, ni plus dispendieux que celui de faire bouillir un morceau de viande. Vos paroissiens aisés pourront faire chacun à leur tour cette préparation dans leur cuisine, sans qu'il leur en coûte, pour le combustible, un sou de plus que leur dépense journalière: une marmite de plus ou de moins n'est rien lorsqu'on est obligé de faire du feu pour préparer les alimens d'une famille. Vous leur aurez appris à exercer la bienfaisance, et ce sera un nouveau service que vous leur aurez rendu. Chacun viendra vous solliciter de lui accorder la même faveur.

Si nous nous sommes récriés contre l'insouciance des Français sur l'adoption générale d'une découverte aussi précieuse, qui présente tant de facilité à l'exercice de la bienfaisance, nous devons, cependant, rendre justice aux lumières de quelques administrateurs qui ont introduit l'usage du bouillon d'os dans les établissemens publics de leurs départemens. *M. de Malouet*, mort ministre de la marine, mérite d'occuper la première place. Pendant qu'il remplissait les fonctions de préfet maritime, il s'empressa de proclamer l'utilité des os, pour obtenir en tous temps le bouillon le plus sain et le plus économique. Il en fit adopter l'usage dans tous les établissemens publics qu'il avait sous ses ordres. Les directeurs de l'Ecole Polytechnique et de celle de St-Cyr ont suivi l'exemple de *M. de Malouet*, et depuis longtemps l'usage de ce bouillon est employé dans ces deux établissemens. Dans tout le nord de l'Europe, à St-Pétersbourg, à Stockholm, à Copenhague, à Vienne, à Berlin, etc., etc., etc., le bouillon d'os est en usage dans les hôpitaux civils et militaires et dans tous les établissemens publics. A Rome même, Pie VII vient de créer plusieurs établissemens dans le même genre. En France, où cette découverte avait pris naissance et où elle avait été si long-temps oubliée et même dénigrée, le gouvernement vient d'ordonner l'usage du bouillon d'os pour les indigens : nous consacrerons un paragraphe à la description de cet établissement.

Après avoir fait connaître les principaux avantages du bouillon de gélatine, extraite des os, nous allons enseigner la meilleure manière d'opérer.

2°. *Procédés pour faire du bouillon avec des os.*

L'on a employé diverses méthodes pour faire du bouillon avec des os ; nous allons en faire connaître plusieurs et nous donnerons notre opinion sur celle qui nous paraît la meilleure.

M. Cadet de Vaux, qui le premier a conçu et exécuté l'heureuse idée de la pulvérisation des os, d'après cet axiome de chimie, *corpora non agunt nisi sint soluta*, rend compte, dans son

Mémoire sur la gélatine des os que nous avons déjà cité plusieurs fois, non-seulement de la manière dont il fit ses premières expériences et des résultats qu'il obtint, mais de l'heureuse observation qui lui donna l'idée de la pulvérisation. Nous allons rapporter textuellement les paroles de ce savant philantrope ; un ouvrage de la nature de celui-ci doit consacrer le nom et les premiers travaux de l'inventeur, en lui conservant la portion de gloire à laquelle il a droit.

« C'est le chien, c'est son appétit fortement prononcé pour les os, dit *M. Cadet de Vaux*, qui a confirmé mon opinion sur leur propriété nutritive ; l'instinct de cet animal venait de me révéler le secret de la nature et de résoudre un grand problême diététique. Ce même instinct devait aussi présider à mes expériences : le chien, me suis-je dit, brise les os, les humecte et les divise ; brisons-les, humectons-les et divisons-les. »

« Je pris cinq livres d'os crus, dépouillés de chair, de graisse, de parties tendineuses ; on les brisa avec une masse, et on les pila dans un mortier de fer avec la précaution de les arroser de deux onces d'eau par livre, pour prévenir l'effet de la chaleur du pilon. Les os réduits à l'état de demi-pulvérulence, que laisserait le crible, ont été soumis à quatre ébullitions dans l'eau, chacune de quatre à cinq heures; ces quatre décoctions qui, en se refroidissant, avaient toutes pris l'état gélatineux, réunies et liquéfiées à une douce chaleur, ont donné vingt livres d'une gelée très-forte et très-consistante, laquelle, renversée sur une table, se coupait au fil de crin, les tranches se soutenant sans fléchir. Il faut observer que les os n'étaient pas encore entièrement épuisés de gélatine. »

« C'était un véritable consommé; il s'agissait de le convertir en bouillon : je fis, à cet effet, cuire des légumes dans deux livres d'eau, avec addition de sel, et j'y étendis une livre de gelée; cela donna trois livres d'un bouillon qui, lui-même, prit, par le refroidissement, un état demi-gélatineux. »

« Or, comme la livre d'os produit quatre livres de gelée; comme ces quatre livres de gelée font un consommé, et que pour faire du bouillon elles veulent être étendues dans huit livres d'eau, voilà douze livres formant vingt-quatre portions de huit onces chaque d'un excellent bouillon qu'on obtient d'une livre d'os; d'où il suit que quatre à cinq livres d'os suffiraient au bouillon d'un hôpital de vingt malades. »

« L'on observera qu'à une très-légère différence près, on obtient les mêmes produits de l'os qui a préalablement bouilli; car l'os entier, malgré la longue ébullition qu'il subit dans la marmite, perd peu en gélatine; c'est donc l'os préalablement cuit, l'os rejeté des cuisines que je réclame pour l'économie, et c'est bien là *tirer d'un sac deux moutures.* »

Cette première expérience fut faite avec *M. Perrinet* dont nous avons parlé dans l'article précédent. Voici les résultats d'un second essai qui a été fait avec *M. Bouillon-Lagrange :*

« Nous soumîmes, continue *M. Cadet de Vaux*, à quatre ébullitions successives, sept livres d'os crus et pulvérisés. Nous en obtînmes 1 livre 8 onces de graisse, 2 livres d'os desséchés, 3 livres 8 onces de gélatine; en tout 7 livres. Ces 3 liv. 8 onces de gélatine donnent, par leur dissolution dans l'eau, 28 livres de gelée nourrissante, ce qui revient à 4 livres de gelée par livre d'os. Les produits en graisse, en gélatine, varient selon l'espèce des os, comme on l'a vu dans les expériences de *M. Proust* (*pag.* 307). »

Nous avons donné, dans l'article précédent (*pag.* 310), la méthode de *M. Perrinet.*

Tous les procédés que nous avons donnés jusqu'ici ne présentent que les résultats des expériences de recherches : l'on sait que dans les opérations en grand les résultats ne sont pas tout-à-fait les mêmes, et que d'ailleurs les procédés se perfectionnent. Nous voudrions connaître les différentes manières d'opérer des divers établissemens qui s'occupent de la fabrication du bouillon d'os pour le soulagement de l'indigence, nous les mettrions toutes sous les yeux des lecteurs, et nous ne doutons pas que de cette masse d'idées on ne parvînt facilement à former une méthode qui ne laisserait rien à désirer sous le double rapport de la célérité et de l'économie.

La méthode que *M. Bouriat*, habile chimiste et philantrope zélé, a pratiquée, pendant dix-huit mois, pour nourrir, à Paris, une partie des indigens du dixième arrondissement, ainsi que les ouvriers de l'établissement de bienfaisance auquel il est attaché, nous paraît réunir toutes les qualités d'un bon procédé; il a procuré, avec beaucoup d'économie, un bouillon sain et de bon goût. On n'a jamais remarqué de différence entre son bouillon économique et celui qu'on retire de la viande. *M. Bouriat*, dont les travaux se dirigent vers la bienfaisance, nous a communiqué son procédé ; nous allons le faire connaître en publiant la notice qu'il nous a remise :

« Les os qu'on doit employer, dit-il, sont ceux de la viande bouillie ou rôtie; mais il faut bien se donner de garde de les employer chauds, parce que la chaleur, augmentée encore par la percussion, leur donne un mauvais goût. Dans l'été, lorsqu'ils sont un peu trop secs, il faut les asperger avec l'eau froide pendant qu'on les pile. »

« Leur pulvérisation ne doit pas être complète; il suffit de les diviser de la grosseur d'une aveline. »

« Le moyen de les contuser consiste à les mettre dans un grand mortier de fer, dont le fond est large, et de frapper dessus avec un pilon de fer très-pesant, crenelé à sa base, ou en pointe de diamant. L'ouvrier qui n'est pas accoutumé à piler des os, est un peu incommodé par les éclats de cette substance; mais il finit par mieux diriger son pilon, et lui donne l'aplomb nécessaire, alors il n'est nullement gêné par les éclats. »

« Les os ainsi pilés doivent être mis dans un

seau ou diaphragme de fer étamé, percé de beaucoup de trous, afin qu'étant plongé dans la marmite, l'eau puisse y entrer librement pour en détacher la graisse et la gélatine. Ce diaphragme doit avoir un couvercle qui s'enfonce jusqu'au tiers dans son intérieur et se trouve retenu par trois petits crampons. C'est sur ce couvercle qu'on pose les légumes afin qu'ils ne touchent pas aux os pilés. »

« Le temps nécessaire pour opérer la confection du bouillon est le même que pour le bouillon de viande, et l'on suit, en tout point, le même procédé pour mettre les légumes, le sel, les herbes et les aromates. »

« Lorsqu'on a jugé que le bouillon est fait, on retire le diaphragme et les légumes, puis l'on verse le bouillon dans des vases de terre ou de fer étamé, en décantant avec soin pour séparer les petits fragmens d'os qui passent quelquefois à travers les trous du seau. Lorsque le bouillon est dans ces vases, il se rassemble à la surface une assez grande quantité de graisse qu'on sépare aussitôt à l'aide d'une cuiller à pot. Cette graisse sert à préparer différens mets et assaisonner des légumes particuliers. »

La plus grande difficulté dans l'art d'extraire la gélatine des os, c'est leur pulvérisation ;

aussi c'est vers cette partie que ceux qui se sont occupés de cet art, ont dirigé leurs recherches. M. *Cadet de Vaux* a proposé, dans son mémoire déjà cité, une masse, le couperet, la batte à ciment, et enfin le mortier de fonte. Voici comment il s'exprime :

« Avant de pulvériser l'os, on l'éclate avec une masse, s'il est volumineux ; moins gros et moins dur, on l'éclate avec le couperet ou simplement avec le dos du couperet. »

« J'ai une pierre de grès, ajoute-t-il, sur laquelle on porte les os éclatés et on les y divise à l'aide de la batte à ciment ; c'est un morceau de bois rond, plat, ayant peu d'épaisseur, garni de forts clous, très-serrés l'un contre l'autre et sur lequel est attaché un manche en bois. Cet instrument les a promptement divisés. Ce petit atelier, une fois monté, la pulvérisation d'une livre d'os est l'affaire de dix minutes, et c'est à ces dix minutes-là que se réduit la dépense du bouillon d'os. »

« Je crois devoir faire observer, continue M. *Cadet de Vaux*, que tout instrument, dont le mouvement rapide et continu exciterait une forte chaleur, altérerait la gélatine. Feu M. *Montgolfier* avait imaginé de râper les os pour en obtenir plus facilement les principes dissolubles; il eut par ce moyen, une grande quantité de gélatine, mais elle avait l'odeur d'empyreume. »

« Si l'on emploie un ciseau pour détacher l'os en copeaux, à la manière du tourneur, il faudra, ainsi que le fait le remouleur, diriger un filet d'eau sur l'os pour éteindre la chaleur. »

Le procédé de *M. Cadet de Vaux* est celui qui, à quelques modifications près, a le mieux réussi jusqu'à présent en France pour opérer la division des os. Nous entrerons dans de plus grands détails à ce sujet dans l'article suivant. Revenons un peu sur le procédé de *M. Bouriat.* On a vu que l'ouvrier qui pile les os est souvent incommodé par les éclats qui s'en détachent.

Il y a plusieurs moyens de remédier à cet inconvénient, 1° on peut avoir la précaution de fermer l'ouverture du mortier avec un couvercle de bois mince, au milieu duquel on pratique un trou pour le passage du pilon; mais alors il faut que l'ouvrier soit très-adroit pour porter juste à chaque coup dans le trou, sans quoi le poids du pilon, augmenté de la force que l'ouvrier lui imprime, casserait le couvercle; 2° ce couvercle peut être formé d'une forte toile clouée sur un cercle qui embrasse la partie supérieure du mortier. Ce couvercle ressemble assez à un tambour de basque; on perce la toile dans son milieu pour le passage du pilon; mais ici on a le même inconvénient que nous avons fait observer dans le premier moyen; 3° on fait un sac de forme conique, dont la base embrasse le mortier; on y fixe cette base par le moyen d'une corde, et le sommet du cône qui est percé reçoit le pilon et y est attaché pareillement par une petite corde. Il faut que le sac conique soit assez long pour que l'ouvrier ne soit pas gêné en élevant le pilon selon sa grandeur et sa force. Ce moyen est le plus sûr de tous, le plus facile dans son emploi, et le broiement des os s'opère sans craindre que leurs éclats sortent du mortier.

Dans l'article suivant, en décrivant l'appareil qui vient d'être construit à Paris, nous entrerons dans quelques détails sur la meilleure forme à donner à tous les ustensiles qui servent à piler les os. Nous y ferons aussi connaître la manière de conduire le feu, ce qui est très-important dans cette opération; enfin, nous suppléerons, dans cet article, à ce que nous n'avons pas dit dans celui-ci, afin de mettre le lecteur à même de pouvoir opérer avec facilité.

3°. *De l'établissement de bienfaisance qui vient d'être fondé à Paris par ordre du gouvernement.*

M. Cadet de Vaux dont le zèle philantropique ne connaît pas de bornes, vivement affligé de la détresse dans laquelle le royaume fut plongé, en 1817, par la rareté des subsistances, et frappé de ce qu'on négligeait, en France, où cette précieuse découverte a été faite, les ressources immenses que procure le bouillon d'os, tandis que tout le reste de l'Europe jouit de ce bienfait et en retire les plus grands avantages, sollicita, auprès du gouvernement, l'autorisation de fonder un établissement de bienfaisance dans ce genre. Le Roi qui saisit avec empressement tout ce qui peut tendre au soulagement du peuple, après avoir pris connaissance du résultat des expériences qu'il fit répéter à ce sujet, et avoir goûté du bouillon qui lui fut présenté et qu'il trouva excellent, ordonna qu'il serait formé de suite, et à ses frais, dans la première municipalité, un établissement pour distribuer aux indigens du bouillon d'os.

C'est dans le local destiné au bureau de bienfaisance du premier arrondissement, rue de l'Arcade, nº 22, qu'a été formé, dans le mois de juillet 1817, l'établissement du bouillon d'os, sous la direction de *M. Cadet de Vaux*, et les soins de *M. Le Cordier*, Maire du même arrondissement, dont le zèle est au-dessus de tout éloge. Nous allons faire connaître cet établissement dans toutes ses parties.

Dans une des quatre pièces qui sont à l'entrée de la cour, et qui toutes ont été mises à la disposition du directeur, on a fait construire un fourneau sur les principes de *Rumford*, et dans la forme de ceux adoptés par la société philantropique; la chaudière est vaste et contient six cents bouillons. A côté de ce fourneau on a placé une autre petite chaudière qu'on échauffe par le même feu qui sert à faire bouillir la grande. Cette petite chaudière sert à donner une première cuisson aux légumes pour développer en eux le principe sucré avant de les introduire dans la grande chaudière.

Dans la grande chaudière on a placé un diaphragme en tôle à-peu-près semblable à celui de *M. Bouriat*. Ce diaphragme divise la chaudière, dans sa hauteur, en deux parties égales, et est porté par trois pieds qui reposent sur le fond de la chaudière. Au milieu du diaphragme est un tube de trois pouces de diamètre, percé de petits trous de même que les parois du diaphragme pour faciliter l'introduction de l'eau. Au-dessus de ce même diaphragme est posé un fond concave qui sert à recevoir les légumes, lorsqu'il est temps de les y placer. Ce fond repose par trois griffes sur les bords du diaphragme et s'enfonce de trois pouces dans son intérieur. C'est dans cette pièce, qui sert de cuisine, et dans cette chaudière, que l'on confectionne le bouillon.

Passons actuellement dans la pièce où l'on triture les os; voici comment on opère : sur un fort billot, on a solidement fixé une plaque de fonte de fer de 8 pouces en carré et à pointes de diamant; une forte batte à ciment est armée d'une plaque de fonte semblable à la première; le pileur, muni de cette batte, frappe sur les os à coups redoublés; en cinq minutes, dix livres d'os sont réduites en petites parcelles; on les porte ensuite dans un mortier de fer où on achève de les pulvériser avec beaucoup de facilité et en peu de temps.

Le billot est posé sur une toile propre qui

reçoit les os qui tombent : il est aussi enveloppé d'une toile suspendue au plancher. Cette dernière toile dirige sur celle qui est par terre les os qui s'échappent de dessous la batte. Ce procédé est sans doute pénible pour le pileur ; mais c'est ce qu'on a trouvé jusqu'à présent de plus expéditif et de plus facile. L'opération de la batte s'y fait si promptement, que les os n'ont pas le temps de s'échauffer par la percussion, et la gélatine n'y contracte pas le goût d'empyreume. L'action du pilon serait plus susceptible de lui communiquer ce mauvais goût, mais on parvient à l'en garantir en aspergeant les os de quelques gouttes d'eau fraîche, et en mettant une petite quantité d'os, chaque fois, dans le mortier.

Il nous reste à indiquer quelle est la forme qui nous paraît la meilleure pour le mortier et pour le pilon.

Du mortier. Il doit être nécessairement en fer fondu, et assez fort pour résister au choc des coups redoublés du pilon. Sa forme doit être circulaire, presque cylindrique, c'est-à-dire qu'il doit avoir intérieurement la forme d'un cône renversé, dont la grande base diffère peu de la petite. Son fond doit être très-peu concave afin que le pilon frappe également sur tous les points, et ne soit pas sujet à en réduire une seule partie en poudre, tandis qu'il ne toucherait presque pas les autres, ce qui ne manquerait pas d'arriver si le fond du mortier était très-concave, parce qu'alors le pilon tomberait le plus souvent au centre.

Du pilon. Il est en fer forgé et rond dans sa longueur; il est plus mince dans son milieu que dans ses deux bouts qui forment les deux têtes. L'on sent que le milieu doit être plus mince afin que le pileur puisse le tenir à pleines mains. Les deux extrémités du pilon, ou ce qui est la même chose, les deux têtes doivent être très-peu bombées par dessous: ses dimensions doivent être proportionnées à la force du mortier; celui de l'établissement dont nous nous occupons pèse douze livres et demie; et le mortier, qui a seize pouces de diamètre, pèse 92 livres.

Pose de l'appareil. Sur un fort billot dont la hauteur est proportionnée à la grandeur du pileur, afin qu'il ne soit pas gêné dans ses mouvemens, est incrusté le pied du mortier; un sac de toile de forme conique, tel que nous l'avons décrit ci-dessus (*pag.* 329), enveloppe le mortier et le pilon. Une sangle, portant une boucle à l'un de ses bouts, suffit pour serrer le sac à l'orifice du mortier; elle se détache aisément chaque fois qu'on veut enlever les os pilés pour en mettre de nouveaux.

Pendant que l'ouvrier pile les os, on s'occupe de la préparation des légumes qui consistent en oignons, porreaux, carottes et navets. On les épluche avec soin; on les met dans la marmite avec une petite quantité d'eau. Dès que les os sont pilés, on les jette sur le diaphragme et l'on place au-dessus le fond concave, dont nous avons parlé et que nous appelons *couvercle*, prêt à recevoir les légumes lorsqu'il sera temps de les y déposer. On remplit en entier la chaudière d'eau, et, pendant ce temps, on allume le feu sous la chaudière. Le même feu, comme nous l'avons fait observer, chauffe la chaudière, et, la marmite à volonté; une soupape suffit pour permettre au calorique de passer sous la marmite, ou pour intercepter son passage. Les légumes cuisent, dans cette marmite, à la vapeur; le principe sucré se développe, et, lorsqu'ils ont acquis un degré de cuisson convenable, on les sort de la marmite pour les placer sur le couvercle.

Lorsque l'eau de la grande chaudière est parvenue à 70 ou 75 degrés de température, l'écume se dégage; on l'enlève avec soin, et dès qu'il n'en existe plus, on sale convenablement. On laisse migeoter pendant deux heures sans jamais permettre que le liquide prenne l'ébullition, et c'est alors qu'on met les légumes sur le couvercle. On laisse migeoter encore pendant deux à trois heures, vers la fin desquelles on met les épiceries, et le bouillon est fait. Après avoir éteint le feu, on laisse reposer le bouillon pour donner le temps aux particules osseuses, qui se sont échappées par les trous du diaphragme, de gagner le fond et à la graisse de se ramasser à la surface supérieure; on enlève le diaphragme avec les os qui y sont restés et le couvercle qui contient les légumes; on enlève aussi avec soin la graisse qui sert à accommoder les légumes, et le bouillon est prêt à distribuer.

On porte le bouillon, ainsi préparé, dans les maisons de charité qui l'envoient aux malades, aux convalescens et aux infirmes, ou bien on le distribue snr les lieux mêmes aux malheureux, qui bénissent chaque jour la main bienfaisante qui leur procure un si grand soulagement. Nous ne pouvons donner une preuve plus authentique de l'excellence du bouillon d'os, qu'en terminant cet article par la copie du rapport que le Maire du premier arrondissement a fait sur l'institution du bouillon d'os, et qui a été présenté au Roi par délibération du bureau de charité.

M. le Maire, ce digne et zélé administrateur, a dit : « Messieurs, le premier arrondissement aura donc été le premier à jouir du bonheur de pouvoir désormais procurer aux classes indigentes le bouillon de la gélatine extraite de la substance osseuse, *le bouillon d'os*, cette base nourricière animale, à laquelle les sociétés savantes de l'Europe ont assigné le premier rang comme bouillon de santé, mais plus spécialement de la maladie et de la convalescence, comme le plus fait enfin pour réparer, dans les temps de disette, le vice du régime nutritif des classes populeuses. Aussi toutes les Puissances se sont-elles réunies sur l'adoption de ce bouillon dans leurs états, et il y a opéré une révolution dans le système alimentaire du peuple des villes, mais surtout des hôpitaux. Dans ceux de Vienne, de Berlin, à Rome, c'est avec le bouillon d'os que nos soldats ont été nourris. »

« Ainsi donc cette adoption était devenue presque générale, si l'on en excepte la France ; cependant une disette, qui a généralement pesé sur tous les peuples, devait favoriser la propagation du bouillon d'os; aussi s'est-elle rapidement étendue, à cette époque calamiteuse, dans plusieurs villes étrangères, Munich, Genève, et dans plusieurs de nos cités, Moulins, Lunéville, etc. Le zèle de *M. Cadet de Vaux*, auquel on est redevable de ce bienfait, devait se ranimer au spectacle de la misère publique; ce zèle infatigable a trouvé sa récompense dans l'institution du bouillon d'os. »

« Il a été facile à cet ami de l'économie et de l'humanité souffrante, auxquelles est consacrée sa longue carrière, de surmonter les obstacles qui s'opposaient depuis si long-temps à l'adoption du bouillon d'os; il l'a pu, Messieurs, en intéressant la bienfaisance de SA MAJESTÉ et de son auguste Famille, dont le vœu s'est prononcé sur cette ressource si salutaire, et sur l'extension à y donner en faveur des classes nombreuses destinées à y participer. »

« Applaudissons-nous aujourd'hui, Messieurs, des heureux résultats de cette institution, que vous avez vue se former dans cet asile, sans connaître encore l'ange tutélaire à qui le malheur en est redevable. La nature du bienfait vous en a toutefois dévoilé l'auteur;

et, si vous n'osez proclamer son nom, c'est que vous êtes arrêté par le secret même de la bienfaisance, et le respect qu'impose une auguste Princesse. Jouissons du spectacle si touchant que nous offrent ces distributions. Cet empressement, ces acclamations dont nous avons été les témoins, et ces bénédictions que le pauvre donne à la Famille Royale, attestent et la bonté de l'aliment et la reconnaissance des indigens pour ce nouveau bienfait. Bientôt l'amélioration de la santé des individus qui participent à cette distribution attestera la propriété de ce bouillon. »

« Cependant on redoutait les préjugés du peuple : tel a été l'argument de l'indifférence pour ne point accueillir cette précieuse ressource, comme si l'œil, l'odorat et le palais avaient des préjugés quand il s'agit du premier des alimens. Ce prétexte était devenu le motif de l'hésitation, et de ce long ajournement auquel Sa Majesté vient de mettre un terme. »

« *Délibération*. M. le Maire entendu, MM. les administrateurs du bureau, MM. les curés de l'arrondissement, les commissaires de charité, les médecins attachés au bureau, les dames et les sœurs de charité, convoqués pour assister à la distribution qui vient d'être faite du bouillon d'os, tous témoins de la bonté de ce bouillon, du nombre considérable de femmes, d'enfans, de vieillards, qui participent à ce bienfait de la sollicitude de Sa Majesté et des Princes, il est arrêté à l'unanimité qu'expédition de ce rapport et de la présente délibération sera présentée à Sa Majesté, à S. A. R. Madame la Duchesse d'Angoulême et aux Princes de la Famille Royale, par *M. le Maire* et *M. Cadet de Vaux*, à l'effet de se rendre les organes de la vive reconnaissance des classes indigentes, ainsi que de celle de MM. les Administrateurs du Bureau de charité, pour le bonheur qu'ils éprouvent à devenir les dispensateurs de la bienfaisance de Sa Majesté : Suivent les signatures au nombre de quarante. »

Plusieurs autres établissemens de ce genre vont être formés, et avant peu les douze Arrondissemens de la Capitale auront chacun une intitution semblable.

4°. *Des différens emplois de la gélatine extraite des os.*

Le bouillon d'os, extrait par les procédés que nous avons indiqués dans les articles précédens, n'est pas susceptible de se conserver long-temps. Sous cette forme, il ne peut donc pas être d'une grande ressource pour les voyageurs, pour les soldats aux armées, pour les marins dans les voyages de long cours, à moins qu'ils ne fassent une grande provision d'os, ce qui serait très-embarrassant, quand bien même les os pourraient se conserver long-temps, ce qui n'est pas. Pour parer à cet inconvénient on avait déjà proposé le moyen de rapprocher le bouillon par l'évaporation, et d'en faire des tablettes, comme on le pratiquait depuis long-temps pour le bouillon de viande; on en faisait, en un mot, une espèce de colle-forte. C'est ce procédé que suivait *M. J. F. Boby* de Paris, qui, en 1793, prit un brevet d'invention de quinze années, pour la fabrication de la colle-forte qu'il faisait extraire des os de toutes espèces d'animaux, après les avoir réduits en poudre fine dans des mortiers de fonte, et les avoir fait bouillir pendant douze heures dans une suffisante quantité d'eau. Ces moyens étaient trop longs, trop dispendieux, présentaient trop de difficultés pour qu'on pût en retirer de grands avantages; ces tablettes de bouillon étaient trop chères, n'offraient aucune économie, et laissaient beaucoup de doutes sur la propreté avec laquelle elles étaient confectionnées.

M. Darcet, à qui les sciences et les arts industriels doivent beaucoup, a tellement perfectionné l'art d'extraire la gélatine des os, qu'il est parvenu non-seulement à rendre cette substance alimentaire d'un emploi commode, d'un transport facile, d'une inaltérabilité parfaite, mais même il en a étendu l'emploi à différens usages économiques. Nous allons faire connaître succinctement le superbe établissement qu'il a formé et les avantages qu'il présente. Nous emprunterons pour cela le langage des commissaires nommés par la Faculté de Médecine de Paris, dans le rapport qu'ils firent, et qui a été imprimé dans le *Bulletin de la Société d'Encouragement pour l'industrie nationale* pour l'année 1814; dans le *Journal de médecine, chirurgie, pharmacie, etc.*, t. 31; dans les *Annales de chimie*, tom. 92; dans les *Annales d'agriculture*, t. 71; dans le *Bulletin de la Société philomatique* pour l'année 1815.

L'extraction de la gélatine des os se fait, par les procédés que nous avons déjà indiqués (*pag.* 306), sous la direction de *M. Robert*, à l'île des Cignes, au Gros-Caillou, dans le même établissement où l'on prépare en grand et où l'on cuit tous les abattis des boucheries, tels que palais de bœuf, gras-double, pieds de mouton, etc., qui se mangent à Paris. Les os sont pris dans ce même établissement, et c'est en sortant de ses chaudières qu'ils y sont convertis en gélatine. Les procédés que l'on emploie ne laissent rien à désirer, tant pour la propreté que pour la salubrité dans la préparation de cette substance.

Cette gélatine se dissout très-promptement et en entier dans l'eau bouillante. Lorsqu'elle est sèche, elle peut être enfermée dans des futailles, ou dans des caisses; elle ne subit aucune altération, et peut se conserver, disent les commissaires, des milliers d'années avec toutes ses qualités.

« Sous le rapport de l'économie, l'emploi de la gélatine de *M. Darcet* présente de grands avantages pour la préparation du bouillon. Quoique ce ne soit pas là le principal but de l'auteur, cependant il est en lui-même assez important pour mériter qu'on en parle.»

« Il est reconnu que, terme moyen, 100 kilogrammes de viande contiennent 80 kilogrammes de chair et de graisse, et 20 kilogrammes d'os; 100 kilogrammes de viande font dans nos ménages 400 bouillons d'un demi-litre chacun. Les os qui sont jetés ou brûlés donneraient 30 centièmes de gélatine sèche; conséquemment, les 20 kilogrammes ci-dessus en fourniraient 6 kilogrammes, avec lesquels on ferait 600 bouillons. Le nombre de bouillons produits par les os est donc à celui de la viande comme 3 est à 2. »

« Mais la gélatine pure, n'ayant aucune saveur par elle-même, n'offrirait pas au palais et à l'estomac des malades et des convalescens, affaiblis par la maladie, cet apprêt et ce stimulant si nécessaires pour prendre et digérer cet aliment.

« *M. Darcet* propose d'aromatiser les bouillons qui en proviennent avec des légumes, pour remplacer la matière extractive, l'*osmazône* et les sels de la viande, ou, ce qui nous paraît préférable, de remplacer seulement les trois quarts de la viande par de la gélatine. »

« Ainsi, avec 50 kilogrammes de viande, on ferait autant de bouillon d'aussi bonne qualité qu'on en fait ordinairement avec 200 kilogrammes; en sorte qu'en estimant tous les frais, et en les reprenant sur la viande, il resterait de celle-ci au moins 100 kilogrammes qu'on pourrait donner en rôti aux convalescens, qui le préfèrent, avec raison, au bouilli des hôpitaux, réduit presque à la fibre animale dépouillée de tout suc nourricier. »

« La nourriture des convalescens, des soldats et des indigens serait donc singulièrement améliorée, à prix égal, en adoptant les vues de *M. Darcet.* »

Dans les ménages on peut employer cette gélatine dans le pot au feu, pour obtenir, avec moins de viande, des bouillons plus abondans et aussi bons que si l'on se fût servi d'une plus grande quantité de viande. Voici les proportions convenables :

Nous supposons que le ménage, que nous prenons pour exemple, soit dans l'usage de mettre quatre livres de viande dans son pot au feu. On prend une livre de viande, on la met dans la marmite avec quatre pintes et demie d'eau, et on y ajoute deux onces de gélatine sèche, que l'on a fait tremper dans l'eau fraîche, pendant la nuit, pour représenter les trois livres de viande supprimée. On écume le pot comme à l'ordinaire. On fait bouillir, on sale comme s'il y avait quatre livres de viande, on y met une livre et demie de légumes, composés de panais, carottes, oignons, porreaux, céleri, auxquels on ajoute trois clous de girofle, en ayant soin de faire cuire sous la cendre, et un peu brûler, un ou deux oignons, à moins qu'on ne veuille colorer le bouillon avec des carottes cuites au four, ou avec un peu de caramel, comme cela se fait dans les grandes cuisines; on ajoute un peu de graisse de pot, de sain-doux, ou de graisse de bœuf, afin d'engraisser le bouillon, et de lui donner ce que les cuisiniers appellent des yeux. On continue le feu comme de coutume, de manière à faire toujours bouillir légèrement le pot au feu; on agite doucement avec l'écumoire une fois par heure, et le bouillon se trouve fait dans l'espace de temps employé ordinairement pour cuire la viande. Toute la gélatine est alors dissoute, et on obtient huit bouillons d'une demi-pinte chaque, et environ une demi-livre de bouilli; plus deux livres de viande rôtie, provenant des trois livres de viande qui n'ont pas été mises dans le pot au feu. L'on doit observer que la viande bouillie diminue, en bouillant, environ de la moitié de son poids, tandis que la viande rôtie ne diminue que d'un tiers.

Si la marmite est placée devant le feu, on agitera doucement le pot au feu de temps en temps avec l'écumoire, comme nous l'avons dit; cette précaution est presque inutile, si la marmite est placée sur un fourneau, et si elle est chauffée par dessous.

Nous recommandons de suivre exactement

la recette que nous venons de donner, et dont une longue expérience garantit le succès.

Nous allons placer en regard le résultat du produit que l'on obtient par cette méthode, comparé à celui que donne le procédé que l'on suit ordinairement :

Par le procédé ordinaire.	*Par le nouveau procédé.*
Pour 4 livres de viande on obtient 8 bouillons et 2 livres de viande bouillie.	Sur 4 livres de viande, on en met une livre dans le pot au feu avec 2 onces de gélatine, et les 3 livres qui restent sont mises en rôti. On obtient 8 bouillons, une demi-livre de viande bouillie et 2 livres de viande rôtie.

D'où il suit que dans le nouveau procédé il y a une grande amélioration, non-seulement dans la quantité ; mais surtout dans la qualité de la nourriture obtenue. Une livre de gélatine suffit pour faire 50 bouillons.

Le bouillon fait de cette manière se prend facilement en gelée, en refroidissant, ce qui n'arrive que rarement au bouillon de viande; il a aussi l'avantage de se conserver plus longtemps que ce dernier dans les temps chauds et orageux.

Ce bouillon, par une lente évaporation à feu doux, donne une gelée assez consistante pour pouvoir être servie avec les viandes froides.

En se servant de cette gélatine, si l'on ne

veut pas manger en rôti les trois quarts de la viande qu'on aurait dû mettre dans le pot au feu, on peut en employer le prix à varier les alimens par des achats de poissons, de légumes, etc., ce qui est aussi agréable que salubre.

La gélatine, simplement desséchée et coupée, renferme sous un très-petit volume une grande quantité de substance nutritive, et pourra être embarquée pour faire la soupe aux matelots dans les voyages de long cours, aux militaires aux casernes et dans les camps, aux soldats dans les villes assiégées, aux voyageurs qui trouvent rarement, dans les auberges où ils s'arrêtent, du bon bouillon; il arrive souvent qu'ils n'en trouvent d'aucune espèce; ils auraient cependant besoin d'un bouillon réparateur; alors, munis de cette gélatine desséchée en tablettes, ils font chauffer de l'eau et jettent une tablette dans le pot; aussitôt qu'elle bout, ils ont un bouillon excellent sans aucun embarras.

Les usages de la gélatine sont très-multipliés; nous allons en faire connaître quelques-uns.

1°. *Tablettes de bouillon.* La gélatine mêlée avec une certaine quantité de jus de viande et de racines, forme pour les chasseurs, les bûcherons, les voyageurs, les marins, etc. un excellent aliment, extrêmement agréable et très-nutritif.

Des expériences faites avec le plus grand soin ont prouvé que la gélatine, lorsqu'elle entre dans la composition des tablettes de bouillon, les conserve sans aucune altération, même dans les endroits les plus humides.

2°. *Colle à vin.* Cette même gélatine, fondue et réduite en petites tablettes du poids de 5 grammes, sert à coller le vin. Une seule de ces tablettes suffit pour coller une pièce de vin de 250 à 300 litres.

Il suffit de la faire fondre dans un demi-setier, ou un double décilitre d'eau et de la mettre dans le vin que l'on agitera comme à l'ordinaire avec un bâton. Au bout de trois jours le vin est limpide.

Cette colle a plusieurs avantages sur les œufs, 1° d'être moins chère; 2° de fixer, pour ainsi dire, la lie au fond des futailles, en sorte qu'elle permet de tirer la totalité du vin au clair. Elle a encore le précieux avantage d'être huit à dix fois moins chère que la colle de poisson, et de produire un meilleur effet, dans l'art de clarifier les vins.

Chaque livre de cette gélatine forme 100 à 120 tablettes.

La transparence extraordinaire de cette colle la distingue éminemment de toutes les autres colles de même nature.

3°. *Colle à bouche.* On en fait des tablettes de colle à bouche d'une grande beauté, et elle remplace très-efficacement la colle de poisson.

4°. Elle sert à fabriquer la colle-forte avec plus d'avantages que toutes les autres substances qui y ont été employées; les opérations en sont beaucoup moins longues et la colle infiniment meilleure. La ténacité de cette dernière, d'après des expériences faites avec beaucoup de soin par *MM. Cadet Gassicourt*, pharmacien, et *Jecker*, opticien, est à celle de la meilleure colle de Paris, comme 4 est à 3, qualités extrêmement précieuses pour les menuisiers, les ébénistes, les garnisseurs, les tabletiers, et surtout pour les fabricans de papier, qui manquent souvent leurs opérations, faute d'avoir de bonne colle.

5°. Cette gélatine, mêlée avec du jus de fruits, comme citrons, oranges, amandes, groseilles, framboises, etc., se pénètre de leur saveur particulière, et donne au suc de ces fruits une consistance de gelée, qu'on n'obtient ordinairement qu'à grands frais par le moyen de la colle de poisson.

6°. Réduite en lames minces et séchée, elle peut servir aux limonadiers pour clarifier leur café, aux officiers pour faire des gelées, des crêmes de toute espèce; elle remplace, pour eux, la colle de poisson qui coûte six à sept fois plus. Elle se vend 2 fr. 40 cent. (ou 2 liv. 8 sous) la livre. Le dépôt est chez *M. Luillier*, au collège des Grassins, rue des Amandiers Sainte-Géneviève, n° 14, ou chez *M. Robert*, à l'île des Cygnes, au Gros-Caillou, qui en vend en gros et en détail.

Le rapport dont on vient de lire la substance a été fait à la Faculté de Médecine, par *MM. Leroux*, *Dubois*, *Pelletan*, *Duméril* et *Vauquelin*, que cette même faculté avait nommés pour examiner cette gélatine, sous le double rapport de sa qualité nutritive et de sa salubrité. Les commissaires terminent leur travail par ces mots remarquables : « Nous devons à la justice de dire qu'en appliquant à l'économie domestique un principe connu en chimie, *M. Darcet* a rendu un véritable service à l'humanité, puisqu'il a fait connaître l'utilité, pour une foule d'usages, d'une matière qui jusqu'ici avait été presque entièrement perdue. » C'est d'après le rapport de ses commissaires que la Faculté de Médecine de

Paris a autorisé l'usage de cette gélatine dans les hôpitaux.

5°. *Moyen de conserver les os pendant un temps indéfini.*

On lit dans le dernier numéro de la Bibliothèque universelle, les détails du procédé qu'on emploie à Genève pour conserver les os : Nous allons le faire connaître.

« Dans le cas très fréquent en été, et dans une ville peuplée, où la quantité d'os qu'on recueille est plus considérable que l'emploi qu'on en fait dans la consommation journalière, pour le bouillon ou la gelée, il faut pourvoir à leur conservation. On s'est très-bien trouvé à Genève du procédé suivant. »

« Après les avoir lavés et concassés, on leur fait subir une ébullition d'une heure ou une heure et demie, pour en extraire la graisse et la moëlle, produits qui s'élèvent de 8 à 10 pour o/o du poids des os, et dont la valeur paie largement les frais d'extraction. Après les avoir ainsi dégraissés en partie, on les soumet à une ébullition de demi-heure, dans une lessive alcaline caustique, préparée comme on va l'indiquer : on les en sort ; on les lave à l'eau courante et on les met sécher sur des toiles grossières tendues dans des hangars bien aérés, et en les remuant de temps en temps. Alors ils peuvent être conservés indéfiniment dans un lieu sec, où la matière nutritive animale peut ainsi être gardée en magasin pendant beaucoup d'années, comme le grain dans les greniers; avantage dont l'extrême importance n'est point douteuse. L'expérience a aussi appris que cette forme est fort commode pour envoyer au loin, pendant les chaleurs, la matière animale nutritive, qui, à l'état de gelée, ne résistait pas à quelques heures de route. En envoyant les os préparés par la lessive et la dessication, et même grossièrement pulvérisés sous la meule roulante, on met les individus qui les reçoivent en état de faire eux-mêmes et à la fois l'extraction de la gelée ou du bouillon, et la soupe avec les légumes qu'ils ajoutent dans la chaudière, après en avoir retiré les os. »

« Pour préparer la lessive alcaline dont il vient d'être question, on prend, pour 100 livres d'os, 1 livre 1/2 de potasse du commerce et autant de chaux vive concassée; on les met dans un grand vase de bois, capable de contenir 50 livres d'eau bouillante; on agite le tout, on place dessus un couvercle de bois, et au bout d'une heure on soutire par un robinet établi près du fond le liquide clair ; c'est la lessive qui sert à dégraisser les os, ainsi qu'on vient de le dire. Il y a de l'économie, lorsqu'on a décanté cette lessive de dessus les os, à les laver dans la moitié moins d'eau pure, et à se servir ensuite de cette eau pour la préparation de la lessive suivante.

§ IV. *Des divers procédés qu'on peut employer avec avantage pour composer les potages économiques, et les soupes de ménage.*

Après avoir développé avec tous les détails que nous avons cru nécessaires, tout ce qu'il nous a paru indispensable de connaître pour employer utilement les diverses substances qui doivent entrer dans la composition des soupes économiques, il nous reste à faire l'application des principes que nous avons développés. Ce paragraphe est consacré à cet objet.

1°. *Notions générales.*

La plupart des recettes qui sont tombées sous nos mains prescrivent d'employer ensemble les substances principales ; mais alors les soupes ont, à très-peu de choses près, toujours le même goût, et cette uniformité déplaît à la longue, tandis qu'avec les mêmes substances employées tour-à-tour, on se procure plusieurs sortes de soupes différentes; et cette variété pour chaque jour de la semaine est très-agréable à ceux qui font de cet aliment leur unique nourriture.

On sent bien qu'il est toujours nécessaire d'employer les substances qui ne servent que comme assaisonnement, telles que les carottes, les porreaux, l'ail, le persil, le beurre, les graisses, le sel, etc. On peut de même mélanger, dans chacune de ces différentes soupes, ceux des farineux dont la saveur n'est pas trop élevée, comme le pain, les farines de pomme de terre, d'orge, de maïs; leur propriété est de fournir des parties nutritives au potage, qui n'en prend pas moins le goût particulier de la substance destinée à le caractériser; mais si l'on mêlait ensemble plusieurs substances de cette nature, par exemple des haricots, des pois, des lentilles, on ne les reconnaîtrait pas en mangeant la soupe, et elle aurait un goût d'autant moins décidé, qu'on y aurait employé un plus grand nombre de substances dont le goût de l'une détruirait ou masquerait celui de l'autre. Ce n'est pas que la nourriture en fût moins saine, mais par ce mélange on se prive du plaisir de varier ces sortes d'alimens, ce qui ne doit pas être négligé, puisqu'il n'en coûte rien de plus, et qu'on procure aux indigens un nouvel attrait pour une nourriture qu'il est si intéressant de leur rendre agréable.

D'après cette observation que nous avons suffisamment justifiée, nous avons composé sept sortes de soupes qui pourront être faites à tour de rôle pour chacun des jours de la semaine. Au reste, comme nous ne nous recrions contre le mélange des substances de haute saveur, que pour avoir la faculté de varier le goût des soupes, on peut s'en rapporter à ceux qui dirigent les cuisines des établissemens publics et des ménages, pour l'emploi des substances, et pour déterminer les cas où le mélange de quelques unes d'entr'elles est convenable. Les indications que nous allons donner pour différentes sortes de soupes serviront au moins de guide, et les substances que nous indiquons pourront être remplacées par d'autres, selon les circonstances.

Les formules que l'on va lire dans les sept articles suivans, sont combinées pour cent rations de soupes du poids d'une livre et demie chacune. Le neuvième article indiquera la composition de ces mêmes soupes pour *sept cents rations*, afin que, par comparaison, on puisse connaître la manière d'opérer en grand.

Pour pouvoir se déterminer sur le choix et la quantité des substances farineuses qui entrent dans la composition des soupes, il faut, 1°, d'après le prix de celles dont on peut disposer, chercher un résultat qui ne porte pas sensiblement la valeur de chaque ration au-dessus d'un sou six deniers, ou sept centimes et demi. 2°. Il faut établir ses calculs de manière que chaque ration pèse une livre et demie. 3°. Enfin on aura soin que la substance dont la soupe doit porter le nom, soit la seule dont la saveur soit capable de dominer.

2°. *Soupe au bouillon gras pour cent rations.*

Avant de préparer et de faire cuire les substances qui doivent entrer dans le potage qu'on veut avoir, il faut d'abord connaître celles qu'on doit se procurer et la quantité qui doit être employée pour le nombre de portions dont on a besoin. Ainsi, pour former avec du bouillon d'os une soupe de cent rations, dont chacune pèse une livre et demie, consultez la formule suivante.

Prenez	Poids des substances après la cuisson.		Leur prix.	
	l.	onc.	f.	c.
Eau pure 2 voies ou 4 seaux contenant ensemble 68 pintes, et pesant en total 120 livres, qui se réduisent d'un quart par l'évaporation.	90	»	0	20
Os concassés 14 livres, qui ajoutent peu au poids de la soupe et qui ne coûtent rien.	»	»	»	»
Pommes de terre 3 boisseaux. . . .	45	»	1	20
Farine d'orge ou de maïs ½ boisseau.	7	8	1	12
Herbes ou racines potagères 10 livres.	8	»	»	50
Sel de cuisine 2 livres.	2	»	»	40
Poivre et aromates ½ once	»	» ½	»	10
Pain coupé par petits morceaux 6 livres ¼	6	4	1	»
Combustible évalué à			»	75
Main-d'œuvre évaluée à.			1	20
TOTAUX.	158	12 ½	6	47
Déchet opéré par la distribution.	8	12 ½		
Reste net pesant.	150	»		

Nota. 1°. Si l'on emploie les pommes de terre conservées par dessication, au lieu de 45 liv., on n'en prendra que 11, environ le quart; car nous avons fait observer (*pag.* 274) que la dessication enlève à la pomme de terre fraîche toute son eau de végétation, qui forme à-peu-près les trois quarts de son poids.

Lorsqu'on manque de pommes de terre fraîches ou desséchées, on peut y suppléer par d'autres farineux, tels que le maïs ou l'orge, qu'on emploie en farine ou en gruau.

2°. Le prix actuel du pain ne peut pas être considéré comme pouvant servir de base; ce sont des momens calamiteux qui ne peuvent pas durer. Nous l'avons supposé à trois sous la livre; il est même cher à ce prix.

Ainsi chacune des cent rations de soupe au bouillon d'os, pesant une livre et demie, revient à-peu-près au prix de 6 centimes 1/2, ou un sou quatre deniers environ.

Mais si, au lieu d'os, l'on prend de la tête de bœuf, il faudra ajouter à. . . . . 6 fr. 47 c.

	fr.	c.
1°. Viande de tête de bœuf 12 livres 1/2 à 25 cent. la livre	3	12
2°. Graisse 2 livres, ou sain-doux une livre.	0	80
Total pour cent rations à la tête de bœuf.	10 fr.	39 c.

Par conséquent chaque ration revient alors à-peu-près à 10 centimes 1/3, ou environ deux sous un denier; mais on a, en outre du potage, deux onces de tête de bœuf par ration.

Veut-on suppléer aux os et à la tête de bœuf par du lard? il faut, à la dépense première de 6 fr. 47 cent., ajouter 6 livres 1/4 de lard, à 16 sous, ou 80 cent., la livre.

	fr.	c.
Dépense première.	6 fr.	47 c.
Six livres 1/4 de lard, à 80 centimes.	5	0
Total.	11 fr.	47 c.

ce qui porte chaque ration à-peu-près à 11 centimes 1/2, ou 2 sous 4 deniers environ;

mais l'on aura, outre la soupe, une once de lard pour manger avec du pain.

Nous aurions pu éviter d'entrer dans tous ces détails; mais nous avons voulu prouver que la soupe au bouillon d'os est la plus économique, en même temps qu'elle est la plus saine et la plus nourrissante.

Quand on s'est procuré les substances dont on a besoin pour la soupe dont il s'agit, voici la manière de procéder à leur préparation :

Dans le cas où l'on voudrait employer les pommes de terre crues, on les pèle d'abord, on les coupe par tranches de même que les autres plantes potagères qui demandent une assez longue cuisson, telles que les carottes, les navets, les porreaux, les oignons, les choux. On les mettra dans la marmite quand les os auront bouilli environ deux heures.

Cependant on a généralement reconnu qu'il est plus avantageux d'employer les pommes de terre préalablement cuites à part, soit dans l'eau, soit à la vapeur de l'eau bouillante : dans ce cas on n'aura plus qu'à les peler, les couper par tranches et les mettre dans la marmite en même temps que les autres plantes potagères d'une facile cuisson, c'est-à-dire quand le bouillon sera presque suffisamment cuit. Après cela on ajoute les ingrédiens d'assaisonnement.

Pour éviter des répétitions inutiles et ennuyeuses, nous prions le lecteur de relire (*pag*. 275) les notions générales que nous avons données pour la préparation des plantes potagères avant leur cuisson. Il est bon aussi de ne pas perdre de vue les règles fixées par le docteur *Helvétius*, et que nous avons consignés (*pag*. 288). L'on se rappelle qu'il prescrit de faire cuire dans une marmite à part les racines et les herbes potagères, etc. Nous avons prouvé que cette méthode est préférable à celle de faire cuire le tout ensemble dans la même chaudière. Nous donnerons à la fin de cet ouvrage les moyens de faire cuire l'un et l'autre séparément sans augmenter la consommation du combustible. Tout ce que nous dirons dans les paragraphes suivans, sur l'emploi des diverses substances dont nous aurons occasion de parler, mérite d'être sérieusement médité. Les règles que nous y donnons comme observations générales sont applicables à toutes sortes de soupes.

Lorsque, par une ébullition lente, toutes les substances que nous avons indiquées sont suffisamment cuites, on ajoute le pain coupé par petits morceaux d'environ un demi-pouce cube, et, après qu'il a mitonné pendant un demi-quart d'heure, la soupe est faite.

Si l'on voulait donner à ce potage gras le goût exclusif du chou, au lieu de celui des plantes potagères que nous avons indiquées, il faut supprimer en entier ces dernières, et les remplacer par un nombre égal de choux, c'est-à-dire par dix livres sur cent rations. C'est le seul changement à faire.

3°. *Soupe aux haricots, pour cent rations.*

La formule suivante indique la composition d'une soupe qui doit avoir principalement le goût du haricot; c'est la raison pour laquelle nous n'employons, de la classe des farineux, que la seule pomme de terre, qui est d'une saveur trop faible pour masquer le goût de celle qu'on a intention de faire dominer.

Il ne faut pas perdre de vue ce que nous avons déjà dit sur l'assaisonnement des soupes; il faut pour cent rations ou bien une livre de graisse, ou bien une demi-livre de beurre ou de sain-doux; par conséquent, une partie d'un de ces derniers corps gras remplace deux parties de graisse.

Mais il est toujours plus avantageux et plus économique d'employer les os, à raison de 14 livres pour 100 rations. Les os ne coûtent rien, pas même pour leur apprêt, parce que les employés dans la cuisine peuvent les piler dans leurs momens de loisir. Outre l'économie que cette substance présente sur les graisses et les huiles, elle rend encore la soupe meilleure, plus substantielle et plus nutritive.

Pour faire une soupe aux haricots de cent rations, prenez :

	Poids des substances après la cuisson.		Leur prix.	
	l.	onc.	f.	c.
Eau 2 voies, ou 4 seaux, contenant ensemble 68 pintes du poids de 120 livres, qui par l'évaporation se réduisent d'un quart	90	»	»	20
Pommes de terre fraîches 2 boisseaux. (Si on les prend desséchées, voy. *la note* 1, *pag.* 358)	30	»	»	80
Haricots, partie en farine et partie en grains, 1 boisseau $\frac{1}{2}$	23	»	3	37
Graisse 1 livre, ou $\frac{1}{2}$ livre soit de beurre, soit de sain-doux	»	8	»	40
Sel de cuisine 2 livres	2	»	»	40
Poivre et aromates $\frac{1}{2}$ once	»	» $\frac{1}{2}$	»	10
Herbes ou racines 6 livres	6	»	»	30
Pain coupé 6 livres $\frac{1}{4}$	6	4	1	»
Combustible évalué à			»	75
Main-d'œuvre évaluée à			1	20
TOTAUX	157	12 $\frac{1}{2}$	8	52

Le déchet étant défalqué, il reste net un poids total de 150 livres; ainsi chacune des cent rations de cette soupe pèse une livre et demie et revient au prix de huit centimes et demi, ou à-peu-près à 1 sou 9 deniers.

Lorsqu'on emploie les haricots en grains, soit qu'on ait mis ou non des os dans la marmite, il est toujours bon, avant de les faire cuire, de les laisser tremper dans l'eau pendant douze heures. Alors on peut les jeter dans la marmite après que le feu est allumé. On sait que le bouillon est suffisamment cuit, lorsqu'il est diminué à-peu-près d'un quart; à l'égard des autres substances, on se conformera à ce que nous avons dit sur leur préparation et leur cuisson.

Il n'est pas nécessaire que le potage soit bouillant quand on trempe le pain; il suffit qu'il soit très-chaud, et que le pain n'y mitonne pas trop long-temps.

Pour parvenir à faire cuire les haricots en grains de manière à leur conserver leur arome et leur couleur, les cuisiniers sont dans l'usage de les couvrir à peine d'eau dans la marmite; à mesure que, par leur gonflement et l'évaporation, ils s'élèvent au-dessus de la surface de l'eau, ils en ajoutent sans la faire chauffer, mais ils n'en mettent que ce qu'il en faut pour les couvrir un peu. Cet assujétissement n'est guère praticable pour les soupes économiques;

d'ailleurs l'avantage qu'on en peut retirer n'est sensible que lorsque les haricots doivent être mangés en grains séparément, parce qu'alors il faut que le haricot n'ait pas subi une trop forte décoction ; mais, pour la soupe dans laquelle ils doivent être combinés avec beaucoup d'eau et plusieurs autres substances, ils ne sauraient être trop cuits, et par conséquent la précaution dont nous avons parlé deviendrait inutile.

L'expérience a démontré que la manière de faire cuire les fruits et les légumes à la vapeur est préférable à toute autre. Ce procédé leur conserve toute leur saveur dont la décoction leur enlève une grande partie. Qu'on en juge par la pomme de terre qui, quand elle a été cuite dans l'eau, est si fade, qu'elle n'est agréable qu'avec une sauce. Au contraire, si elle est cuite dans la cendre, ou à la vapeur de l'eau bouillante, on la mange avec plaisir sans assaisonnement ou seulement avec un peu de sel, de beurre ou d'huile; mais cette méthode, quelque parfaite qu'elle soit, ne doit pas être employée pour les légumes qui, comme les haricots, doivent fournir une partie de leur substance au bouillon dont on veut faire la soupe. Il faut alors les faire cuire dans le bouillon.

A l'égard des pommes de terre, dont nous prescrivons l'emploi dans toutes les soupes économiques, ce n'est certainement pas à cause de leur goût qui est peu sensible, quand elles sont cuites par le procédé de la décoction, mais à cause des parties nutritives qu'elles contiennent abondamment, et qui se combinent parfaitement en bouillie par la cuisson dans l'eau, et c'est ce qui est nécessaire pour épaissir et donner de la consistance aux soupes économiques.

L'orge, soit en grains, soit en gruau, soit en farine, prend également le goût des substances avec lesquelles on la fait cuire; elle a l'avantage d'être rafraîchissante et de coûter peu dans les pays où on la récolte. Sous ce dernier point de vue elle peut être employée dans les soupes économiques, soit seule, soit avec les pommes de terre, soit dans la vue de remplacer ces dernières.

On doit observer en général que toutes les farines doivent être délayées, avec du bouillon, dans un vase particulier, avant de les verser dans la marmite. Quelques auteurs prescrivent néanmoins de les jeter peu à peu dans la chaudière avec la précaution de remuer continuellement la soupe pendant deux ou trois heures. Ce travail nous paraît long, pénible et même fatigant, parce que la chaudière se trouve fort élevée à cause de la hauteur du fourneau, et qu'elle est hors de la portée du bras. Il vaut beaucoup mieux tirer du bouillon de la chaudière, délayer les farines séparément dans un vase convenable, et les verser ensuite, sous forme liquide, dans la chaudière, au travers d'une passoire, afin d'arrêter les grumeaux qui proviennent des portions de farine qui peuvent ne pas être bien délayées, et qu'on écrase dans du bouillon pour les jeter ensuite dans la chaudière. Pendant qu'on verse la purée de farine, on a soin de bien remuer ce qui est dans la chaudière, afin que son mélange avec le bouillon s'opère parfaitement bien.

On peut faire la soupe aux haricots de plusieurs autres manières, soit en mêlant ce légume avec diverses plantes potagères qui ne masquent pas sa saveur, soit en modifiant agréablement cette même saveur par l'addition d'autres substances, telles que la courge, les porreaux, les navets, les oignons, etc. En un mot, la soupe aux haricots, composée avec l'une ou l'autre de ces substances, est trop généralement connue et trop universellement estimée, pour qu'il soit nécessaire d'en préconiser plus long-temps les avantages. Dans tous les cas on doit, pour le choix de ces substances, se conformer aux ressources dont on peut faire usage, et que les saisons et les localités placent sous la main.

4°. *Soupe aux pois, pour cent rations.*

Nous ne faisons usage, dans nos potages, que de la farine de pois, parce que les pois secs ne sont pas agréables à manger en grains à cause de la peau qui s'en détache et qui est trop dure. Il importe cependant, qu'outre le pain qui oblige à la mastication, la soupe contienne aussi des substances en grains qui produisent le même effet. C'est la raison qui nous a engagés, dans la soupe aux haricots, à employer moitié de ce légume en grains, et moitié en farine. Dans la soupe aux pois, ne pouvant les employer qu'en farine, nous indiquons une moindre quantité de pommes de terre, et le surplus est remplacé par de l'orge en grains ou en gruau.

Quant aux plantes qui ne servent que d'assaisonnement, il est bon d'observer qu'il faut choisir celles dont l'arome s'allie plus agréablement avec la substance dont on veut que le goût domine. Ainsi, dans la soupe grasse, on met des carottes, des panais, des porreaux, des laitues, de l'oignon et d'autres racines propres à relever le goût du bouillon d'os ou de viande : dans la soupe aux haricots nous avons supprimé une grande partie de ces substances, en prescrivant le seul usage des herbes; nous avons cependant fait observer qu'on pouvait y mêler certaines plantes, dont la saveur s'accorde bien avec celle du haricot, sans la détruire.

Parmi les auteurs que nous avons consultés, il en est qui prétendent qu'on doit employer, comme aromates, le thym, le laurier-sauce, et le persil pour la soupe aux haricots, la menthe pour la soupe aux pois, et la sarriette pour la soupe aux fèves, parce que, disent-ils, l'usage a appris que ce choix d'assaisonnement est le plus convenable. Quant à nous, nous n'avons consulté que notre propre expérience dans les formules que nous prescrivons; elles nous ont paru satisfaire assez généralement les goûts, même les plus difficiles. Cependant il est bon d'observer que, pour le choix des aromates, il convient toujours de se conformer au goût ou aux habitudes de ceux qu'il s'agit d'alimenter.

Voici la manière dont nous composons la

soupe aux pois pour cent rations, pesant chacune une livre et demie.

Prenez	Poids des substances après la cuisson.		Leur prix.	
	l.	onc.	f.	c.
Eau pure 2 voies, ou 4 seaux, pesant comme ci-dessus 120 livres, qui se réduisent par l'évaporation à	90	»	»	20
Pommes de terre fraîches 2 boisseaux, ou desséchées ½ boisseau	30	»	»	80
Pois en farine 1 boisseau	15	»	2	»
Orge en grains ou en gruau, ou maïs grué ½ boisseau	8	»	1	»
Sel de cuisine 2 livres	2	»	»	40
Feuilles de céleri ou autres herbes 6 livres	5	»	»	25
Beurre ou sain-doux ½ livre, ou graisse provenant de la cuisine 1 liv.	»	8	»	40
Poivre et aromates ½ once	»	» ½	»	10
Pain coupé 6 livres ¼	6	4	1	»
Combustible évalué			»	75
Main-d'œuvre évaluée			1	20
Totaux	156	12 ½	8	10

Le déchet étant défalqué, il reste net, après la cuisson, un poids de 150 livres. Ainsi, chacune des cent rations de cette soupe se trouve peser une livre et demie, et revient au prix de 8 centimes 1/10, ou environ un sou huit deniers.

On met l'orge en grains dans la marmite dès que l'eau est tiède, et l'on ne doit y ajouter la farine de pois que quand l'orge est à moitié cuite. On délaie cette farine dans du bouillon, comme nous l'avons dit plus haut, et on la verse peu à peu en remuant dans la chaudière. Après que la farine de pois est mêlée bien également avec le liquide, on jette les pommes de terre et le céleri, ainsi que les autres assaisonnemens qu'on juge à propos d'ajouter. On doit remuer de temps en temps le mélange. Quand la soupe est suffisamment cuite, on trempe le pain coupé, comme nous l'avons déjà indiqué.

Nous avons prescrit pour cette soupe un demi-boisseau, soit d'orge mondé ou perlé, soit de maïs grué, tandis que, dans les précédentes, nous n'avons prescrit ni l'un ni l'autre de ces farineux : nous en avons donné la raison; nous allons la répéter en peu de mots. Dans les soupes aux haricots, on peut faire entrer une partie de ce légume en grains, tandis que, dans la soupe aux pois, ce dernier légume ne peut être employé qu'en farine. Il fallait cependant fournir matière à la mastication, et, pour atteindre ce but, nous avons introduit dans cette soupe l'orge en grains, ou le maïs grué. On ne doit jamais perdre de vue les règles prescrites par *Helvétius*, et si souvent rappelées par *Rumford*.

5°. *Soupe aux fèves, pour cent rations.*

Quoiqu'on puisse faire de très-bonnes soupes avec toutes sortes de fèves, nous n'entendons cependant parler ici que de celles connues à Paris sous le nom de *fèves de marais*, parce qu'on prétend qu'elles ont meilleur goût que les autres ; cependant nous sommes bien aises de prévenir le lecteur que les fèves de toute espèce sont également bonnes pour composer les soupes dont nous allons parler.

Tout ce que nous avons dit dans les articles précédens sur les diverses soupes dont nous avons traité s'applique à celle qui nous occupe en cet instant. Nous n'aurons que peu de mots à ajouter à ce que nous avons déjà dit.

L'on n'emploie que les fèves sèches pour les soupes économiques ; elles doivent être réduites en farine comme les pois et pour les mêmes raisons. Voici la formule pour cent rations de soupe aux fèves, chaque ration du poids de une livre et demie.

Nous ajoutons des fèves concassées pour exciter la mastication : elles ne se réduisent pas, comme les pois, aussi facilement en purée et dispensent d'employer l'orge perlé.

Prenez	Poids des substances après la cuisson.		Leur prix.	
	l.	onc.	f.	c.
Eau pure 2 voies ou 4 seaux, pesant ensemble 120 livres, qui se réduisent par l'évaporatiou au quart. .	90	»	»	20
Pommes de terre fraîches 3 boisseaux, ou desséchées $\frac{3}{4}$ de boisseau. .	45	»	1	20
Fèves concassées $\frac{1}{2}$ boisseau	10	»	2	6
Fèves en farine $\frac{1}{3}$ de boisseau. . . .	6	»	1	4
Sel de cuisine 2 livres	2	»	»	40
Beurre, ou sain-doux $\frac{1}{2}$ livre, ou graisse de cuisine 1 livre.	»	8	»	30
Sarriette, ail, persil (ce dernier doit dominer) $\frac{1}{2}$ once.	»	» $\frac{1}{2}$	»	15
Pain coupé 6 livres $\frac{1}{4}$.	6	4	1	»
Combustible évalué.			»	75
Main-d'œuvre évaluée.			1	20
TOTAUX.	159	12 $\frac{1}{2}$	8	30

Le déchet étant défalqué, il reste un poids total de 150 livres; ainsi, chacune des cent rations de cette soupe pèse une livre et demie et revient à 8 centimes 1/3, ou environ à un sou huit deniers.

On met d'abord les fèves concassées dans la marmite, lorsque les pommes de terre sont à-peu-près cuites. On y verse ensuite la farine de fèves après l'avoir délayée, et en remuant doucement la masse totale du bouillon. Le sel, le beurre, la graisse ou l'huile et les autres assaisonnemens, auxquels on aura donné la préférence, doivent être mis immédiatement après, ainsi que nous l'avons indiqué dans les formules précédentes. Le tout doit être cuit à petit feu, de manière que l'ébullition s'opère lentement, car on se rappelle que nous avons fait observer que c'est le moyen de se procurer le meilleur bouillon.

Quand la combinaison des diverses substances contenues dans la marmite est complète, et que le bouillon est réduit d'un quart, on ajoute le pain, et la soupe est bonne à distribuer.

Si l'on manquait de fèves concassées, on y suppléerait par un demi-boisseau d'orge en grains, ou de maïs perlé, par les motifs que nous avons développés dans les articles précédens.

6°. *Soupe aux lentilles, pour cent rations.*

Le potage dans lequel la saveur des lentilles doit dominer se combine d'une manière analogue à celle dont nous avons donné les formules dans les articles précédens que nous engageons le lecteur à consulter, afin d'y puiser tout ce qui lui paraîtra applicable à la soupe, qui fait le sujet de cet article. Voici comment on la compose pour cent rations, pesant chacune une livre et demie.

Prenez.	Poids des substances après la cuisson.		Leur prix.	
	l.	onc.	l.	c.
Eau pure 2 voies et 6 pintes, ou 4 seaux $\frac{1}{3}$, pesant ensemble 130 liv., qui par l'évaporation se réduisent d'un quart..........	98	»	»	20
Pommes de terre fraîches 2 boisseaux, ou desséchées, $\frac{1}{2}$ boisseau....	30	»	»	80
Orge en grains ou maïs en gruau $\frac{1}{2}$ boisseau..........	7	8	1	»
Lentilles en farine $\frac{1}{2}$ boisseau....	7	8	2	»
Lentilles en grains $\frac{1}{2}$ boisseau....	7	8	2	»
Sel de cuisine 2 livres..........	2	»	»	40
Beurre $\frac{1}{2}$ livre, ou graisse, saindoux, etc..........	»	8	»	40
Fines herbes ou persil et ail hachés bien menu..........			»	20
Pain coupé par morceaux 6 livres 4 onces..........	6	4	1	»
Combustible évalué..........			»	75
Main-d'œuvre évaluée..........			1	20
TOTAUX..........	159	4	9	95

Le déchet supposé de 9 livres 4 onces étant déduit, il reste net un poids de 150 livres. Chaque portion de cette soupe pèse donc une livre et demie et revient à-peu-près à dix centimes ou deux sous, ce qui excède un peu le prix des autres soupes parce que les lentilles coûtent le double des autres légumes. On peut diminuer la quantité des lentilles et remplacer ce qui manquera par de l'orge en grains; alors le prix deviendra égal à celui des soupes précédentes.

Dès que l'eau est tiède, on met l'orge dans la chaudière : lorsqu'elle est à-peu-près cuite, on y jette les pommes de terre coupées par tranches, et ensuite on délaie la purée de lentilles. Le beurre, le sel, ainsi que les autres assaisonnemens, sont ajoutés lorsque le tout est suffisamment combiné. Enfin on ne trempe les morceaux de pain que cinq minutes avant de distribuer la soupe.

On s'est bien aperçu que parmi les substances savoureuses nous n'avons pris pour ce potage que les seules lentilles, parce que leur goût doit dominer dans cette soupe ; mais le prix élevé de ce légume augmente le prix courant qu'on veut mettre à chacune des rations. Pour remédier à cet inconvénient, nous avons dit que si l'on diminue la quantité des lentilles, et qu'on augmente celle de l'orge dans la même proportion, on parviendra à avoir une soupe d'un prix ordinaire ; mais dans ce cas, il faut l'avouer, le goût des lentilles s'y trouve bien affaibli.

Il est possible cependant de ne pas priver les indigens de manger, une fois la semaine, une bonne soupe aux lentilles, sans augmenter les frais annuels de l'établissement. Nous avons pensé que, pour arriver à ce but, on pourrait composer une soupe succulente et au goût de tout le monde, dont la ration ne s'éleverait qu'à la moitié du prix de celle de lentilles; alors il y aurait compensation, et dans les deux jours l'établissement n'aurait pas plus dépensé que dans les jours ordinaires, de manière qu'on pourrait avancer, avec vérité, que dans le courant de la semaine chaque ration de soupe ne coûte, l'une compensant l'autre, que un sou six deniers. La soupe aux choux ou aux navets, par exemple, dont nous allons donner la formule dans l'article suivant, ne revient qu'à cinq centimes (un sou); celle aux lentilles coûte 2 sous; par conséquent le pauvre qui aura mangé le premier jour une ration aux lentilles, et le second jour une ration aux choux, n'aura dépensé que 3 sous en deux jours; cette dépense est la même que celle qu'il aura faite pendant deux autres jours de la semaine pris au hasard, puisque chaque ration coûte un sou six deniers.

C'est pour opérer cette compensation que nous allons donner la formule suivante:

7°. *Soupe aux choux ou aux navets, pour cent rations.*

Le mélange du chou et du navet ne produit

pas un bon effet dans le même potage ; le goût de chacune de ces plantes est trop caractérisé pour qu'il puisse s'accorder. Nous conseillons de les employer séparément, c'est-à-dire de supprimer les choux dans la soupe aux navets, et de supprimer ces derniers dans la soupe aux choux ; mais comme la méthode est la même pour faire ces deux potages, nous allons traiter de l'un et de l'autre dans le même article. La formule suivante est, comme pour les précédentes soupes, d'une quantité de cent rations du poids d'une livre et demie chacune. Nous y employons la gélatine des os, par les moyens que nous avons indiqués précédemment, afin de diminuer la dépense que causerait la graisse ou le beurre, et parce que, comme nous l'avons dit, la gélatine des os fournit un bouillon plus nourrissant et bien plus salutaire.

Les pommes de terre desséchées que nous employons dans cette recette, remplissent le double but d'épaissir la soupe en lui donnant plus de consistance, et de provoquer la mastication. C'est une chose trop importante et que nous ne saurions trop répéter, d'après les observations des plus habiles médecins et des philantropes les plus éclairés. Les choux grossièrement coupés fournissent aussi matière à la mastication.

Prenez	Poids des substances après la cuisson.		Leur prix.	
	l.	onc.	f.	c.
Eau pure 2 voies ½ ou 5 seaux, pesant en totalité 150 livres et se réduisant par l'ébullition à..........	112	8	»	22½
Os concassés, qui ne coûtent rien et n'ajoutent que peu au poids, 14 livres....................				
Pommes de terre desséchées ⅓ de boisseau......................	5	»	«	20
Choux assez grossièrement coupés 40 livres....................	36	»	2	»
Sel de cuisine 2 livres..........	2	»	»	40
Pain coupé 3 livres 2 onces.....	3	2	»	50
Combustible évalué..........			»	75
Main-d'œuvre évaluée.........			1	20
TOTAUX..............	158	10	5	27½
Déduisant pour le déchet.......	8	10		
Il reste net en poids...........	150	»		

Chacune des cent portions de cette soupe pèse donc une livre et demie, et ne revient qu'à cinq centim. 1/4, ou environ un sou un denier.

Si, au lieu d'une soupe aux choux, on désire en avoir une aux navets, la recette est la même, en observant seulement de remplacer les 40 livres de choux par une pareille quantité de navets raclés pour leur enlever l'épiderme, et ensuite coupés par morceaux. Le prix des navets ne diffère pas sensiblement de celui des choux.

C'est par respect pour l'opinion d'un philantrope éclairé que nous n'avons pas indiqué l'emploi de la pomme de terre fraîche dans la soupe aux choux ou aux navets ; il prétend qu'on doit la rejeter à cause de l'âcreté de l'eau de végétation que contient cette plante avant sa dessication, et que par cette raison on ne doit l'employer qu'après qu'elle a été desséchée. Les militaires ne font cependant pas autant de difficultés ; ils emploient dans toutes leurs soupes la pomme de terre fraîche, sans qu'on ait remarqué que ces braves en aient jamais éprouvé aucune incommodité. Ainsi ceux qui voudraient les imiter peuvent en faire l'essai, l'expérience les fera juger du bon ou du mauvais goût de leur soupe. Dans ce cas, ils prendront deux boisseaux de ce tubercule, qui contient, lorsqu'il est frais, les trois quarts de son poids en eau de végétation, ainsi que nous l'avons dit précédemment.

Ceux qui ne voudraient pas employer la pomme de terre fraîche, et qui n'en auraient pas de desséchée, pourraient se la procurer presque sur-le-champ en faisant torréfier, soit au four, soit de toute autre manière, la quantité qu'ils auraient employée fraîche ; ils la concasseront ensuite dans un mortier avant de la jeter dans la marmite.

Aussitôt que l'eau commence à bouillir, on

y met les choux épluchés, lavés et coupés à petits morceaux, ou les navets raclés et coupés. Dès qu'ils approchent du terme de la cuisson, on y jette les pommes de terre avec le sel. On attend que la cuisson soit presque achevée, pour enlever la graisse surabondante; on met ensuite les assaisonnemens, et l'on trempe le pain quelques instans seulement avant de distribuer la soupe.

Non-seulement l'économie prescrit d'enlever la graisse qui couvre le bouillon, mais la bonté du potage exige que cette opération ne soit pas négligée : un potage trop gras est désagréable au goût et fatigue l'estomac, ainsi que nous l'avons dit plus haut en parlant du bouillon fait avec les os.

Nous ne faisons entrer dans cette soupe que la moité du pain que nous avons prescrit dans les autres formules; mais nous remplaçons l'autre moitié par des pommes de terre desséchées ou torréfiées; c'est pourquoi il faut avoir soin de ne pas les laisser trop cuire, afin qu'elles restent en morceaux propres à exercer la mastication, comme le ferait le pain supprimé. On pense bien que l'économie nous a dirigés dans cette détermination, puisque nous voulions nous procurer une soupe d'une valeur moitié moindre que celle aux lentilles. Par ce moyen l'excès de dépense que celle-ci occasionne se trouve compensé par le gain que procure la soupe aux choux ou aux navets.

8°. *Soupe aux herbes, pour cent rations.*

Nous avons dit, en parlant de la conservation des herbes ou plantes potagères, que nous comprenons principalement sous cette dénomination l'oseille, la poirée, le cerfeuil, la ciboule. On doit les mêler ensemble dans la proportion que nous avons indiquée, soit qu'on veuille les conserver dans des pots, soit qu'on les apprête pour une soupe qu'on veut faire sur-le-champ. Il faut, dans l'un et dans l'autre cas, avant de les faire cuire, les bien éplucher, les laver avec soin, et les hacher, ainsi que nous l'avons recommandé. La seule observation qu'il y a à faire, c'est qu'on doit mettre dans la soupe une quantité moindre d'herbes conservées dans les pots, qu'on n'en emploie de fraîches. Les herbes conservées entrent dans les soupes dans la proportion des quatre sixièmes de la quantité que la formule donne pour les herbes fraîches. Ainsi, par exemple, on verra par la formule suivante, que nous avons prescrit 30 livres d'herbes fraîches, et l'on ne devrait employer que 24 livres d'herbes conservées pour avoir le même résultat; aussi n'avons-nous compté les 30 livres d'herbes fraîches avant la cuisson, que pour 24 livres après la cuisson.

Ceci bien entendu, voici la recette qu'on peut suivre pour composer une soupe de cent rations, pesant chacune une livre et demie.

Prenez	Poids des substances après la cuisson.		Leur prix.	
	l.	onc.	f.	c.
Eau pure 2 voies ou 4 seaux, pesant ensemble 120 livres, qui se réduisent par l'évaporation à......	90	»	»	20
Os concassés, qui ne coûtent rien et ajoutent peu au poids, 14 livres..				
Pommes de terre fraîches 2 boisseaux..........................	30	»	»	80
Orge en grains ou maïs en gruau ½ boisseau......................	7	»	1	»
Herbes fraîches 30 livres.......	24	»	1	50
Sel de cuisine 2 livres.........	2	»	»	40
Poivre et aromates ½ once.......	»	» ½	»	20
Pain coupé 6 livres 4 onces.....	6	4	1	»
Combustible évaluée à..........			»	75
Main-d'œuvre évaluée à.........			1	20
TOTAUX................	159	4 ½	7	05
Déduisant pour déchet.........	9	4 ½		
Reste net en poids............	150	»		

Ainsi chacune des cent rations de cette soupe, pesant une livre et demie, ne revient qu'à un peu plus de sept centimes.

Nous ne saurions trop répéter que, parmi les substances farineuses qui entrent dans la composition des soupes, il faut bien distinguer celles qui y sont employées seulement comme nutritives, telles que la pomme de terre, l'orge, le maïs ou blé de Turquie, de celles qui ont en outre une saveur très-prononcée, telles que les haricots, les pois, les fèves et les lentilles. Nous avons fait observer que, parmi les plantes, les choux et les navets ne doivent pas être mêlés avec les autres, et qu'il vaut mieux les employer séparément afin de se procurer plusieurs variétés de soupes très-distinctes. Quant aux autres farineux, qui entrent dans les soupes, moins à cause de leur saveur qu'à cause de leur qualité nutritive, leur mélange est sans inconvénient. Les lieux, les saisons, les diverses circonstances où l'on se trouve, et surtout l'économie doivent présider au choix qu'on en doit faire. A Paris, par exemple, où l'orge est bien plus chère que les pommes de terre, on consomme bien davantage de ce tubercule; aussi l'avons-nous fait entrer dans toutes nos soupes.

Le maïs est assez rare à Paris, et s'y vend plus cher que l'orge; il n'est donc pas étonnant qu'on y emploie l'orge de préférence au maïs;

mais, dans les pays où ces deux substances se vendent à bas prix, on peut les associer à la pomme de terre, ou substituer une de ces substances à l'autre.

Les épices n'ont été indiquées dans nos soupes que comme exemple. Nous n'ignorons pas que les membres du comité de bienfaisance de Lyon ne font entrer ni épices, ni aromates dans les soupes économiques qu'ils font distribuer; il n'y mettent même pas de pain. Chaque ration de leur soupe ne pèse que 22 onces, tandis que les nôtres pèsent 24 onces et contiennent du pain. On pourrait donc, en suivant cet exemple, supprimer les épices dans les soupes destinées à la nourriture des pauvres, et ne se servir que des aromates indigènes, tels que le thym, le laurier-sauce, la menthe, la sauge, le basilic, l'écorce de citrons et d'oranges, etc. Ces ingrédiens ont la propriété de se conserver long-temps, et d'avoir, lorsqu'ils sont secs, un goût plus prononcé que lorsqu'ils sont verts. Leur prix, d'ailleurs, est infiniment inférieur à ceux des épices. L'on doit considérer encore qu'ils sont moins échauffans que ces derniers, et, sous ce rapport, ils doivent être préférés, puisqu'ils conservent au potage ses qualités bienfaisantes.

9°. *De la manière de confectionner une grande quantité de rations de soupe à-la-fois.*

Cherchant à être utiles, non-seulement aux administrations chargées de nourrir une grande quantité de personnes, mais même aux familles qui sont forcées de vivre avec beaucoup d'économie, nous n'avons pas cru devoir restreindre les exemples que nous avons donnés, dans les articles précédens, à des quantités trop petites, ni les porter à des quantités trop grandes. Dans le premier cas, nous eussions écrit seulement pour les ménages, et dans le second, pour les seuls établissemens publics; mais, en combinant nos recettes sur le nombre de cent rations, il nous paraît que nous avons adopté un terme moyen de comparaison qui sera familier à tous ceux qui ont les plus faibles notions de calcul. En effet, quand on connaît la quantité de substances nécessaires pour une soupe de cent rations, il est facile de savoir combien on doit en employer pour 50, pour 25, et même pour un plus petit nombre. On voit pareillement de combien il faut les augmenter pour porter les rations à 200, à 400, ou à un nombre plus élevé.

Nous n'aurions donc rien à ajouter sur ce

point, s'il n'était inconstestable que la dépense est proportionnellement d'autant moindre que l'on fait à-la-fois une plus grande quantité de rations. Cependant, avant d'en donner la preuve matérielle, nous allons examiner quel est le prix moyen des sept sortes de soupes dont nous avons donné les formules dans les sept articles précédens.

Récapitulons ce que nous avons dépensé pour chacune de ces soupes composées de cent rations. La dépense s'est portée ainsi qu'il suit :

1°. Pour celle au bouillon gras.	6 fr.	47 c.
2°. Pour celle aux haricots. . .	8	52
3°. Pour celle aux pois.	8	10
4°. Pour celle aux fèves.	8	30
5°. Pour celle aux lentilles. . .	9	95
6°. Pour celle aux choux ou aux navets.	5	27
7°. Enfin, pour celle aux herbes.	7	5
Total pour 700 rations. . . .	53 fr.	66 c.

Cette somme, divisée par sept, donne le prix moyen de chacune des soupes formant cent rations, c'est-à-dire que, compensation faite de la dépense nécessitée par celles qui ont coûté le plus cher, avec celles qui ont été aux plus bas prix, on trouve que cent rations reviennent à 7 fr. 66 cent. 4/7; ce qui porte chaque ration au prix commun d'environ sept centimes deux tiers.

Maintenant calculons ce qu'il en coûterait pour faire, par une seule opération, une soupe de 700 rations, car c'est à-peu-près le nombre qu'on en distribue, par jour, dans chacun des établissemens formés à Paris par la Société philantropique. On conçoit facilement qu'on ne peut pas se dispenser d'augmenter proportionnellement chacune des substances sèches, ainsi que celles de simple assaisonnement qui entrent dans la composition de la soupe; c'est-à-dire, par exemple, qu'au lieu d'employer un boisseau de légumes, on en prendra sept; au lieu d'une demi-livre de beurre, on en prendra 3 livres 1/2; au lieu de 2 livres de sel, on en emploiera 14 livres, et ainsi de suite; mais comme on a éprouvé que l'évaporation est toujours en raison de la surface du liquide et non en raison de la quantité, et que la surface d'une chaudière de 700 rations n'est pas sept fois plus grande que celle qui sert pour 100 rations, il est certain qu'on n'a pas besoin d'employer autant d'eau. En comparant les diamètres des surfaces des deux chaudières;

on pourrait apprécier mathématiquement le rapport de l'évaporation dans les deux cas; mais, comme cette précision mathématique n'est pas absolument nécessaire, on a appris, par expérience, que, d'après la forme ordinaire des chaudières, dont le diamètre est égal à la hauteur, l'évaporation est moindre de 30 pour cent dans une chaudière de 700 rations, que dans une chaudière de 100 rations. Par la même raison, le bouillon ne se réduit pas d'un quart, mais seulement d'un sixième environ. Toutes les substances fraîches diminuent de leur poids dans la même proportion; c'est sur cette base que nous avons calculé la formule que nous allons donner.

Il ne faut pas non plus, pour chauffer la grande chaudière, sept fois autant de combustible qu'il en faut pour alimenter le feu de la petite marmite. La société philantropique, dans l'instruction qu'elle a publiée en 1812, porte le combustible qu'exige la cuisson de 600 rations de soupe au double seulement de celui qu'elle fixe pour la cuisson de cent portions. Ce calcul est encore trop élevé d'après la manière dont nous avons perfectionné les fourneaux et les ustensiles. Admettons néanmoins que, pour 700 rations de soupe, il faille le double de combustible qu'on n'en consume pour la préparation de 100 rations, il n'en résultera pas moins une économie des trois-septièmes si l'on se sert des fourneaux dont la société fait usage. Si l'on adopte les perfectionnemens que nous avons apportés à ces sortes d'instrumens, on sera étonné de l'économie qu'on obtiendra. Il a été reconnu par des expériences réitérées que nos fourneaux consument les deux tiers moins de combustible que ceux des établissemens en activité. Lorsqu'on opère en grand avec des fourneaux construits d'après nos principes, l'économie du combustible augmente dans des proportions étonnantes.

On conçoit bien aussi que le prix de la main-d'œuvre n'est pas sept fois plus fort pour une soupe de 700 rations, que pour celle de 100 rations. Nous suivrons encore, à cet égard, la règle tracée par la société philantropique, et nous le porterons pour 700 rations au double de celui que nous avons fixé, dans nos formules, pour la soupe de 100 rations.

On doit encore observer que le déchet ou la soupe qui se perd dans la distribution, n'est presque pas plus considérable pour 700 rations que pour 100; par conséquent, si pour l'opération en grand nous portons ce déchet à un quart ou à un tiers en sus de celui que nous avons supposé pour les 100 rations, nous dépasserons même la réalité.

Ajoutons à tout cela que le loyer du local, l'achat des ustensiles et les dépenses à faire pour leurs réparations, ainsi que les frais d'administration, n'augmentent pas dans la proportion de 1 à 7; d'où il suit évidemment qu'il y a économie lorsqu'on opère en grand. Les anciens avaient reconnu ce précieux avantage : ils établissaient un seul fourneau commun, dans l'étage le plus bas de leur maison; chacun y allait préparer ce qu'il voulait faire cuire pour sa nourriture. Ce fourneau, qui servait aussi à chauffer les habitans du même domicile, communiquait la chaleur d'une manière prompte, uniforme et salubre dans toutes les pièces de la maison. Ce n'est pas ici le lieu de nous occuper de cet objet; dans un autre ouvrage nous entrerons dans tous les détails que nécessite une matière aussi importante.

D'après toute ces observations, voici une formule pour la composition d'une soupe dans laquelle les substances alimentaires entrent pour des quantités à-peu-près sept fois plus grandes que s'il s'agissait seulement de 100 rations.

Prenez	Poids des substances avant la cuisson,		Leur prix.	
	l.	onc.	f.	c.
Eau pure 14 voies ou 28 seaux, qui pèsent en totalité 840 livres . .	840	»	1	40
Pommes de terre fraîches 14 boisseaux.	224	»	5	60
Orge en grains 3 boisseaux ½. . .	54	4	7	»
Pois en farine 4 boisseaux.	62	»	8	»
Sel de cuisine 14 livres.	14	»	2	80
Herbages frais 48 livres.	48	»	2	»
Beurre 3 livres 8 onces.	3	8	2	80
Pain coupé 43 livres 12 onces. . .	43	12	7	»
Poivre et aromates	»	4	1	60
Combustible évalué au double des 100 rations.			1	50
Main-d'œuvre pareillement évaluée au double.			2	40
TOTAUX.	1289	12	42	10

Nous avons indiqué pour cette soupe le poids de toutes les substances avant leur cuisson ; mais, pour arriver au résultat que nous cherchons, il faut déduire du poids total la quantité que l'eau, les pommes de terre fraîches et les herbages frais perdent par l'évaporation. Nous avons annoncé que, l'opération se faisant en grand, nous évaluerions cette perte au sixième de leur poids. Pour trouver la quantité à déduire, nous opérons comme il suit :

Eau.	840 liv.
Pommes de terre .	224
Herbages frais. . .	48
Total. . . .	1112, dont le sixième à déduire est 185 liv. 5 onces.

Ajoutons à cette quantité 12 liv. 7 onc. pour le déchet que nous portons à un tiers de plus que nous ne l'avons évalué dans l'opération en petit, c'est-à-dire pour 100 rations, nous aurons à déduire de la quantité totale 1289 l. 12 on. que nous avons trouvés ci-dessus, celle de. . . . . 197 12 pour déduction.

Il nous reste net en poids . . . 1092

Pour former 700 rations d'une liv. 1/2 chacune, il ne faut que . . 1050

L'excédant est de . . . . 42 ce qui produit 28 rations de plus que les 700 que l'on se proposait d'avoir.

Mais la somme totale à laquelle s'élève la dépense étant de 42 fr. 10 c., on trouve que le prix de chaque ration ne se porte pas tout-à-fait à 6 cent., en divisant 42 fr. 10 c. par 728, nombre de rations effectives.

L'on a déjà vu que le prix moyen de chaque ration des sept sortes de soupes dont nous avons donné précédemment la formule, se porte à 8 centimes environ, lorsqu'on opère pour 100 rations; l'on vient de voir que le prix de celle-ci, en opérant pour 700 rations, ne se porte qu'à 6 centimes; il y a donc dans ce cas un bénéfice réel de deux centimes par ration. Cette économie, qui peut être poussée beaucoup plus loin, mérite l'attention des administrateurs qui distribuent chaque jour un très-grand nombre de rations ; car 2 centimes d'économie sur chaque portion font une somme de 14 fr. par jour sur 700 rations, et celle de 5110 fr. par an, ou un quart environ d'économie sur la totalité.

10°. *De quelques soupes usitées dans les ménages.*

Quoique notre but principal, dans cet ouvrage, se dirige vers le soulagement des indigens, des troupes en cantonnement ou à l'armée, des équipages des vaisseaux, etc., néanmoins nous avons encore voulu être utiles aux familles qui aiment l'ordre et cherchent l'économie dans leur ménage. C'est donc plus particulièrement à celles-ci que nous adressons l'instruction qui va faire le sujet de cet article. Nous n'y traiterons que de quelques objets assez généralement connus; nous nous bornerons à donner quelques conseils pour parvenir à composer avec économie les soupes les plus usitées et les plus faciles à faire. Nous avons cherché à leur conserver leur bon goût, leur bonne qualité, en même temps que nous nous sommes occupés des soins d'en diminuer les frais.

De la soupe grasse ou pot au feu.

Nous avons fait connaître, avec beaucoup de détails, les avantages du bouillon fait avec la gélatine extraite des os; nous ne saurions trop recommander l'usage de ce procédé, même dans les petits ménages. C'est une erreur de croire d'une manière trop absolue qu'il n'y a rien de plus sain et de plus économique que la soupe faite avec la viande de boucherie; nous croyons avoir déjà prouvé le contraire. Si, d'un autre côté, on fait attention au désagrément que l'on éprouve d'avoir toujours le même mets, la viande bouillie pour base du principal repas, on reconnaîtra combien il est utile et agréable de faire quelquefois le potage avec les os qu'on retire des viandes consommées. Par là on se procure l'agrément de faire cuire soit à la broche, soit sur le gril, soit dans la casserolle, la viande qu'on aurait mise dans le pot pour en avoir le bouillon. La variété dans la préparation des alimens est un point plus important qu'on ne pense. Il est prouvé que la nourriture prise avec plaisir contribue beaucoup à entretenir la santé.

Au reste, lorsqu'on veut faire de la bonne soupe grasse, on doit préférer le bœuf comme base ; on peut cependant ajouter du mouton ou du porc, et quelquefois l'un et l'autre : un peu de veau ne nuit même pas ; mais cette chair, qui est encore trop jeune, affadirait le bouillon si elle excédait le quart des autres viandes.

Dans les villages où l'on n'a pas du bœuf aussi fréquemment que dans les villes, on fait le potage avec le mouton et le porc ; mais comme les parties gélatineuses ne sont pas aussi abondantes dans cette viande que dans celle du bœuf, on ajoute du veau et l'on augmente ensuite la dose des plantes d'assaisonnement.

Peut-on mêler avec la viande dont on fait le bouillon, les os d'une viande quelconque qui a préalablement été rôtie, soit bœuf, veau, mouton, porc ou volaille ? Les avis sont différens sur ce point ; les personnes qui tiennent pour la négative disent que les os du rôti donnent souvent un goût désagréable au bouillon. *M. Bouriat* prétend que le goût dont on se plaint n'est produit que quand les os ont reçu immédiatement dans quelques-unes de leurs parties une trop forte action du feu qui les a brûlés. Il assure même que les os qui n'éprouvent la chaleur qu'à travers la chair dont ils sont recouverts, ou dans les parties qui se trouvant à nu n'ont été que légèrement torréfiées, procurent au potage une excellente saveur.

Ainsi les os des viandes rôties sont très bons à mettre dans le pot-au-feu, après qu'on en a retranché les parties brûlées. On doit avoir soin de les placer dans la marmite de manière qu'ils n'en touchent ni le fond ni les parois. *M. Bouriat* conseille, pour arriver à ce but, de les renfermer dans un vase séparé qu'il introduit et suspend dans la marmite. Ce vase n'est autre chose qu'un diaphragme de métal, percé d'un grand nombre de petits trous, comme une passoire; les os qui y sont renfermés ne peuvent en aucune manière s'attacher à la marmite et sont dans l'impossibilité de se brûler par l'effet d'une trop forte chaleur.

Soit qu'on ait mis du bœuf dans le pot, soit qu'il n'y en ait pas, soit qu'on y ait ajouté des viandes rôties ou non, le bouillon est beaucoup meilleur lorsqu'on y ajoute de la volaille dont *la chair est faite*, c'est-à-dire qui n'est plus jeune, telle qu'un coq, un vieux chapon, une vieille poule; on doit en exclure les poulets qui affadissent le bouillon. On met dans la marmite la totalité, la moitié ou le quart d'une de ces volailles, en un mot, environ le cinquième du poids de la viande dont on veut faire le bouillon.

Cette addition de volaille produit également un bon effet dans le bouillon d'os ; on doit en mettre à raison de quatre onces environ sur chaque livre d'os de boucherie. Lorsqu'on ne mêle à ces derniers que des os de volaille sans la chair, il faut que le mélange soit fait de manière que, sur une livre d'os, il y en ait le quart en os de volaille et les trois autres quarts en os de viande de boucherie. Dans le premier cas, la chair de volaille est le cinquième du poids total ; et dans le second, les os de volaille font le quart de la totalité.

Nous n'entrerons pas dans de plus grands détails sur la manière de faire le pot au feu ; nous recommanderons seulement de suivre l'exemple de la bonne ménagère, et de conduire l'ébullition avec beaucoup de prudence, afin que le liquide bouille à peine.

D'après ces avis généraux, on obtiendra d'excellent bouillon dont il sera facile de faire de la soupe, soit au pain, soit au vermicelle, soit au riz. Nous nous bornerons à indiquer la manière de préparer quelques potages les plus convenables à la classe moyenne de la société et aux officiers des établissemens publics.

Des potages au bouillon gras.

Personne n'ignore que le bouillon est la base de presque toutes les soupes et de tous les potages, et qu'il ne peut s'obtenir qu'avec la viande la plus fraîche. Les morceaux qu'on doit préférer pour sa confection, sont la tranche, la culotte, les charbonnées, le milieu du trumeau, le bas de l'aloyau et le gîte à la noix.

Riz au gras. Après avoir bien épluché le riz pour en extraire tous les corps étrangers, prenez-en la quantité suffisante pour le nombre de personnes qui en doivent manger, c'est-à-dire une once par ration ; lavez-le dans trois ou quatre eaux différentes en le frottant entre les mains, jusqu'à ce que l'eau reste limpide et ne soit plus nébuleuse ; faites-le cuire à petit feu dans du bouillon, ou dans du jus de veau que l'on sale, plus ou moins, selon le goût des personnes. Quand il est cuit, dégraissez-le et servez-le ni trop épais, ni trop liquide.

Pélau de riz au safran. Le *pélau* est un mets dont les Provençaux et surtout les Marseillais sont très-friands.

Après que le riz est suffisamment lavé et égoutté, mettez-le dans un plat, et, pour quatre portions, vous y amalgamerez bien une pincée de safran oriental en poudre fine, en le remuant avec une cuiller. On diminue un peu la quantité de bouillon, ou l'on augmente un peu celle du riz pour faire le *pélau*. Lorsque le bouillon est en ébullition, on jette le riz bien sec dans le vase, et, aussitôt qu'il commence à crever, on le remue de temps en temps pour qu'il ne s'attache pas au fond; on le place ensuite sur le côté du foyer pour qu'il achève de se cuire à petit feu, en mitonnant seulement, et après l'avoir salé (1), ayant soin de tenir le vase fermé, afin que l'arome de safran ne se volatilise pas. Les parties farineuses qui se détachent des grains se combinent tellement avec le bouillon, que le tout ne forme plus qu'un corps bien lié auquel le safran donne une belle couleur d'or et un goût très-agréable. On reconnaît que le riz est parfaitement cuit, lorsqu'il a consommé tout le bouillon; alors on le sert. Pour le sortir du vase, on n'a qu'à le couvrir du plat dans lequel on veut le servir, en l'appliquant sur son

(1) Nous ne parlerons plus de saler les potages, c'est une condition importante et qui doit être entendue quoique nous ne la répétions pas.

orifice; on tourne le vase brusquement pour en détacher le *pélau*, comme lorsqu'on veut tirer une omelette de la poêle, le *pélau* tombe en forme de timbale au centre du plat.

Potage au vermicelle. Passez votre bouillon au tamis de soie, faites-le bouillir; alors vous y mettez le vermicelle éparpillé, c'est-à-dire de manière qu'il n'y soit pas en paquet. Retirez le pot du feu, après qu'il aura bouilli pendant un quart-d'heure, afin que le vermicelle ne soit pas trop dissous et que le potage soit bien net. Il faut avoir soin de ne pas le faire trop épais : on met une once de vermicelle par personne.

Potage à la semoule. Prenez du bouillon que vous aurez eu soin de passer à travers un tamis de soie, pour le débarrasser des parties hétérogènes et grasses; mettez-le sur le feu; quand il bouillira, jetez-y par petites parties la semoule, et remuez continuellement avec une cuiller, en tournant, afin de bien diviser la semoule et l'empêcher de s'agglomérer. Après une demi-heure d'ébullition, elle doit être cuite, alors retirez-la du feu. Dégraissez le potage, s'il est nécessaire, et donnez-lui une belle couleur avec un peu de caramel.

Potage aux choux. Après avoir fait blanchir le chou, c'est-à-dire, après l'avoir laissé un instant dans l'eau bouillante et l'y avoir bien lavé, mettez-le dans une marmite avec un morceau de petit lard coupé en tranches, roulé dans sa couenne et ficelé; faites cuire le tout ensemble avec du bouillon. Quand la cuisson est terminée, trempez votre soupe avec des croûtes de pain et faites mitonner le potage. Servez les choux autour du potage avec le petit lard, dont vous avez ôté la ficelle, ou simplement les choux par dessus. Salez bien peu le bouillon, à cause du petit lard qui est déjà salé.

Les potages aux racines, aux navets se font de même. Le céleri doit être blanchi plus long-temps, c'est-à-dire qu'on doit le faire bouillir dans l'eau pure pendant quelques instans, tandis qu'on se contente de verser l'eau bouillante sur les choux, et qu'on les lave bien dans cette eau bouillante.

Potage aux carottes nouvelles. Coupez des carottes rouges en petits bâtons d'environ deux pouces de long, faites-les blanchir; ensuite mettez-les dans du bouillon et faites-les bouillir jusqu'à ce qu'elles soient cuites. Au moment de les servir, versez-les dans la soupière où vous avez mis tremper le pain, ou bien servez-les à part.

Potage à la julienne. Prenez des carottes, des navets, des porreaux, des panais et autres racines que vous couperez en filets de la grosseur d'une demi-ligne, sur huit ou dix lignes de longueur: vous couperez les oignons en deux et puis en tranches minces. Passez ces racines à la graisse blanche ou au beurre pour les faire revenir; mettez-y ensuite les laitues, les herbes et le cerfeuil; que le tout soit coupé menu et bien revenu : mouillez avec du bouillon, faites bouillir à petit feu, pendant une heure environ, jusqu'à ce que le tout soit bien cuit; préparez votre pain et versez votre julienne dessus.

Brunoise. Les légumes dont on se sert pour ce potage sont les mêmes que ceux pour la julienne; la seule différence consiste dans la manière de couper les racines; pour ce potage elles doivent être coupées en petits cubes de la grosseur d'un petit dé à jouer. L'oseille, la laitue et les autres herbes doivent être coupées menu, comme pour la julienne. Les racines, les porreaux, les herbes sont passés au beurre tous ensemble; on mouille avec du bouillon, en un mot tout le reste s'exécute comme pour la julienne.

Potage à la jardinière. Coupez des carottes

et des navets en petits bâtons d'environ deux pouces de long; ayez deux laitues, de l'oseille et du cerfeuil émincés. Faites revenir le tout dans du beurre, et mouillez ensuite avec du bouillon; ajoutez-y une poignée de petits pois et des pointes d'asperges. Ces légumes étant bien cuits, dégraissez le potage avec soin et versez-le sur des croûtes de pain, etc., comme ci-dessus.

Des soupes maigres.

L'on appelle soupes maigres toutes celles dans lesquelles il n'entre ni bouillon d'os ni bouillon fait avec aucune espèce de viande. Les cuisiniers font des soupes maigres de beaucoup de manières, mais la plupart de ces soupes reviennent à des prix très-élevés. Ce n'est par conséquent pas de ces sortes de soupes dont nous allons nous occuper ici, mais seulement de quelques recettes qui présenteront des soupes substantielles et agréables, sans s'écarter des règles que prescrit l'économie.

Soupe à l'eau. Mettez dans une marmite un quartier de chou, quatre carottes, deux panais, six oignons, un pied de céleri, une pincée de persil, quatre navets; faites un paquet avec de l'oseille, de la poirée, du cerfeuil que vous ficelerez ensemble; un demi-litron de pois frais ou secs que vous lierez dans un linge blanc. Faites bouillir tous ces légumes avec de l'eau pendant trois heures à petit feu; passez ce bouillon dans un tamis, et faites mitonner votre potage après avoir mis dans le bouillon le sel nécessaire. Garnissez le potage avec les légumes qui auront bouilli dans la marmite. Si l'on a employé des pois secs, on les écrasera dans une passoire; la purée qui en résulte donne plus de consistance au bouillon.

Cette formule est remarquable en ce qu'il n'y entre ni beurre, ni graisse, ni huile, et le potage est cependant excellent.

Soupe aux herbes. Epluchez une poignée d'oseille, du cerfeuil et une laitue, lavez et faites égoutter le tout dans un panier; vous l'émincerez ensuite bien fin et le passerez au beurre ou à l'huile d'olive. D'un autre côté faites cuire un litre de haricots blancs dans de l'eau, et avec ce bouillon mouillez vos herbes. Faites une purée de la moitié de ces haricots que vous ajoutez dans votre potage : lorsqu'il a bouilli pendant quelques minutes, retirez-le du feu, liez-le avec quatre jaunes d'œuf et un quarteron de beurre frais, assaisonnez-le selon le goût que vous voulez satisfaire, et versez-le sur le pain éminცé ou coupé en petits cubes. Après la soupe, le restant des haricots sera servi et mangé en salade.

Potage aux navets. Préparez les navets comme vous avez préparé les carottes (voyez *potage aux carottes*); mettez-les dans le beurre jusqu'à ce qu'ils soient un peu revenus. Après cette opération faites-les égoutter et disposez-les comme il est prescrit pour le *potage aux carottes.*

Soupe à l'oignon. Epluchez des oignons, coupez-les en deux et débarrassez-les de la tête et de la queue qui sont les parties les plus âcres. Avant de mettre les oignons coupés en lames dans le poëlon, faites-y fondre un morceau de beurre plus ou moins gros, selon la quantité de soupe que vous vous proposez de faire. Faites frire les oignons jusqu'à ce qu'ils aient pris une belle couleur blonde; mettez ensuite de l'eau en quantité suffisante pour le potage, jetez-y du sel et du poivre en poudre; enfin laissez bouillir le tout pendant un quart-d'heure, versez le bouillon sur le pain, et servez le potage.

Potage à la française. Faites frire des croûtons de pain dans le beurre jusqu'à ce qu'ils aient pris une jolie couleur blonde; faites une purée avec des pois nouveaux, si c'est possible, ou à défaut des pois secs, mouillez-la ensuite avec du bouillon au beurre, jusqu'à ce qu'elle soit claire. Vous y ferez fondre un morceau de beurre au moment de la servir, et gros comme une noix de sucre; versez-la en même temps sur les croûtons. Il faut observer que la purée soit suffisamment salée.

Panade. Prenez la mie d'un pain tendre de deux livres, mettez-la dans une pinte d'eau avec du sel, du poivre et un quarteron de beurre frais; vous la placerez sur un fourneau un peu ardent et la remuerez avec une cuiller de bois afin qu'elle ne s'attache pas au fond. Lorsque le tout sera réduit en bouillie, vous la retirerez du feu et la lierez avec trois jaunes d'œuf. On peut aussi faire une panade avec la mie de pain rassis.

Soupe au lait. Il n'est personne qui ne sache que, pour faire une soupe au lait, il suffit de faire bouillir doucement le lait avec un peu de sel et d'y ajouter ensuite le pain. Si l'on fait bouillir dans le lait deux feuilles de laurier-amande par pinte, il prendra un goût très-agréable. Si, au lieu de sel, on met du sucre dans le lait, et qu'on y ajoute quelques gouttes d'eau de fleur d'orange, ou par économie quelques petits morceaux de l'écorce de ce fruit, ou bien de l'écorce de citron, il acquerra le goût d'une crême.

Il est bon d'observer que le lait bouilli doit être versé bouillant sur le pain émincé dans la soupière; car si l'on mettait le pain dans le lait encore sur le feu, la trop grande chaleur décompose en quelque manière le pain; il fournit alors une partie acide qui fait tourner le lait. Par la même raison, quand on veut faire réchauffer une soupe au lait dans laquelle il y a du pain, on doit employer le bain marie, et, malgré cette précaution, on n'est pas toujours assuré de ne pas faire tourner le lait.

Riz et vermicelle au lait. Mettez le vermicelle dans le lait bouillant et remuez-le assez vivement pour qu'il ne se mette pas en pâte. Salez ou sucrez suffisamment le potage. Une demi-heure suffit pour faire cuire le vermicelle.

Quant au riz, il faut le faire crever dans l'eau pure; on n'en met que la quantité suffisante pour qu'il en soit couvert, et prendre garde qu'il ne se brûle pas; on le fait bouillir à petit feu. Lorsque le riz est crevé, on verse le lait petit à petit et on l'ajoute ainsi jusqu'à ce que le riz soit cuit; il faut alors que le potage ne soit pas trop épais. On sale ou l'on sucre à volonté, mais sans excès. Si l'on doit sucrer le riz, il faut mettre dans le pot, en même temps que le lait, une ou deux feuilles de laurier-amande, ou un morceau d'écorce d'orange ou de citron.

Citrouille au lait. Pour une pinte de lait, prenez un quartier d'une moyenne citrouille dont vous ôtez la peau et tout ce qui tient aux pepins. Coupez la citrouille par petits morceaux et mettez-les dans une marmite avec de l'eau; faites la cuire jusqu'à ce qu'elle soit réduite en marmelade et qu'il ne reste plus d'eau. Mettez-y un petit morceau de beurre et un peu de sel; faites-lui faire encore quelques bouillons; faites ensuite bouillir une pinte de lait dans lequel vous mettrez un aromate, comme nous l'avons indiqué dans les deux articles précédens. Versez le lait sur la citrouille; prenez le plat que vous devez servir, arrangez-y du pain éminçé, mouillez-le avec le bouillon de citrouille au lait, couvrez le plat, et mettez-le sur un peu de cendres chaudes, pendant un quart-d'heure, pour laisser au pain le temps de tremper; faites attention qu'il ne bouille pas. Un moment avant de servir, versez-y le restant du bouillon bien chaud.

4°. *Divers procédés pour préparer plusieurs mets particuliers.*

Bouille-baisse de Poissons.

Toutes sortes de poissons à écailles peuvent être cuits en *bouille-baisse*. On commence par mettre un poëlon sur le feu avec de l'eau; on y jette un oignon coupé par tranches, des cayeux d'ail avec leur robe, quelques feuilles de laurier-sauce, un citron coupé par tranches, ou, seulement, quelques morceaux de son écorce ou de celle d'orange, un petit bouquet de thym, de la sarriette, etc., avec le sel convenable. Pendant que le bouillon cuit sur le feu, on écaille, on ébarbe et on nétoie le poisson, en ayant soin de couper les gros par morceaux de deux à trois pouces d'épaisseur, et, après qu'il est parfaitement lavé, on le laisse tremper dans l'eau propre. Lorsque les cayeux d'ail sont suffisamment cuits, ce qu'on reconnaît en les pressant entre les doigts, on met le poisson dans le bouillon et on le laisse bouillir l'espace de deux minutes. On ajoute ensuite le poivre et l'huile, et si par économie on n'avait pas mis des tranches de citron, on y suppléera par un filet de vinaigre dès l'instant qu'on retirera le poëlon du feu.

Le pain doit être coupé par gros morceaux ou par tranches d'un pouce d'épaisseur; on l'arrange dans une soupière. Après avoir mis le poisson dans un plat, on verse le bouillon sur le pain et on couvre la soupière pendant environ cinq minutes. Après ce temps l'on pourra servir la soupe et manger ensuite le poisson en salade si l'on veut; c'est un mets excellent. Si au lieu de poisson on fait pocher des œufs frais dans le bouillon, en les y jetant l'un après l'autre, à raison de deux œufs par personne, et qu'on retire le poëlon du feu lorsqu'ils seront blancs et durs, qu'on les serve et qu'on les mange en salade comme le poisson, on fera également un bon repas et à peu de frais. Il n'est pas rare, à Marseille et à Toulon, où le poisson et l'huile sont à bon marché, de voir une famille de sept à huit personnes prendre un bon repas moyennant une modique dépense de deux centimes et demi (deux liards,) par tête, pour la bonne chère, c'est-à-dire sans y comprendre le pain.

De l'emploi de l'ail dans quelques mets.

Si l'huile d'olive, la première pour la salade et les bonnes cuisines, était à bon compte partout, nous aurions volontiers consacré un article dans cet ouvrage, pour faire connaître les diverses substances que l'on prépare avec de l'ail, ou que l'on mange avec cette bulbe potagère cuite ou crûe. Nous allons indiquer quelques-unes de ces préparations.

1°. On parle souvent, avec dérision, de la pommade d'ail, dont les Provençaux font (avec raison) leurs délices; mais il n'y a que ceux à qui son odeur déplait, qui se soucient fort peu d'en manger. Avec un grain de sel et de l'ail pilé et broyé, sans interruption dans un mortier, avec de l'huile d'olive et un filet de vinaigre, qu'on y versera par intervalles, on fait une forte pommade qui ressemble à du beurre, ce qui lui a valu le nom de *beurre de Provence*. Cette pommade, à laquelle aucune sauce piquante ne peut être comparée pour aiguiser l'appétit, dispense de tout autre apprêt que de la cuisson à l'eau ou à la vapeur de la substance à laquelle on se propose de l'unir. La moule, une infinité de poissons frais ou salés, les escargots et les limaces, les pommes de terre, les haricots verts surtout sont délicieux aidés de ce condiment.

2°. On fait avec l'ail cuit à grande eau une autre sorte de pommade, ou espèce de pâte, assaisonnée avec du sel et du poivre, qu'on mange avec les viandes de boucherie rôties à la broche : le gigot de mouton mangé de cette manière est excellent. L'on prépare ordinairement le gigot à l'ail en introduisant seulement quelques cayeux d'ail dans la viande avant de la mettre à la broche, et l'on fait ensuite cuire tout ensemble. Cette méthode est très-mauvaise, selon les meilleurs cuisiniers provençaux ; ils disent, pour justifier leur opinion, qu'en faisant, avec le couteau, plusieurs poches pour y fourrer l'ail, ce sont autant de fontaines par où le jus s'échappe. De là il arrive que, malgré les soins que l'on prend d'arroser continuellement avec le jus la viande pendant sa cuisson, elle n'en est pas moins beaucoup plus desséchée que lorsqu'elle n'a pas été sondée ; c'est la raison qui leur a fait donner la préférence à la méthode de faire bouillir l'ail dans un petit pot de terre vernissée, de faire ensuite leur pommade avec le jus que contient la lèchefrite. Cette pommade et celle que nous avons décrite dans l'article précédent, sous le nom de *beurre de Provence*, se mangent en guise de moutarde.

3°. Les Provençaux aiment aussi beaucoup l'ail cuit sous la braise : il suffit pour cela d'enterrer la bulbe entière dans les cendres chaudes, de la couvrir d'un peu de braise. Lorsque la bulbe est cuite, on épluche la peau des cayeux, et on les mange à la poivrade. Il faut avouer cependant qu'il faut être du pays, ou bien accoutumé à ce genre de mets pour le trouver excellent.

4°. Enfin, un mot suffira pour caractériser les effets salutaires de cette bulbe si forte, si piquante et si désagréable quand elle est crue. Les paysans du midi de la France ne se nourrissent, à la campagne, pendant les trois quarts de l'année, que d'oignons ou de cayeux d'ail crus; la plupart d'entre eux arrivent à la dernière vieillesse sans avoir essuyé aucune maladie, malgré la grande chaleur du climat. Ils ont, en général, des pépinières d'enfans qui présentent tous l'image de la meilleure santé. Ils sont si peu accoutumés à voir des malades dans leurs familles, qu'ils regardent comme un acte déshonorant de se faire porter à l'hôpital, quoique la plupart d'entre eux soient misérables.

Les matelots, qui sont pris parmi les habitans de la campagne de ces contrées, sont exposés, comme les paysans, pendant toute l'année aux diverses rigueurs de l'atmosphère; ils se nourrissent, comme eux, d'ail et d'oignons; ils jouissent aussi d'une santé imperturbable, et attribuent, comme les paysans, leur longévité à ce régime qu'ils regardent comme le seul propre à préserver des maladies. Si leur opinion n'est pas erronée, pourquoi les paysans des autres contrées, moins exposées aux extrêmes chaleurs de l'été, ne cherchent-ils pas à s'accoutumer au même régime?

Procédé pour faire l'espèce de macaroni que les Italiens appellent tagliati.

Prenez un nombre quelconque d'œufs et battez-les dans un plat avec une cuiller, sans cependant les faire mousser; ajoutez-y de la fleur de farine en quantité suffisante pour donner au mélange la consistance d'une pâte solide. Travaillez bien cette pâte avec un rouleau, et faites-en des feuillets très-minces; mettez ensuite dix ou douze de ces feuillets l'un sur l'autre, et coupez-les en très-petits filets avec un bon couteau. Etendez sur une planche ou sur du papier, et mettez sécher à l'air ces filets qui ne doivent point se coller les uns aux autres si la pâte a la consistance nécessaire, et si la masse a l'épaisseur convenable.

On mange beaucoup de ces pâtes en Allemagne, où on les appelle *schnitss nudeln*; en Lorraine, où elles sont aussi d'un usage fréquent, on les connaît sous le nom corrompu de l'allemand *nongles* ou *nouilles*. On les apprête, soit fraîches, soit séchées, avec du lait ou du bouillon; quelquefois on les fait frire avec du beurre. De toutes les manières c'est un fort bon mets. On peut conserver cette sorte de *macaroni* pendant plusieurs mois, avec les précautions convenables.

Cette espèce de *macaroni*, préparée par les religieuses de quelques couvens d'Italie, est beaucoup meilleure, mais en même temps plus chère que le *macaroni* ordinaire.

Nous faisons beaucoup d'usage de cette pâte dans notre ménage; nous la préparons de la même manière que nous venons de l'indiquer; nous y ajoutons seulement quelques assaisonnemens qui leur donnent une meilleure qualité. Nous mettons sur chaque douzaine d'œufs une once de sel blanc pilé, un demi-gros de poivre, et un demi-gros d'épices composées de canelle, de girofle, de noix muscade et de gingembre, le tout en poudre; nous le battons bien avec les œufs avant de mettre la farine. Lorsque la pâte est faite comme nous l'avons prescrit, nous varions la forme de ces

pâtes en les coupant avec des emporte-pièces tranchans, dont les uns sont ronds, les autres en losange, en cœur, en étoiles, etc. On les laisse bien sécher, et on les conserve dans des boîtes à l'abri de l'humidité; on peut les garder ainsi très-long-temps.

Voici la manière de les apprêter qui nous a paru la meilleure. L'on met dans un pot la quantité de *tagliati* qu'on se propose de manger; il faut que la pâte n'occupe que la moitié de la capacité du pot, parce qu'elle se gonfle beaucoup : on remplit le pot d'eau, et l'on fait bouillir. Pendant ce temps on met dans une casserolle, sur le fourneau, un morceau de beurre proportionné à la quantité de *tagliati* qu'on veut préparer; on y ajoute du persil haché menu, et ceux qui aiment l'ail peuvent y en mettre, après l'avoir haché menu avec le persil. Les personnes qui aiment le fromage peuvent y en ajouter aussi après l'avoir râpé. Lorsque le tout a bouilli pendant quelques minutes dans le beurre, et que le fromage est fondu, il est temps d'y mettre le *tagliati*.

Lorsque cette pâte s'est suffisamment gonflée, on la verse, avec l'eau dans laquelle elle a bouilli, dans une passoire pour faire écouler l'eau dont on n'a pas besoin; on jette le *tagliati* dans la sauce, on lui donne quelques tours, on laisse bouillir le tout quelques instans, et l'on agite de temps en temps; ensuite on y verse, petit à petit, du lait, qu'on laisse bien chauffer, en remuant souvent pour lier la sauce, sans le laisser bouillir. Au bout de quelques minutes le mets est préparé; il est excellent. Il ne faut pas oublier d'ajouter le sel nécessaire, car, en faisant le *tagliati*, on n'en a pas mis une quantité suffisante. On fait ainsi un plat délicieux.

Lorsqu'on n'a pas de lait, on peut le remplacer par l'eau dans laquelle le *tagliati* s'est gonflé; le mets est encore très-bon. On peut le préparer aussi au gras, en employant telle espèce de bouillon qu'on a sous la main; alors on le fait gonfler dans ce bouillon au lieu de le faire gonfler dans l'eau.

Le peuple, en Allemagne, prépare une autre espèce de pâte, qui n'est faite qu'avec de la fleur de farine et de l'eau. Il ressemble plus au *macaroni* ordinaire que celui que nous venons de décrire; il pourrait le remplacer dans beaucoup d'occasions.

CHAPITRE VI.

Des divers usages auxquels on peut employer la pomme de terre.

En traitant de la nécessité de conserver les pommes de terre par dessication (*pag.* 263), nous avons fait connaître tous les avantages de la méthode que nous avons indiquée. Nous avons prouvé que la pomme de terre ainsi desséchée peut se réduire en farine inaltérable ; nous avons avancé qu'elle est préférable à la fécule, seule farine que le commerce tire des pommes de terre ; nous allons détailler les motifs qui lui méritent cette préférence.

1°. L'opération nécessaire pour obtenir par dessication la farine de ce tubercule est beaucoup plus simple et plus facile que celle qu'on emploie pour fabriquer la fécule ; 2° la fécule ne contient absolument que l'amidon, et se trouve privée du parenchyme, c'est-à-dire des parties fibreuses et des parties extractives de la plante. C'est la raison pour laquelle la fécule est si fade ; elle n'a plus ni le principe sucré que renferme le parenchyme, ni ce goût qui lui est particulier qui réside dans les parties extractives.

« Je conviens, dit *M. Cadet de Vaux*, dans son ouvrage déjà cité *pag.* 260, que l'absence de la saveur propre à la pomme de terre, n'est pas une grande perte; mais, sans les parties sucrées que renferme le parenchyme, la fécule n'est pas susceptible de fermentation et ne peut pas servir à faire du pain. »

Dans la description que nous avons donnée du procédé propre à obtenir la farine de pomme de terre par dessication, nous avons prouvé que, dans l'état où l'on réduit ce tubercule, l'eau de végétation est la seule chose qui lui soit enlevée, par conséquent la farine qui en provient, contient, tout à-la-fois, la *fécule* ou l'*amidon*, le *parenchyme* et les *parties extractives.*

Examinons, avec *M. Cadet de Vaux*, quelles sont les substances dont se compose la pomme de terre, afin de faire connaître les divers usages auxquels on peut employer ce tubercule.

« La pomme de terre se compose de trois substances immédiates, et de quatre si l'on compte sa pellicule. »

« Ces trois substances sont l'*eau de végé-*

tation, qui constitue les trois quarts de son poids, douze onces sur seize; »

« La *fécule*, la substance amylacée, l'amidon, qui y entre pour environ un cinquième, trois onces. »

Et le *parenchyme*, la substance fibreuse, le réseau, donne à-peu-près une once. En sorte qu'on peut estimer à un quart ces deux substances. Ces proportions dépendent de l'année et du sol; mais elles peuvent se fixer au quart.

Dans les fabriques où l'on s'occupe de l'extraction de la fécule, on jette le parenchyme non-seulement comme inutile, mais même comme une saleté qui serait préjudiciable à l'emploi de la fécule; essayons, avec notre auteur, de prouver le tort qu'on a d'abandonner une substance dont l'utilité a été trop longtemps méconnue, et, pour cela, prenons-la au moment où le fabricant la jette.

Après la séparation de la fécule ou de l'amidon, par plusieurs lavages à l'eau froide, le parenchyme reste sur le tamis. On le laisse bien égoutter, on le soumet à la presse, et on le dessèche, de même que la fécule, à l'air ou à l'étuve. Comme il s'agglomère en séchant, il faut le pulvériser pour les différens usages auxquels il peut être employé.

« Apprenons à connaître ce parenchyme, sans lequel la pomme de terre ne serait pas panifiable. Séché au four, il a une saveur légèrement sucrée, tandis que la fécule est l'insipidité même. C'est cette saveur sucrée qui m'a fait présumer avec raison (c'est *M. Cadet de Vaux* qui parle) que le parenchyme est le principe de la fermentation panaire de la pomme de terre. »

« Aussi cette association de la fécule et du parenchyme assimile-t-elle notre farine à celle des céréales, et, conséquemment, à la farine de froment, laquelle, contenant beaucoup d'amidon incapable par lui-même de fermenter, ne devient susceptible de fermentation que par l'association de ce même amidon avec les autres principes que contient le froment. »

Il est donc facile de rendre à l'amidon de pomme de terre la partie dont il manque pour pouvoir fermenter ; il suffit de lui associer le parenchyme qu'on en a extrait par les lavages. Pour cela on réduit le parenchyme en poudre, on la mélange parfaitement avec celle d'amidon ; elle augmente la quantité de cette dernière, en même temps qu'elle la rend susceptible d'entrer dans la composition du pain.

Néanmoins il ne faudrait pas inférer de ce

que nous venons de dire, que la farine dont nous nous occupons soit une seule et même chose avec la farine obtenue de la pomme de terre par dessication. Il est bon de les distinguer par des noms particuliers, comme l'a fait *M. Cadet de Vaux*, afin de ne pas les confondre. Nous appellerons, avec ce savant philantrope, *farine par extraction*, celle qui résulte du mélange de la fécule et du parenchyme, après que l'un et l'autre ont été extraits séparément de la pomme de terre. Nous désignerons, sous la dénomination de *farine par dessication*, celle qu'on obtient de la pomme de terre cuite et désséchée sans en avoir séparé les parties constituantes, et d'après le procédé que nous avons indiqué *page* 266.

Les avantages que l'une de ces deux farines présente sur l'autre sont trop frappans pour ne pas mériter d'accorder toute la préférence à la *farine par dessication*. Nous ne citerons pour le moment que la durée de la conservation de l'une sur l'autre; de cette propriété on en conclura une infinité d'avantages.

La farine par extraction ne peut pas se conserver intacte plus de six mois; au bout de ce temps elle est susceptible d'engendrer des mites dont on ne peut la préserver qu'en la privant d'air dans des sacs ou dans des tonneaux bien fermés. Les parties sucrées du parenchyme qui attirent les insectes existent cependant de même dans la farine par dessication; mais elles y sont défendues par les parties extractives que l'eau de végétation a abandonnées en s'évaporant. Il n'en est pas de même dans la fabrication de la fécule; l'eau de végétation n'abandonne l'amidon qu'à force de lavages, ce qui lui donne la facilité d'entraîner avec elle toutes les parties qui lui sont adhérentes et que l'eau peut dissoudre. Par la dessication au contraire, l'eau de végétation n'est chassée que par une évaporation lente qui n'agit point sur d'autres parties.

Il est important encore d'observer que, dans la *farine par extraction*, la fécule et le parenchyme ne sont unis ensemble que par un simple mélange, tandis que, dans la *farine par dessication*, la pomme de terre ayant préalablement éprouvé une cuisson, la *fécule*, les *parties extractives* et le *parenchyme* se sont combinés en un tout homogène bien moins susceptible de corruption. Aussi cette dernière farine n'a-t-elle besoin que d'être garantie de la poussière, elle porte en elle les principes de la conservation et reste intacte pendant un très-grand nombre d'années, ou, pour parler plus exactement, elle est inaltérable.

Tout ce que nous venons d'avancer relativement à cette farine est parfaitement applicable aux tranches de pommes de terre conservées par dessication et non encore moulues, ainsi qu'à celles qui n'ont été réduites qu'en gruau ; car les mêmes raisons militent pour cette substance desséchée après sa cuisson à la vapeur, quelle que soit la forme qu'on lui ait donnée.

Nous avons fait connaître, dans les chapitres précédens, l'usage avantageux et en même temps économique qu'on peut faire de la pomme de terre fraîche ou desséchée, soit pour les soupes, soit pour les potages ; mais, en indiquant la farine de ce tubercule, nous avons compris sous la même désignation la farine obtenue par dessication, celle qui ne contient que la fécule ou l'amidon, et enfin la farine par extraction, c'est-à-dire celle qui provient du mélange de la fécule et du parenchyme préalablement réduit en poudre.

Ces trois sortes de farines, provenant du même tubercule, sont également propres à donner de la consistance aux bouillons, aux potages, aux sauces, et à y ajouter des parties nutritives.

Un autre avantage inappréciable qu'on peut retirer de la pomme de terre, c'est de la faire entrer dans la fabrication du pain. C'est d'une trop grande importance dans les temps de disette et dans les pays où le blé est rare, pour que nous puissions nous dispenser d'entrer ici dans quelques détails, qui méritent que le lecteur les pèse avec une attention particulière.

Nous avons vu que la fécule privée du parenchyme, dans lequel se trouvent les parties sucrées de la plante, n'est pas susceptible de la fermentation panaire ; elle ne peut donc seule être employée à la boulangerie. Il faut, pour réussir à en faire du pain, la mêler en petite quantité avec beaucoup de farine de blé, ce qui ne présente aucune économie sensible.

Il n'en est pas de même de la farine de pomme de terre soit *par dessication*, soit *par extraction*. Nous en avons fait connaître de deux espèces ; mais l'une et l'autre ayant le principe fermentatif, elles sont également propres à faire du pain. Cependant, pour l'avoir parfaitement bon, il importe d'associer l'une ou l'autre de ces farines à la farine de blé ; sans cela il serait trop insipide quoiqu'agréable à la vue. Par ce mélange on jouit de l'avantage de pouvoir faire entrer dans la pâte depuis un cinquième jusqu'à la moitié en farine de pomme de terre, selon la substance avec laquelle on veut l'associer.

Nous devons faire observer que la quantité de farine de pomme de terre à ajouter à celle de blé, suit la raison directe de la qualité du blé, c'est-à-dire que moins la qualité du blé est bonne, moins il faut ajouter de farine de pomme de terre.

Nous avons avancé que c'est le parenchyme qui donne à la fécule la propriété fermentative; ne pourrait-on pas en conclure que par le moyen de cette substance seule, mêlée avec de la farine de blé, on obtiendrait également de bon pain? Cette question a été résolue; nous allons en faire connaître la solution. L'expérience a été faite dans l'une des deux manufactures, situées à peu de distance de Paris, où l'on prépare la fécule en grande quantité. Ce résidu composé des parties fibreuses de la plante, ayant été pressé, desséché et pulvérisé, a été mêlé avec deux tiers de farine de froment : il en est résulté un pain très-bon qui avait seulement une couleur bise. Dans la fabrication de la fécule, la pomme de terre est simplement lavée, la peau reste comme résidu dans le parenchyme, et c'est la peau qui donne cette couleur.

Ainsi, la farine de froment étant naturellement blanche et fournissant seule du pain blanc, il ne faut pas la mêler avec les parties fibreuses de la pomme de terre, telles qu'on les obtient en fabriquant de la fécule, à cause de la peau qu'on ne peut en extraire, et qui la rend bise. Il convient de n'employer ces parties fibreuses qu'avec des grains dont la farine est naturellement bise; le pain sera meilleur par ce mélange que s'il n'y entrait aucune portion de pomme de terre. Par exemple, un tiers de parenchyme de ce tubercule mêlé à deux tiers de farine de seigle forment un pain meilleur que s'il n'était fait qu'avec du seigle pur. Un pareil mélange avec de la farine d'orge fait disparaître l'extrême sécheresse, et l'insipidité que le pain aurait conservées, si l'orge était restée seule. *M. Cadet de Vaux* a fait les expériences que nous venons de rapporter; on ne peut révoquer en doute les assertions de ce philantrope.

Cet auteur ne s'occupe des parties fibreuses de la pomme de terre que relativement à ceux qui fabriquent la fécule; car, relativement à l'utilité générale, il recommande plus particulièrement la farine de pomme de terre *par dessication*, et il conseille de la mêler avec la farine de blé. Il fait remarquer en effet que la farine de pomme de terre coûte beaucoup moins que celle des grains de moindre qualité. D'après ses propres expériences, *M. Cadet de Vaux* assure qu'un quart de farine de pomme de terre, avec trois quarts de farine de froment, donnent un pain excellent dont la saveur se rapproche de celle du gâteau, dont il prend la couleur jaunâtre. Ce pain, dit-il, est très-appétissant et se conserve frais pendant dix à douze jours, tandis que le pain de pur froment devient promptement rassis, et perd alors beaucoup de sa saveur. Si l'on ne mêle à la farine de froment qu'un cinquième de farine de pomme de terre, le pain qui en résulte ne laisse pas même soupçonner au goût que le froment n'y a pas été employé seul, et cependant l'économie n'en est pas moins réelle.

Nous avons dit que la quantité de farine de pomme de terre doit augmenter depuis un cinquième jusqu'à la moitié, selon que le froment auquel on la mêle est d'une qualité plus ou moins inférieure : alors elle sert principalement à économiser le blé; mais elle a de plus l'avantage d'améliorer la farine de froment qui est avariée, et de détruire le goût et l'odeur désagréables qu'aurait le pain sans ce mélange.

Notre farine de pomme de terre améliore aussi les farines des autres grains, tels que le seigle, l'orge et le sarrasin; mais il faut que leur mouture soit faite avec soin, c'est-à-dire que la farine, le gruau et le son soient exactement séparés. Si une mouture mal soignée rend le pain si inférieur, même lorsqu'il est fait avec du froment de la meilleure qualité, à combien plus forte raison n'est-il pas détestable lorsqu'on y emploie du seigle ou de l'orge, ou du sarrasin moulus grossièrement.

La farine de pomme de terre, mêlée à celle de seigle, rend le pain moins visqueux; sa proportion peut varier selon que l'on veut masquer plus ou moins le goût du seigle; mais, en prenant parties égales de l'une et de l'autre, on obtient un fort bon pain.

Si avec l'orge on met les trois quarts de farine de pomme de terre, le pain prend une couleur moins foncée; il est moins dur et se conserve plus long-temps frais. Les paysans le trouvent bien préférable à celui dans lequel il n'entre absolument que de la farine d'orge.

La farine de sarrasin, n'ayant pas la faculté de fermenter seule, ne peut pas produire de bon pain; mais son mélange avec trois quarts de farine de pomme de terre lui donne assez de faculté fermentative, pour en faire un pain dont l'estomac peut fort bien s'accommoder, et dont les habitans des campagnes, qui récoltent le sarrasin, sont très-satisfaits.

On a fait beaucoup d'expériences pour découvrir le meilleur moyen de faire du pain avec des pommes de terre cuites, pelées, écrasées, mêlées avec de la farine de froment ou de seigle, et même avec ces deux sortes de farine ensemble; le pain qui en est résulté a toujours été trouvé fort bon. Une des qualités qu'on lui a surtout remarquées, c'est que ce pain, devenu sec, s'est conservé très-long-temps sans la moindre moisissure. On trouve dans les Mémoires de la Société royale d'Agriculture de Rouen, publiés en 1787, une de ces expériences qui a été rapportée par *M. Cadet de Vaux*, dans l'ouvrage que nous avons déjà cité : nous croyons important de la faire connaître.

Trois pains furent fabriqués avec parties égales de farine de froment et de pomme de terre cuites, pelées et écrasées : deux de ces pains furent confiés au capitaine de marine *Charles Poisson* qui devait mettre à la voile pour Cadix. Ce capitaine plaça l'un de ces pains dans sa chambre et l'autre dans la soute au pain, qui est ordinairement à la cale, c'est-à-dire dans le plus bas étage du vaisseau : le troisième pain était resté à terre dans une armoire bien sèche. Le capitaine partit de Rouen le 19 mai pour Cadix, d'où il se rendit à Barcelonne. Il revint à Rouen le 22 octobre suivant, après un voyage de quatre mois et trois jours. Les trois pains furent présentés à la Société d'Agriculture dans la soirée du 22 novembre de la même année ; ils étaient également secs, et ceux qui avaient voyagé sur mer n'étaient pas plus altérés que celui qui était resté à terre.

D'après cette expérience, il est certain que le pain, dont nous nous occupons, pourrait remplacer avantageusement le biscuit de mer. Il conviendrait aussi beaucoup mieux à la troupe que son pain de munition qui, souvent composé de farines avariées, est mal pétri, mal cuit, compacte, lourd, d'une couleur brune et répugnante. Le pain fait avec la farine de pomme de terre, ou avec la pomme de terre cuite et mêlée avec la farine de froment, n'aurait aucune des mauvaises qualités du pain de munition ; il se conserve mieux et trempe fort bien dans la soupe.

M. Thierry, de Romainville, près Paris, vient d'imaginer une machine à broyer et à pétrir les pommes de terre cuites, qui facilite beaucoup la main-d'œuvre de fabrication du pain dont nous nous occupons. Cette machine ingénieuse a été présentée à la Société d'Encouragement pour l'industrie nationale, et à la Société d'Agriculture du département de la Seine, qui ont fait éprouver ses effets sous les yeux de leurs commissaires. Il résulte de ces expériences que cette machine, simple dans sa construction, facile à faire mouvoir, prodigieuse dans ses résultats, occupant peu de place, peut broyer et pétrir mille livres de pommes de terre par heure, en n'employant, pour la faire agir, que la force moyenne d'une femme et celle d'un enfant pour l'alimenter.

Voici la manière dont on fait usage de cette machine : lorsque les pommes de terre sont cuites et épluchées, un enfant les jette dans la trémie, tandis qu'une personne fait mouvoir la manivelle. Les pommes de terre descendent de la trémie entre deux cylindres, dont la surface convexe est formée de toile métallique à claire-voie; elles y sont écrasées, et la pulpe est forcée de passer à travers les mailles de la toile, en forme de pâte liquide. Cette pâte tombe au fur et à mesure dans un baquet qui est au bas, que l'on retire lorsqu'il est plein, pour le porter au pétrin destiné à contenir le mélange. On y ajoute un poids égal, et même seulement les deux cinquièmes d'une farine quelconque, dans une partie de laquelle on a délayé le levain, ou la levure, de la même manière qu'on opère sur la farine pure. Quand tout est fini de broyer, on mélange grossièrement cette pâte, à l'aide d'une fourche, avec la quantité d'eau nécessaire. Il faut employer très-peu d'eau, vu que la pomme de terre doit être considérée comme contenant la moitié de son poids d'eau.

Lorsque le mélange est bien fait, on jette de nouveau la pâte dans la trémie pour la faire repasser dans les cylindres. Lorsque cette opération est finie, la pâte se trouve assez malaxée et parfaitement pétrie; on la jette dans le pétrin, et on forme le pain. Le Roi et toutes les personnes qui ont goûté du pain préparé avec cette machine, l'ont trouvé excellent. On ne saurait trop recommander cette précieuse invention, qui offre une grande économie. On la fabrique chez M. Vallot, ingénieur-mécanicien, rue du Cloître-Notre-Dame, n. 4. Il y en a de trois grandeurs différentes; les plus grandes sont du prix de 200 francs; les moyennes, 100 fr.; et les plus petites pour les ménages, faisant 60 livres à l'heure, 60 francs.

Il faut observer qu'en employant des pommes de terre cuites, elles ne fournissent en subsance nutritive qu'environ le quart de leur poids; car la pomme de terre fraîche contient, comme nous l'avons déjà dit, en eau de végétation, environ les trois quarts de son poids. Nous pouvons conclure, de cette observation, que, dans l'expérience citée par *M. Cadet de Vaux*, la pomme de terre cuite ayant été mêlée avec partie égale de farine de froment, le mélange contenait réellement une plus grande quantité de cette farine que de pomme de terre. Il vaut donc mieux employer de la farine *par dessication*, parce que les proportions dans le mélange avec d'autres farines sont plus faciles à observer.

En second lieu, à moins qu'on ne fasse usage de la machine de *M. Thierry*, c'est une opération très-pénible et très-embarrassante que d'avoir à écraser une grande quantité de pommes de terre cuites; et, quand l'opération est terminée, il n'est pas aisé de mouiller la farine qu'on y mêle, afin que le tout forme un mélange parfaitement homogène.

Enfin, l'emploi des pommes de terre fraîches n'est praticable que pendant une partie de l'année, car elles cessent d'être bonnes quand elles commencent à germer. Au contraire, la farine *par dessication* s'emploie avec le même succès pendant toute l'année.

Avec les farines de cette espèce on peut faire des bouillies, première nourriture des enfans. Beaucoup de personnes s'imaginent que la farine de froment est préférable, pour cet usage, à celle de pomme de terre; elles se trompent. L'expérience prouve que la farine de froment est très-indigeste, à moins que, préalablement, elle n'ait été passée au four. C'est la raison pour laquelle la panade passée au tamis est souvent prescrite pour les enfans à la mamelle, plutôt que la bouillie de froment. Le motif qui a déterminé cette préférence est facile à saisir : dans le pain qu'on emploie pour la panade, la farine a subi une fermentation, tandis que la farine dont on se sert pour la bouillie n'a pas reçu cette préparation utile. La farine de pomme de terre, obtenue *par dessication*, jouit ici d'un précieux avantage; elle n'a pas besoin de fermenter pour devenir un aliment très-approprié aux estomacs les plus délicats, parce qu'elle a été exposée deux fois à l'action du feu. Cette farine doit donc être préférée pour faire, soit au lait, soit au bouillon, soit même à l'eau, la bouillie qu'on donne aux enfans, aux vieillards et même aux malades.

Avant que la pomme de terre fût admise au nombre de nos alimens, son usage était réservé à la nourriture des bestiaux. En nous l'appropriant, nous n'avons pas prétendu en priver les animaux que nous élevons dans nos basses-cours; au contraire, les procédés qui ont été imaginés et perfectionnés pour la préparation et la conservation de ce tubercule, doivent aussi tourner à leur avantage. Ainsi les tranches de pommes de terre, conservées par dessication, étant réduites en gruau, de la grosseur de l'orge ou de l'avoine, peuvent devenir pour la volaille une nourriture plus saine et plus économique que toutes les espèces de grains. Elle n'a pas même l'inconvénient de retarder la ponte comme fait l'usage de l'orge, du sarrasin et du chénevis. Au lieu de quatre livres d'orge, qui valent environ soixante-dix centimes (14 sous), on donne une livre de notre gruau, qui, comme on l'a vu précédemment, représente quatre livres de pommes de terre fraîches, et par conséquent ne reviennent qu'à cinquante centimes (10 sous). On trouve donc une économie réelle de vingt centimes, ou 4 sous.

Indépendamment de la nourriture ordinaire que le porc trouve dans les débris de la cuisine, de la laiterie et du jardinage, il a besoin, pour s'engraisser, ou de gland, ou d'orge, ou d'avoine, ou de remoulage : donnez-lui du gruau de pommes de terre conservées par dessication, vous y trouverez plus de ressources pour les temps où les grains manquent, et toujours plus d'économie. Personne n'ignore que la substance qui termine le mieux l'engrais du porc, c'est la chapelure du pain ; notre gruau de pommes de terre desséchées a les mêmes propriétés que la chapelure du pain, qui n'est autre chose qu'une substance farineuse cuite et desséchée. Du reste, on pourrait très-bien mêler nôtre gruau à la chapelure, dont la provision durerait plus long-temps, et à la fin de l'année on se trouverait avoir obtenu le même succès avec moins de dépense.

On engraissera également avec beaucoup

d'avantage le bœuf et le mouton par le gruau de pommes de terre desséchées; car il est reconnu qu'en leur faisant acquérir plus de graisse, il rend leur chair beaucoup plus succulente. Il y a une infinité de circonstances où les résidus de la distillation des grains, que l'on emploie à la nourriture de ces animaux, éprouvent des accidens qui retardent leur engrais. Le gruau de pommes de terre ne manque jamais; d'ailleurs, on ne distille pas des grains partout, et presque partout on engraisse des bœufs et des moutons; dans ces pays l'emploi de la pomme de terre sera très-économique pour cet usage et sera plus avantageux, car il engraissera plus promptement ces animaux.

Le fourrage n'est, pour le cheval, qu'une nourriture d'entretien; elle lui suffit lorsqu'il ne fait rien et qu'il reste à l'herbe ou à l'écurie; mais dès l'instant qu'il travaille il a besoin d'une nourriture plus substantielle; on ne peut se dispenser de lui donner de l'avoine. Dans quelques pays on supplée à l'avoine par des fèves ou du son, et souvent par l'une et l'autre mêlés ensemble. Plusieurs propriétaires ont essayé, dans les temps où ils manquaient d'avoine, ou que ce grain était rare et cher, de lui substituer la pomme de terre crue et coupée par morceaux ; ce moyen leur a parfaitement réussi. Cette ressource, très-économique, ne peut être employée que pendant quelques mois de l'année ; car, dès l'instant que la pomme de terre commence à germer, les animaux en général s'en dégoûtent, et, le cheval, qui est très-délicat sur le choix de ses alimens, s'en dégoûte encore bien plus vîte que les autres. Il aime, au contraire, passionnément notre gruau de pommes de terre, dont la bonne qualité ne s'altère jamais. Il ne faut pas croire qu'il en consomme une très-grande quantité : rappelons-nous qu'une livre de cette substance contient, dans son état de dessication, autant de parties nutritives que quatre livres de pommes de terre fraîches ; ainsi, au lieu d'un boisseau que l'on en donnerait, par exemple, dans ce dernier état, il suffira de donner un quart de boisseau de gruau qui produira le même effet.

Nous n'avons jusqu'ici pris pour terme de comparaison, que des avoines franches ; mais on trouvera bien plus d'économie, si l'on fait attention que la plupart des avoines sont javelées, c'est-à-dire qu'après avoir été coupées, elles sont restées sur le champ jusqu'à ce qu'elles aient été mouillées par la pluie ou par la rosée, ce qui les fait noircir et gonfler. Dans cet état, un boisseau d'avoine ne contient guère plus de parties nutritives qu'un boisseau de pommes de terre fraîches. D'où il suit qu'en donnant environ un tiers de boisseau de gruau, le cheval doit être bien mieux nourri qu'avec un boisseau d'avoine. L'économie est déjà considérable dans les années où les grains sont abondans ; mais elle devient d'une autre importance dans les années où les grains sont rares et chers. Nous ferons une autre observation qui mérite d'être bien sentie : le gruau de pommes de terre n'ayant ni peau, ni écorce, absolument aucune espèce d'enveloppe, n'exige pas que le cheval fasse le plus petit effort des mâchoires ; l'avoine, au contraire, demande à être bien triturée avant de passer dans l'estomac du cheval, sans quoi elle est pour sa nourriture d'un faible secours. La plupart des chevaux ne mâchent pas assez ; les uns parce qu'ils mettent trop d'avidité à manger ; d'autres parce qu'ils ont les mâchoires paresseuses ; d'autres, enfin, comme les vieux chevaux, parce que leurs dents sont usées.

Dans tous ces cas, le gruau de pommes de terre est préférable : il devient une nourriture plus saine et aussi fortifiante pour les chevaux.

Nous avons démontré que le parenchyme de la pomme de terre la rend susceptible de passer à la fermentation vineuse; elle peut, par conséquent, remplacer l'orge dans la fabrication de la bière. On peut donc la substituer à ce grain dans les pays où il manque, de même que dans ceux où il se vend à un prix trop élevé, et où cependant il est important d'établir des brasseries pour remplacer le vin qu'on n'y récolte pas. La bière, qu'on y fait venir de trop loin, s'y vend si cher que la classe ouvrière et le bas peuple ne peuvent pas s'en procurer.

Aucune espèce d'aliment n'est susceptible de recevoir autant de différentes sortes de préparations saines et agréables que la pomme de terre. L'opinion générale de ceux qui aiment ce végétal précieux et qui s'en nourrissent, est que la meilleure manière de les faire cuire, consiste à les faire bouillir dans l'eau avec leur peau; ils se trompent, nous avons prouvé qu'elles sont infiniment meilleures lorsqu'elles sont cuites à la vapeur. Les Irlandais, qui vivent en grande partie de pommes de terre, sont regardés comme le peuple qui les prépare le mieux. Nous allons faire connaître successivement les diverses manières que *Rumford* nous a transmises et qu'il recommande d'employer d'après sa propre expérience.

Manière de faire cuire les pommes de terre pour les manger en guise de pain.

Nous allons transcrire littéralement les renseignemens que nous a donnés le comte de *Rumford* (3e. *Essai*, *chap. VII.*)

« Rien ne pourrait contribuer davantage à augmenter la consommation des pommes de terre, que de connaître la manière de les préparer. A Londres, on y fait peu d'attention, au lieu que, dans le *Comté de Lancastre* et en *Irlande*, on fait bouillir les pommes de terre dans la plus grande perfection. Quand elles sont préparées de la manière suivante, si elles sont de bonne qualité, on peut les manger en guise de pain, comme cela se pratique en Irlande. Les pommes de terre devraient être, autant que possible, de la même grosseur, et on devrait faire bouillir les grosses et les petites séparément. Il faut les laver proprement sans les peler, ni les gratter, les mettre ensuite dans de l'eau froide, de manière à ne point les en couvrir, parce qu'elles rendent par elles-mêmes une quantité considérable de liquide. On ne doit point les mettre dans un vase rempli d'eau bouillante, comme cela se pratique pour les herbes potagères. Si les pommes de terre sont passablement grosses, il sera nécessaire, lorsqu'elles commenceront à bouillir, d'y jeter de l'eau froide, et de répéter cela plusieurs fois, jusqu'à ce que les pommes de terre soient bouillies à fond (ce qui prendra d'une demi-heure à une heure et quart), suivant leur grosseur; autrement, elles se fendraient à l'extérieur, et tomberaient en pièces, tandis que l'intérieur ne serait point cuit et deviendrait par conséquent malsain et peu agréable au goût. »

« Pendant l'ébullition, il faut y jeter un peu de sel, ce qui produit un très-bon effet, et il est certain que plus la coction est lente, mieux elle réussit. Quand les pommes de terre sont bouillies, jetez l'eau et laissez évaporer l'humidité en remettant sur le feu le vase dans lequel on les a fait bouillir. Cette précaution les rend extrêmement sèches et farineuses. On devrait les apporter sur la table avec leur peau et les manger avec du sel et du pain. »

« Il n'y a que l'expérience qui puisse faire connaître la supériorité de cette méthode de faire cuire les pommes de terre, particulièrement quand elles sont de bonne qualité et farineuses. »

« La manière de les faire cuire, détaillée ci-dessus, et qui a été extraite en partie d'un ouvrage de *Samuel Hayes Esq. d'Arondale*, en Irlande, *Sur la Culture de la pomme de terre*, *pag.* 103, en partie d'un rapport imprimé du *Comité de Lancastre*, *pag.* 63, et d'autres renseignemens communiqués au Comité, est certainement la plus avantageuse. En les mangeant avec du beurre, du lait ou du poisson, cela forme un excellent mets. »

Ces renseignemens sont si clairs, si précis, qu'ils n'ont certainement besoin d'aucun commentaire. Ceux qui les suivront exactement, s'apercevront que les pommes de terre acquièrent par cette méthode une qualité supérieure, et seront convaincus que la manière de les faire cuire est un objet beaucoup plus important qu'on ne l'aurait cru jusqu'à présent.

Si cette manière de faire cuire les pommes de terre était généralement connue dans les pays où ce végétal commence à devenir un aliment ordinaire, nous ne doutons pas que l'excellente saveur qu'on y découvrirait, ne contribuât beaucoup à en rendre l'usage plus général, non-seulement parmi le peuple, mais même dans les ménages bourgeois.

Rumford rapporte encore que le 25 février 1796, les chargés d'affaires de la paroisse de *St Olaves Soulwark*, désirant diminuer autant qu'il est possible la consommation du froment, prirent la résolution de suivre le procédé suivant pour faire le *pudding* à la graisse qu'ils sont dans l'usage de donner aux pauvres une fois par semaine à dîner. Nous allons copier littéralement ces recettes, parce que le traducteur ne donnant aucune explication des rapports qui existent entre les poids et les monnaies anglaises et ceux de France, nous craindrions d'y changer les proportions. Nous suppléerons autant qu'il sera en nous au silence du traducteur par la note qui suit cet article. Par le rapport du prix on pourra apprécier le rapport des mesures, dont nous ne connaissons pas le véritable rapport avec les mesures françaises.

200 livres de pommes de terre bouillies, pelées et écrasées.....	o liv.	8 sh.	o sous.
2 gallons de lait................	o	2	4
12 livres de graisse à 4 s. ½........	o	4	6
1 perk de farine...............	o	4	o
Frais de cuisson..............	o	1	8
Total de la dépense......	1	o	6

Le pudding à la graisse se fait ordinairement de la manière suivante :

	liv.	sh.	sous.
2 boisseaux de fleurs............	1	12	0
12 livres de graisse..............	0	4	6
Cuisson	0	1	8
Total de la dépense.....	1	18	2
Différence entre le premier et le second pudding............	0	17	8

Ce qui fait environ 21 fr. 20 c. monnaie de France.

Tel a été, dit l'auteur, le dîner destiné à 200 personnes qui donnèrent la préférence à la première espèce de pudding et désirèrent que l'usage en fût conservé.

Note sur les mesures anglaises. Les Anglais ont deux sortes de monnaies, la monnaie réelle, c'est la monnaie usuelle, et la monnaie imaginaire, de même que nous avions la pistole avant le système décimal. Voici la valeur de ces deux espèces de monnaie.

Monnaie réelle. — La guinée d'or vaut 21 shelings.

La croone ou écu d'argent vaut 5 shelings.

Le sheling ou écu d'argent vaut 12 deniers ou pennins.

Nota. Ce que nous appelons *denier* les Anglais l'appellent sou; ainsi ils disent que les shelings d'argent valent 12 s.

Monnaie imaginaire. — La livre sterling vaut 20 sheling ou sous sterlings.

Le sheling d'argent sterl. vaut 12 den. sterl. ou 12 sous.

La livre (*avoir du poids*) est égale à 453 gram. 459 millièmes.

Le gallon contient 8 pints, et le pint comparé à notre litre égale 0.473.

Diverses manières de préparer le pudding aux pommes de terre cuites au four.

Le *pudding* suivant, aux pommes de terre, a été apprêté à l'hôtel où je loge (c'est *Rumford* qui parle), et plusieurs personnes l'ont trouvé fort à leur gré.

N° 1.	Pommes de terre cuites, pelées et écrasées	12 onces.
	Graisse	1
	Lait	1 ou $\frac{1}{16}$ de pinte.
	Fromage de Chester	1
	Total	15 onc.

Mêlez avec la quantité d'eau nécessaire pour donner au pudding la consistance requise; faites cuire au four dans une casserole de terre.

N° 2.	Pommes de terre comme ci-dessus	12 onces.
	Lait	1
	Graisse	1
	Total	14 onc.

Ajoutez une suffisante quantité de sel et faites cuire au four dans une casserole.

N° 3.	Pommes de terre comme ci-dessus	12 onces.
	Graisse	1
	Hareng cru et écrasé dans un mortier	1
	Total	14 onc.

Mêlez le tout et faites cuir au four comme ci-dessus.

N° 4.	Pommes de terre comme au N° 1	12 onces.
	Graisse	1
	Bœuf fumé et râpé très-fin	1
	Total	14 onc.

Mêlez et faites cuire au four.

Ces *puddings*, après la cuisson, pesaient chacun de dix à douze onces. Tous ceux qui en ont goûté les ont trouvés très-bons ; mais les *puddings* N°s 1 et 3 sont ceux qui ont réuni le plus de suffrages.

Manière de faire, à peu de frais, des quenelles aux pommes de terre.

Prenez une certaine quantité de pommes de terre à moitié bouillies, pelez-les et râpez-les de manière à les réduire en grosse poudre ; mêlez-les avec une très-petite quantité de fleur de farine, par exemple un seizième du poids des pommes de terre, et même un peu moins ; ajoutez un assaisonnement de sel, de poivre et de fines herbes : mêlez le tout avec de l'eau bouillante pour donner à la pâte la consistance nécessaire et formez-en des *quenelles* de la grosseur d'une pomme. Roulez les *quenelles* sur de la farine pour empêcher l'eau de les pénétrer ; mettez-les dans l'eau bouillante et faites continuer l'ébullition jusqu'à ce qu'elles s'élèvent à la surface de l'eau et y surnagent, ce qui est la preuve qu'elle sont suffisamment cuites.

Il est facile de relever le goût de ces quenelles en y mêlant une petite quantité de bœuf fumé, ou des harengs secs et salés, l'un et l'autre réduits en poudre.

On obtient un excellent mets en mêlant à l'une des compositions que nous avons données, du pain frit, sans y ajouter autre chose excepté un assaisonnement de sel.

On peut faire de gros *puddings* bouillis avec les mêmes ingrédiens qui servent à faire ces quenelles; et, lorsqu'il est question de nourrir des pauvres dans un établissement public, on doit donner la préférence aux *puddings* qui sont plus faciles à apprêter que les quenelles.

Moyens de préparer une sauce pour manger les pommes de terre simplement bouillies.

Après avoir pelé les pommes de terre bouillies simplement dans l'eau, ou mieux cuites à la vapeur, on les coupe dans une casserole, et l'on verse par-dessus une sauce blanche semblable à celle qu'on emploie pour les fricassées de poulet; on la lie sur le feu.

Ce plat est extrêmement sain et très-délicat; il faut avouer cependant qu'il est trop dispendieux pour servir de nourriture aux pauvres et qu'il est plutôt destiné pour la table des gens aisés. L'on pourrait employer d'autres sauces moins chères pour procurer aux indigens un mets aussi bon et qui ressemble parfaitement à celui que nous venons d'indiquer. Du lait épaissi avec un peu de farine de froment ou de fécule de pomme de terre, et lié sur le feu comme la sauce au poulet, remplace parfaitement celle dont nous avons parlé au commencement de cet article.

CHAPITRE VII.

Divers moyens d'employer le maïs ou blé de Turquie comme substance alimentaire.

Avant d'entrer en matière sur les objets qui font le principal sujet de ce chapitre, il nous a paru important de rapporter quelques observations de *M. de Humboldt* sur le maïs, qu'il a consignées dans ses *Essais politiques sur le royaume de la Nouvelle-Espagne.* Cet ouvrage profondément réfléchi et savamment écrit renferme des faits nombreux et des réflexions précieuses sur les bases alimentaires; nous sommes fachés que le cadre de cet ouvrage ne nous permette pas d'entrer dans de plus grands détails.

« L'utilité que les Américains tirent du maïs est trop connue pour que j'aie besoin, dit *M. de Humboldt*, de m'y arrêter ici. L'usage du riz est à peine aussi varié en Chine et aux grandes Indes. On mange l'épi cuit dans l'eau ou rôti. Le grain écrasé donne un pain nourrissant quoique non fermenté et pâteux. »

« La farine est employée comme le gruau pour faire la bouillie que les Mexicains appellent *atolli*, et à laquelle on mêle du sucre, du miel, quelquefois même de la pomme de terre broyée. Le botaniste *Hernandès* décrit seize espèces d'*atolli*, qu'il fit faire de son temps. »

« Un chimiste aurait de la peine à préparer cette innombrable variété de boissons spiritueuses, acides ou sucrées que les Indiens savent faire avec une adresse particulière, en mettant en infusion le grain du maïs, dans lequel la matière sucrée commence à se développer par la germination. Ces boissons qu'on désigne communément par le nom de *chicha*, ressemblent les unes à la bière, les autres au cidre. »

Parmentier, pendant ses expériences sur la culture du maïs et ses appropriations, alors inconnues en France, tenta avec succès la fabrication de la bière; il en fit une boisson excellente qu'il présenta à la Société royale d'Agriculture; on en fabriqua même en grand; mais la culture du maïs ne s'étendit pas assez dans le cercle qui environne la capitale, pour que cette bière pût devenir un objet de spéculation pour le commerce.

Les divers usages auxquels on peut employer le maïs comme substance alimentaire sont très-variés. Notre intention n'est pas de décrire toutes les sortes de mets qu'on prépare avec le maïs; nous allons seulement indiquer les plus simples. Ceux qui désireront s'instruire à fond sur ce sujet, pourront consulter l'ouvrage de *M. de Humboldt* que nous avons cité, et le 3e *Essai de Rumford.*

Le grain du maïs ne contient presque pas de sucre, en sorte qu'il est impossible de l'employer seul à faire du pain. La farine qu'il produit pétrie et cuite forme un corps pâteux très-nourrissant qui ressemble à du gâteau. Il plaît beaucoup aux paysans qui en font leur nourriture ordinaire. La méthode la plus simple et la plus usitée pour employer le maïs comme substance alimentaire, c'est d'en faire de la bouillie qu'on nomme *gaude* en France, et *polenta* en Italie. Il ne sera pas inutile de décrire la manière dont on la prépare dans les départemens méridionaux, et surtout dans le département du Tarn où elle est la nourriture habituelle du paysan; ils l'appellent *millias*. Il n'y a pas une famille aisée qui ne se donne souvent et même une fois par semaine le plaisir de manger du *millias*, car c'est un régal dans ce pays; les personnes riches en font aussi une fête. Pendant le temps que nous avons habité ce pays, nous en avons souvent mangé, nous en avons même fait souvent préparer dans notre ménage. Voici la manière de faire le *millias*.

On suspend à la crémaillère un chaudron plus ou moins grand, selon la quantité de *millias* qu'on veut préparer; il contient ordinairement un seau d'eau. On le remplit d'eau jusqu'à deux pouces du bord, on la fait bouillir et on la sale. Lorsque l'eau bout, on y jette, petit à petit et par poignées, de la farine de maïs; l'on a soin de remuer continuellement avec un morceau de bois, un bâton rond, destiné à cet usage. La manière d'agiter le *millias* exige quelques détails.

L'on sent que le chaudron suspendu à la

crémaillère irait à droite et à gauche, c'est-à-dire prendrait un mouvement oscillatoire pendant l'agitation, si l'on n'avait un moyen de le fixer; cette opération est très-facile : on prend une tuile creuse, qui sont communes dans ces pays; on s'en sert à couvrir les toits; on la dresse contre le chaudron qu'elle embrasse par sa partie concave; la cuisinière assise devant le feu pose le pied sur la partie convexe de la brique, et par ce moyen fixe le chaudron et se donne un point d'appui. Cette brique la garantit aussi de la trop grande chaleur. La cuisinière, qui a à côté d'elle un paillasson plein de farine, la jette, comme nous l'avons déjà dit, poignée à poignée dans le chaudron et la délaie bien avec son bâton. Elle a soin de ne mettre la seconde poignée que lorsque la première est bien délayée. Elle en ajoute successivement jusqu'à ce qu'elle juge sa pâte assez épaisse pour prendre par la cuisson la consistance nécessaire; l'habitude rend bientôt maître sur ce point. On laisse bouillir en remuant continuellement jusqu'à ce que, par l'odorat, on juge qu'elle est cuite; pour cela on approche le bâton du nez et on le flaire.

Pendant que le *millias* est sur le feu, on étend un linge propre sur la table, ou sur une planche destinée à cet usage; on saupoudre dessus de la farine de maïs, et, lorsque le *millias* est cuit, on le verse sur le linge et au milieu. La pâte est assez liquide pour s'étendre, et quand elle est bien au point convenable, elle doit conserver dans son milieu un bon pouce d'épaisseur. On laisse refroidir le *millias*, on le mange quand il a perdu assez de chaleur pour ne pas brûler. Pour cela on le coupe par tranches au fur et à mesure qu'on en a besoin, et on le mange comme du pain. Les paysans le mangent ordinairement seul; les gens plus aisés le mangent avec la sauce d'un ragoût; il est fort bon de cette manière; mais il est beaucoup meilleur avec des confitures de raisin qui sont communes dans ce pays.

Lorsqu'il est froid, on le coupe par morceaux et on le fait chauffer sur le gril; il est encore excellent de cette manière. Lorsqu'on veut en faire un mets recherché, on le coupe, lorsqu'il est froid, par morceaux de deux pouces de long, un pouce de large et demi-pouce d'épaisseur; on les fait frire dans l'huile d'olive, dans le beurre ou dans la graisse, et, lorsqu'ils sont bien cuits, on les saupoudre de sucre pilé ou de cassonnade; on les sert comme des beignets, et on les mange en entremets.

En Amérique on fait aussi de la bouillie avec le maïs; mais on la fait épaisse à-peu-près comme de la pâte, c'est ce que *Rumford* nomme *pudding*, et que les Américains appellent *hasty-pudding*. L'espèce d'âpreté naturelle du maïs nécessite l'action prolongée du feu, pour convertir sa farine en bouillie; alors, ne conservant plus aucun goût désagréable, ce mets devient aussi appétissant qu'il est salubre et nourrissant.

Hasty-pudding de farine de maïs. On met sur le feu un vase rempli d'eau avec suffisante quantité de sel pour l'assaisonner. Pendant que cette eau se chauffe, on y délaie peu à peu de la farine de maïs, en remuant continuellement dans le vase avec une cuiller de bois, afin qu'il ne se forme pas de grumeaux. On connaît le moment où il est arrivé à une suffisante consistance, lorsqu'en plaçant la cuiller dans le milieu de la bouillie, dans une position verticale, elle y conserve cette situation. Si la cuiller n'y reste pas verticale, le *pudding* n'est pas assez épais, on doit y ajouter de la farine, ou bien le laisser plus longtemps en ébullition, pour qu'il parvienne au degré de consistance nécessaire à sa perfection. Une demi-heure d'ébullition peut suffire pour que la pâte acquière la consistance convenable; mais si l'ébullition se continue pendant une heure ou une heure et demie, suivant la quantité qu'on en prépare, le *hasty-pudding* en sera bien meilleur.

Selon *Rumford* une pinte d'eau et une demi-once de sel par chaque livre de farine produisent trois livres neuf onces de *pudding*. Existe-t-il une nourriture plus facile à préparer, plus substantielle et plus économique pour la classe indigente?

Le *pudding* se mange de plusieurs manières: quand il est chaud, on le jette par cuillerées dans du lait où il fait l'office de pain, ce qui devient un mets fort agréable. Au lieu de le manger ainsi au lait, on lui fait quelquefois une sauce avec du beurre et du sucre ou de la cassonnade, ou même de la *mélasse;* on y ajoute quelques gouttes de vinaigre ou de jus de citron. Le *pudding* est mis dans un plat, et, tandis qu'il est encore chaud, on fait au centre un trou formant réservoir; c'est dans cette excavation qu'on met le beurre, le sucre ou la mélasse. La chaleur fait fondre ces substances qui forment bientôt un sirop au milieu du plat. Les individus appelés à manger le *pudding* ont chacun une cuiller; ils commencent à l'attaquer par les bords, et toujours en approchant du centre. Chaque fois qu'ils en prennent, ils trempent leur cuiller dans la sauce avant de la porter à la bouche. On a grand soin de n'attaquer les bords du réservoir qu'à la dernière extrémité.

Il y a des particuliers qui préfèrent couper le *pudding* par morceaux, après qu'il est refroidi. Ils le font frire dans du beurre ou dans de l'huile, comme nous l'avons dit plus haut du *millias*, et ils le mangent comme des beignets.

Les Américains font grand cas du *pudding* froid; ils le mangent préparé non-seulement des diverses manières dont nous venons de parler, mais souvent ils le mêlent avec des tranches de bœuf et des feuilles de choux bouillies; après avoir haché le tout ensemble, ils le font frire et le servent avec ou sans sauce.

Quoique le *hasty-pudding* ne se fasse qu'avec de la farine de maïs, on peut en faire avec parties égales de cette farine et de celle de seigle. On peut aussi se servir uniquement de la farine de seigle à défaut de celle de maïs. L'une de ces deux farines mêlée par portions égales avec la farine de froment pourrait faire encore du *pudding* : on pourrait même les associer par tiers toutes les trois ensemble. L'on voit par toutes ces observations que toutes les farines, qui seules ou mélangées peuvent faire de la bouillie, sont toujours capables de faire aussi du *pudding*, soit qu'on les emploie séparément, soit qu'on les emploie collectivement; nous devons cependant prévenir le lecteur que le *pudding* de farine de maïs pure est toujours le meilleur.

Pain de maïs.

Nous avons fait observer que le sucre réside dans la tige du maïs en bien plus grande abondance que dans ses grains, ce qui rend ces derniers peu propres à faire du pain. On a fait beaucoup d'essais pour y parvenir; nous allons faire connaître les résultats qu'on a obtenus. Voici ce que nous apprend *M. Thiébaut de Berneaud*, rédacteur de la *Bibliothèque des propriétaires ruraux*, et de la *Bibliothèque phisico-économique*.

« Dans un grand nombre de départemens méridionaux de la France et en Allemagne, on mange, depuis long-temps, des gâteaux de maïs, composés de farine de ce grain réduite en pâte fermentée. Ce gâteau, vulgairement appelé *pain turc*, *millias*, *pain de maïs*, est difficile à fabriquer, lourd, très-spongieux, et par conséquent peu sain. Mais cette même farine, mêlée à de la farine de froment ou de seigle, fournit un pain de très-bonne qualité, fort agréable au goût, nourrissant, digestif, et qui réunit encore l'avantage de se tenir long-temps frais. Pour le prouver, nous ne répéterons point ce qu'ont dit du pain de maïs *Winthorp*, *Kalm*, *Lelieur* (de Ville-sur-Acre) et *Buniva*, parce que tous ces détails se trouvent dans la *Bibliothèque des propriétaires ruraux*; mais nous rapporterons le procédé indiqué par M. *François de Neufchâteau*, et celui déjà mis en pratique dans le département des Landes, où le maïs est généralement cultivé, et où il nourrit lui seul les trois-cinquièmes de la population des campagnes. »

« PREMIER PROCÉDÉ. On fait bouillir de l'eau dans laquelle on fait fondre 250 grammes de sel (demi-livre). L'on jette dans cette eau, par petite quantité à-la-fois et toujours en la remuant, 3 kilogrammes 750 grammes (sept livres trois quarts) de la farine de maïs bien blutée, surtout celle de maïs blanc, réputée la meilleure pour cet usage dans les États-Unis. Après avoir fait cuire cette bouillie pendant environ trois quarts d'heures, on l'ôte de dessus le feu, et l'on ajoute de la farine de maïs, pour rendre la bouillie encore plus épaisse; on la remet un moment sur le feu, puis on la verse dans une mai ou pétrin. On la remue avec une spatule, pour la laisser refroidir au degré que doit avoir l'eau chaude dont on sert pour faire le pain. Convenablement refroidie, on incorpore un kilogr. 200 gram. de levain (2 liv. 1/2) un peu délayé, à cette espèce de pâte, en la pétrissant pour lors avec cinq kilogr. 250 gram. (environ onze liv.) de farine de froment ou de seigle, quantité nécessaire pour former une pâte véritable, qui ait la consistance requise pour faire du pain. On couvre la pâte et on l'abandonne à la fermentation. Enfin la pâte, moulée en pain de 1 kilogr. 500 gram. (trois livres), est mise au four et donne 15 kilogram. de pain (trente liv.) Il faut seulement observer que le pain de maïs mélangé demande une plus longue cuisson que celui de froment ou de seigle pur. — Tel est le procédé indiqué par *M. François de Neufchâteau.* »

« SECOND PROCÉDÉ. On a, dans le département des Landes, opéré le mélange de 3 kil. 500 gram. (sept liv.) de farine de maïs blanc, blutée, et une égale quantité de farine de froment. On a pétri et ajouté 250 gramm. de sel (environ une demi-livre) et 1 kilog. 200 gram. (deux liv. et demie) de levain de froment. La pâte convenablement fermentée, moulée en pain de 1 kilog. 500 gram. (trois liv.) chaque, et mise au four jusqu'à parfaite cuisson, a produit 11 kilog. de pain (vingt-deux livres.) »

L'on voit évidemment que le second procédé est plus avantageux que le premier, puisque, dans le dernier, 13 livres de substances ont retenu, après la cuisson, neuf livres d'eau, tandis que dans le premier 22 livres n'en ont retenu que huit.

« Le pain provenant de ces deux manipulations est d'une qualité supérieure au pain de munition composé de trois quarts de froment et un quart de seigle. »

« On fait encore un pain de bonne qualité en incorporant par moitié, et faisant fermenter ensemble de la farine de maïs et des pommes de terre cuites, écrasées et passées, ou mieux encore de la farine de maïs avec celle de pommes de terre obtenue par dessication. »

« Le biscuit de maïs est excellent et se conserve très-long-temps. »

Nous avons dit que la farine de maïs, mêlée avec celle de pommes de terre desséchée, produit d'excellent pain; il est bon d'observer qu'il n'en serait pas de même si l'on mêlait cette farine avec la fécule de pommes de terre, parce que cette dernière farine, étant privée du parenchyme du tubercule, ne contient pas la substance propre à la faire fermenter.

Le gruau et la farine du maïs peuvent être employés avantageusement pour toutes sortes de potages et soupes économiques de la même manière que la farine et le gruau de la pomme de terre obtenus par dessication. Ce que nous avons dit à ce sujet dans le *chap. VI*, *pag.* 419, est parfaitement applicable au maïs : nous ne le répéterons pas ici.

Nous ajouterons aussi que tout ce que nous avons dit, dans le même chapitre, sur l'emploi du gruau de la pomme de terre, obtenu par dessication, pour la nourriture et l'engrais des animaux domestiques, est entièrement applicable au gruau de maïs pour les animaux qui se nourrissent de ce grain. Nous invitons le lecteur à relire ce chapitre ; il y trouvera tout ce qui peut l'instruire sur l'emploi du maïs pour cet usage.

SECONDE PARTIE.

INTRODUCTION.

Personne n'ignore que c'est par la cuisson que l'on prépare les substances alimentaires; elles exigent une plus ou moins longue exposition au calorique pour obtenir le degré de perfection qui convient à chacune d'elles. L'emploi du combustible ne peut donc pas être un objet indifférent pour celui qui s'occupe d'économie, surtout dans le siècle où nous vivons, où la rareté de cette matière de première nécessité la fait renchérir de jour en jour d'une manière alarmante pour l'indigent. Nous rechercherons par conséquent, dans la nature et dans les effets des combustibles le plus en usage, celui qui avec le moins de dépense produit le plus d'avantages. Les auteurs qui ont traité de cette matière ne nous paraissent pas avoir atteint le but qu'ils auraient dû se proposer. Nous avons taché de suppléer à ce qu'ils ont omis, et pour cela nous avons comparé la consommation

30

des combustibles à Paris avec les effets qu'ils produisent.

Nous ne pouvions pas nous occuper des combustibles sans nous arrêter aux instrumens qui les consument. Les cheminées et surtout les fourneaux ont dû fixer notre attention; les succès que nous avons souvent obtenus dans la pratique de la pyrotechnie à laquelle nous nous sommes livrés depuis long-temps, nous ont fait connaître la manière la plus avantageuse d'employer toutes les espèces de combustibles. La construction des fourneaux qui a tant occupé les hommes de génie, et sur laquelle nous avons déjà tant d'ouvrages, est encore dans l'enfance. Le cadre dans lequel nous nous sommes proposés de nous renfermer ne nous permet pas de traiter de la construction de toutes les espèces de fourneaux nécessaires aux différens arts qui ont besoin de cet instrument; nous traiterons de cette partie importante de l'économie domestique dans un ouvrage particulier que nous méditons. Nous nous bornerons ici à la description des seuls fourneaux relatifs à l'objet principal dont nous nous sommes déjà occupés, la préparation des substances alimentaires. Après avoir établi la théorie de la combustion, nous ferons connaître tout ce que nous avons fait dans la vue de perfectionner cette partie importante. Nous décrirons les fourneaux que nous avons imaginés pour arriver à ce but.

Parmi ces fourneaux il en est deux dont nous retirons tous les jours les plus grands avantages. L'un n'a qu'une chaudière et est propre aux ménages ordinaires ; l'autre, destiné aux grandes cuisines, a deux chaudières et une étuve ; un seul feu sert à les chauffer simultanément ou séparément, à volonté.

La forme des chaudières ou marmites, dans lesquelles on prépare les substances alimentaires, contribue beaucoup à l'économie du combustible ; mais la matière dont on les construit intéresse vivement quant à la salubrité. Ces deux objets ont fortement excité notre sollicitude, et les recherches que nous avons faites sur l'un et sur l'autre, éclairées par de nombreuses expériences, nous ont paru de nature à devoir figurer dans un ouvrage consacré à l'économie des substances alimentaires. Personne n'ignore que ce n'est qu'en tremblant qu'on emploie dans les cuisines les vases de cuivre pour la préparation des alimens ; quoique recouverts en apparence sur toutes leurs parties d'une couche d'étain, il n'en est pas moins arrivé, et il n'en arrive pas moins tous les jours des accidens fâcheux. La négligence, l'insouciance des domestiques a suffi dans beaucoup de circonstances, pour exposer la vie de leurs maîtres aux plus grands dangers. Les arts ont fait tant et de si utiles progrès que ces évènemens désastreux ne sont plus à craindre. L'on a découvert un étamage très-salubre qui ne coûte pas plus cher que l'étamage ordinaire, et qui dure beaucoup plus long-temps; il réunit la salubrité à la solidité.

Nous terminerons cette seconde partie par quelques recherches sur la manière de faire cuire les alimens à la vapeur, dans la vue de leur conserver leur arome et toutes leurs qualités nutritives. Nous ferons connaître quelques appareils appropriés à ce genre de cuisson.

Cette seconde partie sera par conséqnent divisée en quatre chapitres qui traiteront : 1° des combustibles; 2° des fourneaux, 3° des vases propres à la cuisson des alimens; 4° de la manière de faire cuire les substances alimentaires à la vapeur.

CHAPITRE PREMIER.

Des combustibles.

Nous ne chercherons pas à faire ici l'énumération de toutes les substances qui sont susceptibles de brûler, et avec lesquelles on pourrait faire du feu ; ce travail, qui serait infiniment pénible, ne tendrait qu'à satisfaire la curiosité de quelques lecteurs et ne serait d'aucune utilité pour le sujet que nous traitons. Il s'agit ici de donner les moyens d'économiser le combustible, et, pour atteindre ce but, il nous paraît qu'il suffira de parler d'une manière générale des trois substances qui sont universellement reconnues comme les plus propres à opérer la cuisson des alimens, c'est-à-dire à produire et à entretenir le feu pour chauffer les chaudières et les marmites qui servent à la préparation des substances alimentaires.

Le bois, la houille et la tourbe sont les trois sortes de combustibles qui sont le plus généralement employés à faire le feu, soit dans les ménages, soit dans les grands établissemens. Nous parlerons de la nécessité d'économiser le bois, et nous ferons connaître les moyens qu'on doit adopter pour réduire la consommation de ce combustible. Nous traiterons de tous ces objets en quatre paragraphes.

§ Ier. *Du bois à brûler.*

Le bois est le plus précieux de tous les combustibles, non-seulement parce qu'il sert à alimenter le feu, mais parce qu'il est employé à une infinité d'ouvrages qui sont confectionnés par une multitude d'arts industriels. Dans les pays où la civilisation n'est pas encore avancée, l'agriculture n'occupe que très-peu de terrain, les forêts y sont très-étendues, et le bois y est d'autant plus abondamment consommé en chauffage, qu'il n'est presque pas employé à d'autres usages. D'ailleurs la houille et la tourbe ne sont point à la portée de ces peuples ignorans qui n'en connaissent même pas l'usage : cachées dans le sein de la terre, ces substances exigent, pour les extraire, des travaux et des precautions ignorées des peuples qui habitent ces contrées.

Dès que la civilisation se perfectionne, la population augmente, les hommes acquièrent des connaissances dans les arts; alors les besoins se multiplient en raison du plus grand nombre d'individus et de l'accroissement de l'industrie; l'on est forcé de diminuer l'étendue des forêts pour augmenter celle des terres cultivées. En second lieu le bois est employé à une quantité infinie d'objets, que l'état de civilisation nécessite; et ces deux raisons réunies concourent à rendre le bois de plus en plus rare, et par conséquent de plus en plus cher.

Avant la révolution, nos forêts, quoique d'un grand produit, ne pouvaient pas suffire à tous nos besoins; le gouvernement était obligé de tirer de chez l'étranger une quantité considérable de bois pour la construction et la mâture des vaisseaux, ce qui faisait sortir beaucoup de numéraire de France.

Le renchérissement du bois est dû à plusieurs causes, indépendamment de celles que nous avons déjà signalées, et qu'entraîne avec elles la civilisation des peuples; ces causes secondaires dérivent cependant de celle que nous avons indiquée; nous allons les faire connaître succinctement.

Les forges pour la fabrication du fer, les usines pour la fabrication du cuivre, les verreries, etc. ont employé pendant très-longtemps, et beaucoup emploient encore le charbon de bois. La cause du renchérissement du bois est dans celui des charbons qui n'a fait que suivre le cours du bois. Il importe actuellement d'examiner comment il est arrivé que les bois, qui paraissaient n'avoir, dans une grande partie de la France, d'autre destination que l'approvisionnement des usines qui s'étaient placées dans le milieu des forêts, et dans les endroits dont l'exploitation était difficile et les tranports paraissaient impossibles, en ont pu être distraits et être portés au prix où nous les voyons aujourd'hui.

En 1789, les marchands de bois qui fournissaient les grandes villes, restraignaient leurs achats aux forêts les plus voisines, dont la situation présentait une exploitation facile. Depuis, la consommation ayant augmenté, ils se sont étendus au fur et à mesure des besoins, et il n'y a pas aujourd'hui d'exploitation, quelque reculée qu'elle soit, où les maîtres de forges n'éprouvent une concurrence qui n'existait pas lorsque les bois, au milieu desquels ils se trouvent, n'étaient exploités que par eux.

L'extraction des gros bois à brûler a occasionné le renchérissement de ceux avec lesquels on fait le charbon, et l'on voit enlever aujourd'hui des forêts, pour être transportés au loin, les bois qu'on laissait autrefois périr sur pied, ou qu'on abandonnait pour l'usage des établissemens placés au milieu d'eux. L'avantage est tout entier du côté des marchands de bois; car, s'ils paient cher, ils vendent en proportion, et la nécessité ne met aucunes bornes aux prix qu'ils peuvent exiger.

On a attribué la disette apparente des bois au dépérissement de nos forêts; d'autres n'ont vu dans cet état de choses que le résultat des défrîchemens qui ont eu lieu depuis une trentaine d'années. Il paraît plus probable de l'attribuer au progrès des arts, et par conséquent à une consommation beaucoup plus considérable; mais, quelle qu'en soit la vraie cause, il est au moins certain que dès avant la révolution le gouvernement avait senti qu'il importait de défendre l'usage du bois dans les ateliers des villes manufacturières où l'usage de la houille et de la tourbe pouvait lui être substitué.

La nécessité a opéré dans les usages des nations voisines de grands changemens que le gouvernement français n'avait fait que préparer. Ces nations nous ont précédés dans ces changemens, parce que leurs besoins ont devancé les nôtres; mais qui nous empêche de profiter de leur expérience?

L'Angleterre a été couverte de forêts comme la France, l'Allemagne, la Pologne, la Russie et l'Amérique. L'accroissement de la population dans le premier de ces pays a multiplié les besoins, et les forêts ont graduellement disparu pour faire place aux productions céréales. Les arts ne trouvant plus la même ressource en combustible végétal, on a été obligé d'avoir recours au combustible minéral que la Providence a répandu avec profusion sur une grande partie de notre globe. L'usage général qu'on en fait en Angleterre, tant pour les arts que pour les besoins domestiques, prouve mieux que tout ce qu'on pourrait dire, l'avantage qu'on trouve à l'employer.

Toutes les nations doivent nécessairement suivre, tôt ou tard, la même marche. Heureuse celle qui, s'empressant d'imiter un si bon exemple, pourra conserver pour les constructions maritimes et civiles les ressources qui doivent lui assurer son indépendance.

Combien nos propres ressources n'ont-elles pas diminué depuis vingt-six ans d'épuisement et de destruction ! Pendant ce même temps la consommation du bois a été moindre qu'auparavant; car, depuis 1790 jusquà présent, la marine marchande qui faisait une consommation de bois de toute espèce, tant pour ses propres besoins que pour le commerce, loin d'avoir pris de l'accroissement, ne s'est pas même entretenue sur son ancien pied, et est tombée peu à peu dans le plus pitoyable état. Le plus grand nombre des bâtimens ont été déchirés à cause de leur dépérissement dans les ports; les bois provenant de ces nombreux déchiremens ont été employés à des ouvrages et des réparations de toute espèce, pour lesquels on n'a pas eu besoin de recourir au bois neuf. Les portions qui n'ont pas été propres à être remises en œuvre ont été brûlées, et les forêts n'en ont pas été moins épuisées.

Le bois neuf a été beaucoup économisé par l'usage qu'on a fait des matériaux qu'on a retirés de la démolition des églises, des couvens, des palais, des châteaux et des maisons des émigrés. Il serait difficile d'évaluer tous les bois qu'on en a tirés; une partie a été remise en œuvre, l'autre a été brûlée. Ces diverses circonstances auraient dû conserver les forêts; mais il en a été tout autrement. Les forêts qui ont échappé à la destruction révolutionnaire n'ont pas moins éprouvé des dégâts considérables, au point que le prix du bois est devenu exorbitant. Comment pouvons-nous espérer de le voir bientôt diminuer, surtout lorsqu'on jette les yeux sur le tableau déchirant de la dévastation occasionnée, dans la plupart de nos départemens, par l'invasion et le séjour des armées étrangères? Mais détournons nos regards et fixons-les sur ces familles malheureuses qui ont été réduites à la dernière misère, soit par la nature de ces terribles évènemens, soit par les réquisitions de toute espèce qui ont pesé sur elles. Cherchons à remédier à tant de maux par une sage économie; c'est elle, c'est l'économie seule qui peut nous préserver des disettes, et nous assurer surtout que nous n'éprouverons pas celle du bois.

La conservation des forêts est une des branches les plus intéressantes de l'administration publique. Sans les soins paternels donnés par le gouvernement à cette partie du domaine national, la France était exposée aux horreurs d'une disette que la cupidité insatiable d'une légion de spéculateurs rendait inévitable. Grâces aux mesures sages de l'administration, ce fléau n'est plus à craindre aujourd'hui; mais les bois seront encore long-temps rares : des siècles suffisent souvent à peine pour rétablir ce que la main de l'homme a détruit dans un instant.

L'abondance des bois, qui est toujours un grand bien en elle-même, l'est surtout par les secours qu'elle prête aux arts. La France lui devait l'accroissement et la prospérité de quelques-uns de ses établissemens, et principalement des forges, des verreries, des poteries. Depuis que les bois ont été dévastés, une partie de ces établissemens a été abandonnée, une autre languit, et la seule qui prospère est celle que les localités favorisent, c'est-à-dire celle qui se trouve dans le voisinage des forêts, et dans les pays où les bois ont peu de débouchés.

Plusieurs moyens ont été proposés jusqu'ici pour prévenir les inconvéniens qui résultent de la rareté des bois, et par conséquent de leur cherté excessive. Le premier, c'est de créer des forêts par semis et plantation ; le second, de restreindre l'usage du bois à brûler aux cas indispensables, et de le remplacer dans tous les autres par le charbon de terre ; le troisième, d'en diminuer la consommation, en adoptant pour les chaudières ou foyers un sytème de construction économique. De ces moyens, l'un offre des avantages trop éloignés ;

l'autre a contre lui des préjugés ; on suppose généralement le charbon de terre incommode et malsain, ce qui est une erreur des plus grossières : le dernier enfin est contraire à nos habitudes et à nos goûts ; les poêles, si utiles dans le nord de l'Europe, nous attristent ; nous sommes habitués à voir pétiller la flamme dans nos cheminées, et nous voulons de la flamme.

Il semble, d'après ce que nous venons de dire, qu'un moyen qui contribuerait à rétablir l'abondance, sans imposer aucune privation, serait accueilli avec empressement ; mais non, tel est l'esprit de l'homme, il écarte trop souvent les choses les plus utiles, ou par insouciance, ou par méfiance, ou par jalousie, ou par intérêt ; le plus sage s'en remet au temps, et le bien s'opère lentement : c'est là l'histoire d'une des découvertes les plus intéressantes et les plus remarquables de nos jours : elle a pour objet l'économie des bois, la production d'un grand nombre de substances précieuses pour les arts ; et, malgré tous les avantages qu'elle présente, elle semble encore rejetée par ceux mêmes qui ont le plus d'intérêt à la propager, maîtres de forges et autres. Nous parlons de la distillatiou des bois et de leur carbonisation à vaisseaux clos, d'après les nouveaux procédés.

Nul moyen n'est plus propre à rétablir l'abondance des bois, puisqu'une même quantité de cette substance, traitée suivant la nouvelle méthode, produit le double du charbon obtenu par suffocation, c'est-à-dire par le procédé en usage dans nos forêts; d'où il résulte qu'en suivant partout le procédé dont nous parlons, il se consommerait en France seulement une moitié du bois qu'on y convertit tous les ans en charbon. Si l'on réfléchit maintenant sur l'énorme consommation qui se fait de ce combustible, et pour les usages domestiques, et dans le grand nombre d'ateliers ou établissemens qui l'emploient exclusivement, on reconnaîtra sans doute que la distillation des bois à vaisseaux clos est, de tous les moyens proposés jusqu'ici pour économiser les bois, le plus sûr, le plus agréable, et le plus avantageux, nous dirons même le plus digne de fixer l'attention de l'administration publique.

M. Brune, propriétaire des forges de Sorel, imagina ce moyen en 1801; depuis cette époque ce procédé a été singulièrement perfectionné par *M. Mollerat* qui présenta, en 1808, un mémoire sur cet objet à l'Institut. Ce mémoire, favorablement accueilli par cette société savante, mérite d'être consulté. C'est de ce dernier procédé dont nous avons entendu parler. *MM. Mollerat* frères ont leur établissement dans la Côte-d'Or, à Pellerey, près et par Nuits. Il y a deux manufactures de charbon, par distillation, à Choisy-le-Roi, près de Paris.

La mauvaise disposition, la construction vicieuse des cheminées, des fourneaux et des poëles, fait perdre les trois quarts de la chaleur que produisent tous les feux que l'on allume soit pour les besoins domestiques, soit pour les arts industriels; il n'est aucune personne instruite des premiers élémens de la physique, qui ne gémisse sur un point aussi important. C'est un incendie général dont l'ignorance des constructeurs est coupable, et que la loi cependant ne punit point, mais dont il est très-important d'arrêter les progrès par des moyens sûrs et efficaces.

Pour pouvoir apprécier à combien se porte, à Paris seulement, la perte que nous déplorons ici, il suffit de jeter les yeux sur le tableau que nous allons fournir de la consommation en bois et en charbon qui s'est faite dans cette Capitale, dans le courant de 1813. Nous avons puisé dans les registres de l'octroi les notes que nous allons mettre sous les yeux du lecteur, sur la quantité de ces combustibles qui ont été introduits dans cette ville pendant le courant de cette année. Nous avons obtenu ces notes par ordre supérieur, et nous pouvons en garantir l'exactitude. En voici le relevé :

Bois dur. Il en est entré 812,828 stères, qui font 406,414 voies, ou 203,207 cordes.

Il y a plusieurs espèces de bois durs tels que le *chêne*, le *charme*, le *hêtre*; mais on le divise principalement en deux classes : l'une de *bois neuf*, et l'autre de *bois flotté*, dit de *gravier*. Le prix du *bois neuf* s'est porté, durant l'hiver de 1813 de 30 à 38 fr. la voie ou les deux stères, pesant chacun de sept à huit quintaux selon sa qualité.

Le *bois flotté* ne s'est vendu que 22 à 30 fr. suivant qu'il était plus ou moins beau. En additionnant ces quatre prix, on trouve une somme de 120 francs, dont le quart fait 30 fr., ce qui établit le prix moyen pour chaque voie de toute espèce de bois dur. Or, 406,414 voies à 30 fr., font une somme de... 12,192,420 fr.

Bois blanc. On appelle ainsi, le *tremble*, le *bouleau* et autres de semblable nature. Il est presque toujours flotté, et sert aux boulangers, ainsi qu'aux autres artisans qui ont besoin d'une chaleur plus prompte que durable. Il en est entré dans Paris, la même année, 104,660 stères, ou 52,230 voies, qui font 26,165 cordes. Son prix était, au chantier, de 22 à 30 fr. la voie, selon sa qualité, ce qui donne un prix moyen de 26 fr., et fait, pour les 52,330 voies, une valeur totale de 1,360,580f.

Voiture. Pour transporter le bois du chantier chez le consommateur, on paie deux francs pour chaque voie, ce qui, pour 458,744 voies tant de *bois dur* que de *blois blanc*, forme une dépense de . . . . 917,488 fr.

Sciage. Les bûches de bois ayant quatre pieds de longueur, on est obligé de les scier en deux et souvent en trois morceaux, selon que les cheminées sont plus ou moins grandes. On les coupe en quatre ou cinq, et quelquefois même en six morceaux, pour brûler dans les poëles qui sont de toutes sortes de dimensions. Afin d'avoir un terme moyen, nous pouvons supposer que les bûches de chaque voie, l'une compensant l'autre, sont coupées en trois morceaux. Dans ce calcul approximatif nous faisons entrer en considération que les bûches de bois qu'on brûle dans les cuisines ne sont presque jamais coupées. Voilà donc que chaque bûche nécessite deux traits de scie, qui, pour une voie, coûtent 1 fr. 50 c., à raison de 75 c. par trait. Cette dépense est applicable seulement au bois dur, parce que ordinairement le bois blanc ne s'emploie pas pour le chauffage des appartemens ni des cuisines; or, pour 406,414 voies de bois dur à 1 franc 50 c., c'est une dépense de . . . . 609,621 fr.

Placement. Pour rentrer le bois et pour le ranger soit dans le magasin, soit dans la cave, soit enfin dans le grenier ou dans les appartemens, il en coûte plus ou moins, selon la difficulté des lieux. On n'exagère pas en calculant le prix moyen à raison de 75 cent. (15 sous) par voie. Nous n'appliquons cette dépense qu'au *bois dur*, parce que c'est le seul pour lequel on prend cette précaution particulière; or, pour 406,474 voies à 75 cent., c'est encore une dépense de . . . . 304,810 fr. 50 c.

Charbon de bois. Il s'agit ici du charbon qu'on fait avec le bois dur, par suffocation; c'est le seul dont on fait communément usage dans les cuisines. Il en est entré dans Paris, pendant la même année 1813, la quantité de 763,830 voies, formant chacune un double hectolitre. Chaque voie pèse à-peu-près 150 livres; il s'est vendu de sept à neuf francs, ce qui donne huit francs par voie pour prix moyen, en supposant qu'il s'en est vendu autant de l'un que de l'autre. Or, pour 763,830 voies à huit francs, on a dépensé une somme de . . . . 6,110,640 francs.

Transport. On paie depuis 50 centimes jusqu'à un franc, et même au-dessus, par chaque voie, pour la transporter chez le consommateur; néanmoins, voulant calculer sans exagération sensible, nous n'évaluerons le transport qu'à 50 centimes par voie : c'est le prix le plus bas que les commissionnaires exigent. Or, pour 763,830 voies, à raison de cinquante centimes, c'est encore une dépense de . . . . 381,915 francs.

Récapitulation.

406,414 voies de bois dur à 30 fr. la voie, montent à	12,192,420 fr.	
52,330 voies de bois blanc à 26 fr. la voie	1,360,580	
Voiture du chantier chez le consommateur	917,488	
Sciage du bois dur seulement	609,621	
Pour rentrer et ranger le bois scié	504,810	50 c.
763,830 voies de charbon de bois à 8 fr. la voie	6,110,640	
Transport du charbon au domicile du consommateur	381,915	
Total général de la dépense . .	21,877,474	50

D'après les détails que nous venons de donner, et qui sont même au-dessous de la réalité, il résulte que la dépense du bois et du charbon qui se consomment, une année compensant l'autre, dans la seule ville de Paris, s'élève à la somme de vingt-un millions huit cent soixante-dix-sept mille quatre cent soixante-quatorze fr. cinquante cent.; mais comme cette somme n'est que le résultat du prix moyen auquel ces combustibles ont été vendus en gros depuis la fin de 1813 au commencement de 1814, c'est-à-dire pendant l'hiver, il ne faut pas en conclure que les prix en soient demeurés là, car dans le moment présent les prix du bois et du charbon de cuisine sont augmentés.

Si par une meilleure disposition qu'on donnerait aux cheminées, aux fourneaux et aux poêles, on parvenait à économiser de la moitié aux deux tiers de cette consommation, combien d'argent n'épargnerait-on pas, que l'on pourrait employer plus utilement à d'autres usages! La grande quantité de bois qui résulterait de cette économie dans toute la France, donnerait le temps à nos forêts épuisées de se réparer.

Dans nos calculs, nous n'avons pas compris

le bois qui est trop menu pour être vendu à la corde. On en fait diverses sortes de fagots qui prennent différens noms, selon qu'ils sont composés de branchages ou de brins plus ou moins forts, tels que les grosses ou les petites falourdes, les cotrets et les *cotrillons*, les gros et les petits fagots de branchages. La consommation de ces fagots est assez considérable à Paris pour ne pas négliger l'économie qui résulterait de la rectification des appareils dans lesquels ils sont consommés. Comme ils ne sont pas soumis aux droits d'octroi, nous ne pouvons pas faire connaître la quantité de chaque espèce qui s'en consomme dans le courant de l'année; il n'y a que ceux qui les vendent, et ceux qui en font usage pour leurs besoins, qui pourraient en fixer la dépense; mais nous ne croyons pas exagérer en l'évaluant à une somme qui égale au moins la moitié de celle du bois de chantier.

Indépendamment des différentes sortes de bois qui se consomment dans les divers appareils de combustion à Paris, nous ne devons pas oublier de parler des mottes que les corroyeurs fabriquent avec le tan qu'ils retirent des fosses, après que les peaux sont tannées; nous devons encore y comprendre le charbon qui provient des fours des boulangers et qu'on désigne sous le nom de *braise*. La consommation de ces deux espèces de combustible est assez considérable pendant l'hiver, pour ne pas négliger de s'occuper des moyens les plus propres à en restreindre l'usage, non-seulement parce que ces matières brûlent très-vite et donnent peu de chaleur, mais parce que la vapeur de la braise de boulanger, qui n'est autre chose que du gaz acide carbonique, est très-dangereuse à respirer. Les asphyxies occasionnées, à Paris, par la vapeur de ce combustible, sont très-certainement plus fréquentes que celles qui sont produites par la vapeur du charbon de bois neuf, parce qu'on les redoute moins, et qu'on ne prend pas les précautions nécessaires pour s'en garantir. Ces accidens, malheureusement trop multipliés, méritent une attention particulière de la part des personnes qui ont quelque autorité sur les individus qui se servent de cette braise, ou du charbon de bois. On ne doit jamais permettre de brûler l'un ou l'autre de ces charbons dans des réchauds ou des petits fourneaux, sans qu'on ait établi des tuyaux pour conduire hors de l'appartement la vapeur qui s'en exhale, et qui est mortelle.

§ II. *De la houille.*

La houille a reçu les noms de *charbon de terre*, *charbon de pierre*, *charbon fossile*, *lithautrax*, en raison de sa propriété combustible, et de l'usage qu'on en fait dans plusieurs pays. On la trouve dans l'intérieur de la terre, le plus souvent au-dessous de pierres plus ou moins dures, de grès et de schistes alumineux et pyriteux. Nous ne nous attacherons pas à donner ici l'opinion des divers géologistes, sur la formation de la houille : les uns veulent qu'elle provienne de la décomposition de la grande quantité de corps organisés enfouis dans le sein de la terre; d'autres présentent des opinions tout-à-fait contraires, d'où l'on peut conclure que nous ignorons encore l'origine de cette sorte de substance.

Il suffira de faire le tableau de ses caractères distinctifs, afin qu'on puisse aisément la reconnaître. Nous dirons donc, avec *M. Thénard*, que la houille est solide, opaque, noire, plus ou moins brillante, insipide, friable quelquefois, jamais assez tendre pour être rayée avec l'ongle. On ne la trouve jamais cristallisée; elle se rencontre toujours en masses, qui sont souvent susceptibles de se diviser en parallélipipèdes assez réguliers, et dont la surface a quelquefois des couleurs très-diverses et très-variées.

La houille brûle avec assez de facilité : sa flamme est blanche ; la fumée qu'elle répand est noire, et l'odeur qui s'en dégage n'a rien de piquant. On distingue plusieurs variétés de houille :

1°. La *houille grasse*, remarquable par sa légèreté, sa friabilité, sa grande combustibilité, et surtout parce qu'elle produit une flamme blanche et longue, qu'elle se gonfle et qu'elle s'agglutine facilement, propriétés qu'elle doit à la grande quantité de matière *huileuse* qu'elle renferme : telle est celle de Valenciennes, de Mons, du Creusot, du Forez, de Cramaux.

2°. *La houille compacte*. Cette houille, quoique compacte, est fort légère ; elle est d'un noir un peu grisâtre et terne ; sa cassure est tantôt conchoïde, et tantôt droite ; on la taille et on la polit assez facilement ; elle brûle très-bien ; sa flamme est brillante, et le résidu qu'elle laisse peu considérable ; telle est la houille de Lancashire.

3°. *La houille sèche*. Celle-ci est d'un noir qui tire sur le gris-de-fer ; elle est beaucoup plus lourde et plus solide que la précédente; elle brûle sans se gonfler, sans s'agglutiner, avec une flamme bleue, et en répandant une forte odeur de gaz sulfureux; le résidu qu'elle laisse après sa combustion est considérable, parce qu'elle contient beaucoup de pyrite : telle est celle de Saint-Etienne, d'Aix, de Toulon.

La France, l'Angleterre, l'Allemagne, le Brabant sont très-riches en houillères.

Comme nous ne faisons pas un traité de minéralogie, nous classerons les *lignites* avec la houille, puisque nous ne les considérons ici que sous le rapport de la combustion et que ces substances brûlent à la manière de la houille.

Lignite. On désigne par le nom de *lignite* un corps solide et opaque, dont la couleur varie depuis le noir foncé et brillant jusqu'au brun terreux, dont la cassure est compacte, souvent résiniforme ou conchoïde, et dont le tissu est presque toujours le même que celui du bois. En brûlant, il ne se boursoufle ni ne se colle point comme la houille, ni ne coule comme les bitumes solides; il répand une odeur âcre, fétide, et sa flamme est assez claire.

Les lignites sont des bois fossiles qui ont conservé leur texture ligneuse, de manière à ce qu'on y distingue plus ou moins parfaitement les couches concentriques. Souvent on y trouve des branches, des racines, des broussins très-bien conservés. Desséchés lentement, les lignites acquièrent un certain degré de dureté ; ils conservent même un éclat dont l'intensité est augmentée par le poli. D'après leur manière d'être, les Allemands ont distingué trois sous-espèces de bois bitumineux. Nous n'entrerons pas ici dans de plus grands détails.

Les lignites sont très-communs dans le département de l'Isère.

La houille est très abondante dans la nature. Quoique l'Angleterre surpasse beaucoup la France dans l'art d'exploiter la houille et de la faire servir aux besoins de la société ; quoique les Anglais aient fait de grandes dépenses et de magnifiques travaux pour cette exploitation, tels que le canal souterrain de Bridgewater, qui a près de cinq mille mètres de longueur, la France possède plus de richesses encore dans ce genre que l'Angleterre, et son industrie, éveillée par le besoin, égalera bientôt celle de ses voisins et de ses rivaux.

La houille est un combustible partout utile, mais singulièrement dans les pays où il n'y a pas de bois. On l'emploie à tous les usages domestiques, et sans avoir à craindre les dangers que quelques personnes ont attribués à son usage. La vapeur sulfureuse que l'on croit qu'il répand dans sa combustion ne doit pas être redoutée, puisque l'analyse la plus exacte a prouvé à tous les chimistes que, lorsque la houille est pure, elle ne contient pas un atôme de soufre. On voit d'après cela combien est fausse et trompeuse la prétention de quelques hommes peu instruits, qui annoncent des procédés pour désoufrer ce bitume. Une autre considération qui doit engager à tirer tout le parti possible de la houille, surtout en France, c'est que les travaux des mines consommant des quantités énormes de charbon de bois, il est à craindre que le bois ne manque quelque jour. C'est spécialement dans ces sortes de travaux que l'industrie doit chercher à employer la houille, comme le font depuis long-temps les Anglais. Déjà son usage commence à s'établir dans beaucoup d'ateliers, et les fameuses fonderies de fer du Creusot, près Mont-Cenis et Autun, en offrent un grand et utile exemple.

La houille épurée, faussement nommée *désoufrée*, n'est autre chose que celle qui a été privée de son huile par l'action du feu; cette espèce de charbon brûle sans fumée, sans ramollissement, sans odeur forte : c'est, en un mot du véritable *coak*, et, en raison de ses propriétés, il est préféré pour les cheminées des appartemens. La *carbonisation* de la houille est une opération parfaitement analogue par la méthode et par le résultat, à celle qu'on pratique pour charbonner le bois. Ainsi que dans la carbonisation du bois, on commence par établir des pyramides de charbon, on pratique une cheminée dans le milieu, et des galeries dans le bas, pour établir un courant d'air. On jette du charbon embrasé dans la cheminée, l'incendie gagne peu à peu toute la masse, et, lorsque la fumée commence à s'échapper par les côtés, on les revêt d'une couche de terre humide. Pour étouffer la combustion, on ferme en même temps toutes les ouvertures latérales des galeries, ainsi que la cheminée qui a servi à établir l'aspiration.

Dès ce moment une portion de l'huile et de l'eau se dissipe en fumée, et il ne reste pour résidu qu'un charbon léger, spongieux, qui prend à l'air 20 à 25 pour cent d'humidité, et qui offre dans sa combustion tranquille les mêmes phénomènes que le charbon de bois. Il ne donne presque pas de flamme, point de fumée, beaucoup de chaleur et dure long-temps. Les Anglais appellent *coak* la houille ainsi carbonisée.

Un des inconvéniens de la houille qui n'est pas carbonisée, outre la fumée très-abondante et très-épaisse qu'elle exhale, et qui noircit tous les meubles, c'est que le courant d'air très-rapide et très-abondant qu'elle exige pour sa combustion, enlève et volatilise une partie de ses cendres, qui s'attachent sur tous les corps environnans; mais on peut remédier en grande partie à ces deux inconvéniens par une construction bien entendue des cheminées, et telle que le courant excité par sa combustion soit tout entier entraîné au-dehors, et qu'il n'y en ait aucune portion refoulée dans les chambres.

La grande utilité que ce combustible aura en France, lorsqu'il sera généralement adopté, est plus relative encore aux arts et aux manufactures de toutes les espèces; on ménagera singulièrement par son usage les bois pour le chauffage et pour la construction.

Il n'y a peut-être aucune ville en Europe, si ce n'est en Angleterre, où le bois soit plus rare et plus cher qu'à Paris, et dont les habitans aient une antipathie aussi grande que les Parisiens contre l'usage de la houille. On sait qu'il n'y a que ceux qui n'ont pas voulu essayer ce chauffage, parce qu'ils ont conservé une injuste prévention contre lui, qui imaginent encore qu'il a de grands inconvéniens. On ne croit plus que la fumée ou la vapeur de ce charbon soit plus malsaine que celle du bois. Cent livres de houille donnent moins de fumée que cent livres de bois, encore la houille n'en donne-t-elle qu'en s'allumant; une fois parvenue à l'incandescence, il n'en sort presque plus rien. Enfin, quand la cheminée est bien disposée et que le tas de charbon est bien arrangé, la fumée s'élève, du milieu seulement, en colonne; elle s'élève facilement et se trouve, par la position de la grille qui concentre le feu, bientôt introduite dans le tuyau de la cheminée, au lieu que le bois, fumant continuellement de toutes ses parties, et surtout des bouts, ni la flamme, ni le courant d'air ne favorise son élévation. C'est la cause qu'un grand nombre de cheminées fument, et on la cherche toujours ailleurs.

La principale précaution à prendre pour éviter ce désagrément consiste à allumer le feu quelques instans avant d'en jouir; il donnera ensuite une chaleur égale, plus continue que celle d'une cheminée garnie de bois, et surtout avec une économie des deux tiers de la dépense. Ce feu est plus vif que celui du bois, puisqu'on ne peut pas s'en approcher d'aussi près lorsqu'ils ont la même étendue. Les viandes qu'on fait rôtir devant un feu de houille doivent être placées à une plus grande distance que devant un feu de bois. Un des plus grands avantages du chauffage par la houille, c'est d'éloigner la crainte des incendies, puisque ce charbon n'est pas sujet à rouler, ni à pétiller comme le bois ou comme le charbon ordinaire : la suie que ce combustible forme est ordinairement plus abondante que celle du bois ; mais elle ne prend pas feu aussi facilement dans le tuyau de cheminée que cette dernière.

L'on est parvenu à porter l'économie même dans l'emploi de la houille. On a eu l'heureuse idée de faire un mélange de poussier de charbon de terre, d'argile et d'eau, qu'on nomme *briquettes* : on place ce mélange dans des moules de fer de forme ovale de quatre à cinq pouces de long, sur trois à trois et demi de large. Les moules sont plus grands d'un côté que de l'autre, afin que les briquettes puissent sortir facilement ; de manière que, si le moule était rond au lieu d'être ovale, la briquette aurait la forme d'un cône tronqué. Dans quelques instans la pâte a acquis assez de consistance pour être retirée des moules, on range les *briquettes* sur des planches, sous un hangar, exposées au grand air, afin de hâter la dessication. Voici la note sur les *briquettes* de houille de *M. Lheullier*, qui est consignée dans le *Bulletin de la Société d'Encouragement, pour l'année* 1814; elle indique les proportions de houille et d'argile.

M. Lheullier a présenté à la Société d'Encouragement des briquettes composées de deux tiers de houille dite *grasse d'Anzin*, département du Nord, et d'un tiers de houille dite *sèche de Fresne*, même département, qui, amalgamés avec un vingtième d'argile en volume, équivalant au quinzième en poids, ont l'avantage d'avoir atteint le vrai point de combustibilité nécessaire, pour réunir à l'économie le développement d'une grande chaleur, et de pouvoir fournir à la classe des gens peu aisés un combustible qui ne coûte que 63 centimes pour douze heures, d'un feu à la vérité plus utile qu'agréable.

Le cent de briquettes pris chez *M. Lheullier*, rue de Bourbon, n° 45, coûte 3 fr. 50 c.

L'on fabrique aussi dans le même dépôt, et avec le même mélange, des bûches économiques, rondes ou carrées, qui coûtent plus ou moins selon leur longueur, et qui durent plusieurs jours : on les place sur le derrière du feu et contre la plaque de la cheminée.

§ III. *De la tourbe.*

La *tourbe* est véritablement un résidu de plantes ou herbes à demi-décomposées, à demi-brûlées, réduites à un état presque charbonneux, analogue dans son genre au bois fossile également charbonné. On s'en sert comme d'un combustible lorsqu'on n'en a pas d'autre : elle est fort utile dans les usines; sa cendre est employée comme engrais.

« La tourbe, dit *M. Thénard*, est un combustible spongieux, léger et noirâtre, formé de végétaux entrelacés, en partie décomposés, souvent reconnaissables et mêlés de terre : aussi fournit-elle en brûlant beaucoup de cendres. C'est au sein des eaux stagnantes qu'elle prend naissance. Il semble que toutes les plantes et toutes les parties des plantes qui croissent et se trouvent enfoncées dans ces eaux, devraient être susceptibles de concourir à sa formation. Cependant il existe des marais, remplis de végétaux aquatiques, qui ne deviennent jamais tourbeux. De là quelques naturalistes ont pensé que la formation de la tourbe était due à la présence de quelques espèces de plantes particulières ; mais l'observation n'a point confirmé cette opinion. On n'est point d'accord sur le temps nécessaire à la formation de la tourbe : les uns admettent qu'elle se forme en 30 ans, d'autres en 100. *M. Van Marum* rapporte qu'il a vu une couche de tourbe de quinze décimètres se former au fond d'un bassin de son jardin en cinq ans. Dans ce bassin se trouvait le *conferva rivularis*, plante à laquelle il attribue ce phénomène. Tout cela peut être ; la nature des plantes, leur immersion plus ou moins prompte, le degré de chaleur, la profondeur de l'eau sont autant de circonstances qui doivent faire varier le temps nécessaire pour la formation de la tourbe. »

Les tourbières les plus remarquables sont : celles de Hollande, qui ont beaucoup d'étendue ; celles d'Ecosse, de Westphalie, d'Hanovre et celles de France : celles-ci se trouvent principalement dans la vallée de la Somme, entre Amiens et Abbeville ; dans les environs de Beauvais ; sur la rivière d'Essonne, entre Corbeil et Villeroi ; dans les environs de Dieuze près Nanci, département de la Meurthe.

Nous ne parlerons pas des moyens qu'on emploie pour extraire la tourbe : cette digression nous écarterait de notre sujet et ne serait d'aucune utilité pour le principal objet qui nous occupe, l'économie.

En général la tourbe est employée dans tous les pays qui la recèlent et où on peut l'extraire à peu de frais. Ce combustible, bien desséché, donne une flamme vive et assez chaude, mais il se consume vîte. L'odeur que la tourbe exhale, en brûlant, est très-désagréable, ce qui n'a pas peu contribué à en restreindre l'usage.

On parvient à lui enlever une partie de sa mauvaise odeur en la pétrissant, pendant qu'elle est encore imbibée d'eau et en la moulant en briquettes de la même manière que nous l'avons indiqué pour la houille; alors on la nomme *tourbe comprimée;* mais cette augmentation de main-d'œuvre n'est pas compensée par l'avantage qu'on en retire. Ainsi l'usage de la tourbe n'est économique que dans les pays où on la trouve abondamment et à peu de frais, ou bien dans ceux où elle peut être transportée à bas prix. En cet état elle ne convient guères que pour les manufactures; car sa mauvaise odeur sera toujours un obstacle qui empêchera de l'adopter pour le chauffage domestique.

L'on est parvenu à transformer la tourbe en charbon, et cette opération la prive de toute mauvaise odeur. La carbonisation de la tourbe s'opère par voie de distillation; elle n'est pas difficile à exécuter; mais il faut avoir des fourneaux d'une construction particulière, ce qui fait que ce procédé n'est pas à la portée de tout le monde. Dans cet état, la tourbe peut être employée avec avantage pour le chauffage des appartemens.

« L'utilité du charbon de tourbe, dans les usages domestiques, dit *M. Sage* (*Journal de physique, janvier* 1786), ne peut être contestée. Il donne une chaleur plus vive et plus long-temps soutenue que le charbon de bois. Il résulte, d'un grand nombre d'expériences, que la combustion de ce dernier ne donne que le tiers de l'intensité de la chaleur produite par la combustion du charbon de tourbe. »

La tourbe soit crue, soit carbonisée qu'on consomme à Paris, vient des bords de l'Ourcq, et arrive par le canal de ce nom. La tourbe crue se vend un franc vingt centimes le sac ou la voie formant deux hectolitres. Le charbon de tourbe vaut trois francs la même mesure. Avec le poussier de ce charbon on fabrique des boules ou des briquettes de la même manière qu'on les fabrique avec la houille, comme nous l'avons déjà dit.

§ IV. *Comparaison des différens combustibles sous le rapport de l'économie.*

D'après les règles générales que nous allons tracer, il sera facile à chacun de reconnaître dans le pays qu'il habite, quel est le combustible auquel il doit donner la préférence, sous le rapport de l'économie. Nous appliquerons ces règles à quelques exemples.

Nous nous bornerons à faire observer que la préférence doit toujours être donnée au combustible qui produit le plus de chaleur, qui dure le plus long-temps au feu, et qui coûte le moins cher; ce qui dépend des productions de chaque pays.

Comme le bois se trouve partout, son usage est le plus généralement répandu; mais dans les pays où l'on peut se procurer facilement de la houille, le bois lui est inférieur sous tous les rapports. Il en est de même dans les lieux où se trouve la tourbe, elle est préférable au bois, quoiqu'elle ne le soit pas à la houille. Il faut faire attention que nous ne parlons ici que de la tourbe crue et non carbonisée; par conséquent ce que nous allons en dire n'est pas en contradiction avec ce que nous avons dit dans le paragraphe précédent, où il n'a été question que du charbon de tourbe.

Pour apprécier convenablement l'avantage qu'une espèce de combustible peut avoir sur les autres, on ne doit pas les comparer par leur volume, mais bien par leur poids, parce que le feu dure plus ou moins long-temps, à raison de la quantité de matière qu'on soumet à son action. Or la quantité de matière s'évalue par le poids et non par la place qu'elle occupe. On sait par exemple qu'un quintal de tourbe crue ne coûte qu'environ un franc vingt centimes, tandis que le même poids de houille se paie le double. Il ne faut pas encore juger par les prix, car il est possible qu'il soit plus avantageux, plus économique, d'employer la houille de préférence à la tourbe, si pendant la combustion le quintal de houille présente plus d'activité et que sa durée surtout surpasse celle de deux quintaux de tourbe. Nous allons rapporter le résultat des expériences qui ont été faites par un homme respectable, dans la vue d'éclairer ce point important.

Dans un rapport fait par *M. Gillet de Laumont* à la Société d'Agriculture du département de la Seine, dans le mois de juin 1803, on voit qu'avec poids égal de bois de chêne, de tourbe d'Essonne et de houille de Creusot, l'évaporation de l'eau dans le même fourneau a lieu dans les proportions suivantes :

L'évaporation produite par le bois de chêne étant comme 4,
celle produite par la tourbe est comme 5,
et celle produite par la houille comme 10.

Il résulte donc qu'en préférant la tourbe au bois, on gagne un cinquième, et qu'en employant la houille, on gagne la moitié sur la tourbe et les trois cinquièmes sur le bois de chêne.

Comparons actuellement le prix de ces trois combustibles ; mais nous ferons observer que nous ne ferons entrer dans nos calculs ni le prix du transport, ni celui du sciage du bois, ni les autres menus frais qui sont à la charge du consommateur. C'est à chaque particulier à prendre en considération une dépense qui varie selon les circonstances.

Au prix auquel le bois s'est vendu et que nous prenons ici pour nôtre règle, le quintal revient environ à deux francs, tandis que celui de la tourbe ne vaut que un franc ; ce qui fait que la tourbe présente un bénéfice de moitié ou cinq dixièmes relativement au prix. En ajoutant ces cinq dixièmes aux deux dixièmes que *M. de Laumont* a trouvés de bénéfice par l'emploi de la tourbe, on voit qu'à Paris il y a une économie des sept dixièmes à user de la tourbe de préférence au meilleur bois.

Pareillement on doit préférer la houille au bois de chêne, car, d'après le même rapport, elle gagne les six dixièmes sur le bois : à l'égard du prix, le quintal de houille vaut 2 francs 50 centimes, tandis que le quintal de bois ne coûte que 2 francs ; c'est un cinquième ou deux dixièmes de bénéfice en faveur de ce dernier : par conséquent si des six dixièmes gagnés par la houille sur le bois on déduit deux dixièmes ou un cinquième qu'elle perd sur le prix, elle offre encore une économie de quatre dixièmes ou deux cinquièmes sur le bois de première qualité que l'on brûle à Paris.

La tourbe est plus économique que la houille, car d'après les bases que nous donne le même rapport, la houille gagne moitié sur la tourbe, c'est-à-dire que deux quintaux de tourbe produisent le même effet qu'un quintal de houille; mais un quintal de houille coûte 2 francs 50 centimes, tandis que deux quintaux de tourbe crue ne coûtent que deux francs; donc la tourbe présente un cinquième d'économie sur la houille.

Tous ces calculs ont été faits pour Paris ; mais ils doivent servir d'exemple pour les différens lieux dans lesquels on se trouve.

Concluons de ces expériences que nous venons de rapporter, qu'à Paris la tourbe crue est le plus économique de tous les combustibles ; qu'après la tourbe vient la houille, ensuite le charbon de tourbe, puis le bois ; et qu'enfin le plus dispendieux et le plus dangereux de tous les combustibles par les mauvais effets de la vapeur qu'il répand, c'est le charbon de bois.

CHAPITRE II.

Des fourneaux.

L'on a beaucoup écrit sur la construction des fourneaux ; chacun a donné des idées plus ou moins ingénieuses, mais aucun ne nous paraît avoir atteint le double but qu'on doit se proposer, la concentration du calorique et l'économie du combustible. Les vices que l'on reconnaît dans la plupart des fourneaux proviennent de ce qu'on ne s'est pas assez pénétré des lois immuables que la nature a fixées dans l'acte de la combustion, et que les observations des hommes profondément instruits dans les sciences physiques ont si bien développées. L'on s'est plus souvent attaché à l'élégance des formes qu'à la régularité des principes, et ces écarts ont fait échouer la plupart des tentatives qu'on a faites.

Après avoir rappelé succinctement les règles principales sur la théorie de la combustion, nous nous occuperons de quelques recherches sur les fourneaux des anciens; nous ferons connaître quelques fourneaux modernes afin de pouvoir présenter un terme de comparaison avec les réformes que nous proposons. Avant de faire connaître la construction de nos fourneaux, nous établirons quelques principes généraux sur l'action de l'air dans ces instrumens importans et sur la direction de la chaleur, et nous indiquerons les moyens propres à connaître la bonté des matériaux que l'on doit employer pour les construire. Nous ne négligerons rien pour que l'ouvrier le moins intelligent puisse nous comprendre, et soit à même d'exécuter nos réformes avec la même facilité que si nous présidions à ses travaux ou si nous dirigions ses ouvrages. Nous sommes convaincus que, dans la description des arts, la prolixité est souvent préférable à un laconisme mal entendu, qui laisse quelquefois une obscurité préjudiciable aux moyens de perfectionnement qu'on propose.

§ Ier. *Théorie de la combustion.*

Avant de parler des fourneaux dans lesquels se consume le combustible, il nous paraît indispensable de donner quelques notions sur la théorie de la combustion.

La combustion n'est autre chose que la combinaison de l'*oxigène* ou base de l'*air pur* avec le corps combustible. Les anciens s'imaginaient qu'en faisant brûler les corps on les décomposait; c'est précisément le contraire. Dans l'acte de la combustion, on forme un nouveau composé dont les parties constituantes sont le corps combustible et l'oxigène; car ce corps acquiert plutôt que de perdre : en effet, si l'on prend les précautions nécessaires pour retenir et renfermer tout ce qui s'exhale dans les combustions, on trouvera que le corps soumis à l'expérience a acquis beaucoup de poids; et que ce poids est parfaitement égal à celui du gaz oxigène qui a été employé à sa combustion; car il n'y a que la base de ce gaz qui ait de la pésanteur; le calorique qui est combiné avec elle et qui sert à lui donner la forme de l'air, c'est-à-dire qui sert à la gazéifier, ne pèse point.

Dans toute *combustion* il y a donc du gaz oxigène décomposé, du calorique dégagé et devenu libre, et par conséquent de la chaleur produite; mais une chaleur plus ou moins grande, suivant la nature du corps qui brûle; car il y a des corps dont quelques-uns sont susceptibles de se combiner avec le calorique; tels sont, par exemple, ceux qui contiennent un principe charbonneux : ce calorique combiné de nouveau cesse d'exciter de la chaleur. En effet, le charbon fournit avec l'oxigène beaucoup d'acide carbonique; mais comme cet acide n'existe jamais qu'à l'état de gaz, il absorbe une grande quantité de calorique qui devient latent ou caché. Voilà pourquoi, dans ce cas-là, la chaleur excitée est moindre.

Les corps combustibles sont donc ceux qui ont plus d'affinité avec l'oxigène, que n'en a ce dernier avec le calorique; et plus cette affinité, cette disposition à se combiner avec l'oxigène est grande, plus les corps sont combustibles. Ce n'est donc point comme on l'avait cru, le calorique qui leur est combiné, qui les rend tels : il est même probable que les corps les plus combustibles en contiennent très-peu, ou même point du tout.

Il est impossible de concevoir clairement ce que c'est que la combustion, avant d'avoir étudié les phénomènes qu'elle présente, et déterminé la cause qui la produit. Nous venons de les faire connaître succinctement, nous allons récapituler les quatre principes sur lesquels cette théorie est fondée.

1°. Dans toute combustion il y a absorption de la base du gaz oxigène.

2°. Le résidu de la combustion est toujours plus pesant que n'était le corps avant d'être brûlé.

3°. L'augmentation de poids qu'acquiert le corps brûlé est égal au poids du gaz oxigène absorbé.

4°. Dans toute combustion il y a dégagement de calorique et de lumière.

D'après ces principes il est aisé de se former une idée de ce qu'on doit entendre par combustibilité ou imflammabilité; mais, pour jeter le plus grand jour sur cette matière importante dont la théorie est due au célèbre et malheureux *Lavoisier*, nous allons emprunter le langage de *Berthollet*, dans ses *Elémens* de teinture.

« Lorsqu'un corps brûle, dit *Berthollet*, aucun de ses principes pondérables n'est détruit; seulement ils formaient entr'eux une espèce de combinaison, et ils se séparent à la haute température à laquelle ils sont exposés, pour en former une autre avec l'oxigène, avec lequel ils se trouvent en contact : ceux de ces principes qui ne peuvent pas se combiner avec lui, c'est-à-dire la terre, quelques sels et quelques parties métalliques, composent la cendre.

« Les combinaisons qui se forment lorsque l'action réciproque du gaz oxigène et des principes inflammables, qui se trouvent dans les combustibles, peut compléter son effet, sont l'acide carbonique et l'eau : la proportion de ces nouveaux produits varie selon celle des parties charbonneuses et de l'hydrogène ou base du gaz inflammable qui se trouvaient dans le combustible ; prenons pour exemple le charbon ordinaire. »

« Si l'on brûle 100 parties de charbon dans une cloche de verre dont l'ouverture soit plongée dans le mercure, l'on trouve, après la combustion, un poids d'acide carbonique qui égale celui du charbon qui a brûlé et celui de l'oxigène qui a perdu ses propriétés. Cet acide qui vient de se former est composé, sur 100 parties, d'environ 72 d'oxigène, et de 28 de charbon ; cependant il s'est formé un peu d'eau qui s'est dissoute dans l'acide carbonique ou qui a pris l'état liquide. Ces quantités inconnues empêchent qu'on ne puisse regarder la détermination qu'on vient de donner comme rigoureuse. »

« Si l'on brûle de l'alcohol ou esprit de vin, on a un résultat bien différent. L'on obtient un poids d'eau qui surpasse celui qu'il avait, parce que le principe combustible de l'alcohol est principalement l'hydrogène qui forme l'eau en se combinant avec l'oxigène; l'huile donne aussi beaucoup d'eau par la même raison. On peut regarder le charbon et l'alcohol, ou plutôt l'éther, comme les deux extrêmes dont l'un donne le plus d'acide carbonique et l'autre de l'eau, et les autres combustibles, comme des termes moyens qui approchent plus ou moins, selon leur composition, de l'un des deux extrêmes. »

« Pendant que l'hydrogène et le charbon se combinent avec l'oxigène qui forme un peu moins du quart de l'air atmosphérique, le calorique ou le principe de la chaleur qui était combiné avec le gaz oxigène, et qui lui donnait l'état élastique, se dégage en grande partie; il s'en dégage aussi probablement une partie du charbon et surtout de l'hydrogène; mais comme la chaleur qui est produite lorsque l'oxigène passe d'une combinaison dans une autre, paraît à-peu-près proportionnelle à la quantité qu'il en avait retenue, on ne s'écarte que très-peu de la réalité en lui attribuant toute la chaleur qui se dégage dans la combustion, de sorte que l'on doit regarder la chaleur produite par la combustion comme proportionnelle à la quantité d'eau et d'acide carbonique qui se forment; cependant il faut remarquer que la même quantité d'oxigène qui entre en combinaison avec l'hydrogène pour former de l'eau donne beaucoup plus de chaleur qu'en produisant de l'acide carbonique avec le charbon : de-là vient que les combustibles qui contiennent beaucoup d'hydrogène, tels que les huiles, les résines et la houille, peuvent produire beaucoup plus d'effet à poids égal, et dans des circonstances également favorables, que ceux qui doivent leur inflammabilité au charbon. »

« Si la proportion de gaz oxigène qui se combine n'est pas suffisante, ce n'est pas seulement de l'eau et de l'acide carbonique qui sont produits, mais il se forme une substance gazeuse que l'on peut regarder comme intermédiaire et qui ne se change en eau et en acide carbonique qu'au moyen d'une nouvelle proportion d'oxigène : on l'a désignée par le nom d'*hydrogène percarboné*, c'est-à-dire surchargé de carbone, pour indiquer sa composition. »

« C'est le gaz hydrogène percarboné qui produit la flamme bleue au-dessus des fourneaux, lorsqu'il conserve une température assez haute pour brûler en passant dans l'air atmosphérique, où il trouve l'oxigène qui lui manquait dans le fourneau. »

« On peut établir sur les considérations précédentes les conditions nécessaires pous obtenir le plus grand effet de la combustion : 1° la quantité d'oxigène doit être assez grande pour que tout le charbon et l'hydrogène entrent en combinaison complète, sans produire du gaz hydrogène percarboné et sans que des parties combustibles échappent sous la forme de suie ou de fumée. »

« 2°. Il faut, d'un autre côté, éviter qu'il y ait une trop grande proportion d'air, car celui qui est inutile pour la combustion, en partageant la chaleur qui se dégage de celui qui entre en combinaison, nuirait d'autant à l'élévation de température qui est l'objet de la combinaison. »

« 3°. Le courant doit être rapide pour que la chaleur puisse s'accumuler, et la température assez élevée pour que tout ce qui est combustible subisse la combinaison de l'oxigène. »

« Pour obtenir le plus grand effet d'un combustible, il faut donc qu'aucune de ses parties, qui peuvent se combiner avec le gaz oxigène, n'échappe à cet effet; il faut qu'il n'y ait ni fumée ni suie, ce qu'on obtient principalement par la juste proportion de l'ouverture inférieure d'un fourneau, de son foyer et de sa cheminée. »

« Le courant d'air qui entretient la combustion doit être facile; mais si la cheminée se trouve trop large, l'acide carbonique qui s'est formé n'est entraîné que difficilement; il reste trop long-temps en contact avec le corps combustible, en s'opposant par-là à sa combustion, et il s'établit une circulation intérieure qui ramène l'air froid vers la chaudière et qui fait refouler la fumée. Si la cheminée n'est pas assez élevée, une partie de gaz hydrogène s'échappe sans brûler, ainsi que les parties charbonneuses qui forment la suie; il en résulte une perte de l'effet qu'aurait dû produire le combustible : une colonne plus élevée d'air raréfié par la chaleur et rendu plus léger, ensuite sa condensation et celle des vapeurs d'eau et de l'acide carbonique au haut de la cheminée, auraient concouru à établir un courant d'air plus rapide. Ces effets s'observent particulièrement dans les fourneaux à réverbères, dans lesquels on s'assure facilement de l'importance d'une cheminée dont l'ouverture soit dans une proportion convenable avec la grandeur du fourneau, et dont on augmente l'activité en ajoutant à l'orifice supérieur une certaine étendue de tuyaux; mais une cheminée trop élevée est un autre inconvénient que l'on doit éviter, parce que, dès que les parties combustibles qui s'élèvent ont le temps de se refroidir au-dessous du degré auquel leur combustion doit s'opérer, ce n'est plus qu'une masse qui, avec l'acide carbonique, s'oppose à la circulation de l'air. »

« Lorsqu'un fourneau est destiné à une chaudière ou à une suite de chaudières, il faut faire en sorte que la combustion s'exécute entièrement avant que l'espace où l'on a intérêt de concentrer la chaleur, soit dépassé; pour obtenir cet effet, il est à propos que le foyer dans lequel on établit la combustion soit placé en avant de la chaudière, comme le recommande *Curaudeau*, auquel on doit plusieurs observations intéressantes sur le régime des fourneaux ; et, comme le courant de l'air est beaucoup plus rapide lorsque le fourneau est à une haute température, il convient d'en diminuer alors la colonne par le moyen d'un registre placé dans la cheminée. Ce registre sert encore à intercepter le courant, lorsque la combustion est achevée, et que l'on veut profiter de la chaleur qui reste, en empêchant qu'elle ne soit entraînée par l'air. »

Cette théorie, bien entendue, conduira facilement au perfectionnement des fourneaux.

§ II. *Recherches sur les fourneaux des anciens.*

Ce n'est pas ici le lieu de rechercher si les procédés que nous employons pour nous procurer du feu et de la chaleur, soit pour la préparation des alimens, soit pour échauffer nos habitations, soit pour les travaux des arts industriels, étaient connus ou non dans l'antiquité ; nous nous bornerons à examiner rapidement si les moyens employés par les anciens pour faire cuire leurs alimens, pour échauffer leurs demeures, et pour les autres usages auxquels le calorique est indispensable, étaient plus avantageux que les nôtres. C'est là le point de vue sous lequel nous allons considérer cette question.

Il y a plusieurs manières de mettre le calorique à profit. La plus simple consiste à exposer le corps que l'on veut échauffer aux rayons directs qui émanent du combustible enflammé ou réduit en braise. C'est ce qu'on fait lorsqu'on expose un vase quelconque devant ou sur un feu alimenté par le bois ou par le charbon. Si le feu est établi contre une muraille ou dans une cheminée dont les parois et le contre-cœur renvoient la chaleur dans la chambre, alors le corps à échauffer est exposé à des rayons directs et réfléchis, tandis que si le feu n'était adossé à rien, de manière qu'on pût en faire librement le tour, la chaleur n'arriverait au corps que par des rayons directs. Tels sont, en peu de mots, les moyens qu'enseigne la nature pour se procurer de la chaleur, soit pour se défendre du froid, soit pour faire cuire les alimens, et que les hommes les moins civilisés de l'antiquité ont employés.

Alberti (*Livre de l'Architecture*) est le premier qui nous ait représenté dans la plus haute antiquité des feux publics allumés au milieu d'une place, où chacun se chauffait dans le besoin, et faisait cuire les mets qu'il apprêtait pour sa nourriture. Après la fondation des premières villes, on imagina des foyers construits au milieu des salles d'hiver et des cuisines, où l'on brûlait du bois ; mais il n'y avait ni tuyaux, ni manteaux de cheminée. La fumée s'échappait par la porte ou par la fenêtre, ou par des ouvertures pratiquées à la voûte : c'est ce qui a fait dire à *Vitruve*, lorsqu'il a traité de cette matière, « qu'il n'est pas besoin que les voûtes ou planchers des salles d'hiver soient enrichis de somptueux ouvrages, parce qu'ils seraient endommagés par la fumée du feu et par la suie qui s'en engendre. » Il confirme ce qu'il vient d'avancer lorsqu'il décrit la manière dont les anciens composaient leur encre qui est très-différente de la nôtre. « C'était, dit-il, un composé de suie qu'on ramassait sur les murs et sur le fond des voûtes où l'on faisait du feu, que l'on délayait avec de la gomme. »

Quelques auteurs, parmi lesquels figure *Alberti*, prétendent que les anciens avaient aussi des foyers portatifs : ils étaient, disent-ils, en fer ou en airain selon l'exigence des cas ou la dignité des personnes ; mais aucun ne parle de la construction des fourneaux pour la préparation et la cuisson des alimens. *Montfaucon*, célèbre bénédictin, nous fait connaître, par deux gravures sans aucune explication; que les foyers des temples où l'on cuisait les viandes des sacrifices pacifiques, étaient établis sous des portiques supportés par des colonnes et que la fumée s'élevait dans les airs.

Sénèque, qui vivait dans le premier siècle, dit que de son temps on inventa de certains tuyaux qu'on mettait dans les murailles, afin que la fumée du feu qu'on allumait au bas étage des maisons, passant par ces tuyaux, échauffât les chambres jusqu'au plus haut étage.

Les anciens, selon le rapport de *Palladius*, échauffaient leurs chambres par des tuyaux ou canaux cachés, qui passaient à travers les parois, et communiquaient la chaleur aux différentes pièces du bâtiment par le moyen d'un fourneau commun. C'est ce que *Daniel Barbarus*, célébre architecte, confirme, en disant : « que si quelqu'un est bien versé dans « les monumens des Romains, il comprendra « facilement l'expédient que l'industrie leur « fournissait pour les garantir du froid. Le « voici : Il y avait une fabrique souterraine en « forme de voûte oblongue (à-peu-près sem- « blable à l'*hypocaustum* dont *Vitruve* fait « mention en parlant des bains), d'où sortaient

« de tous côtés des canaux passant dans l'inté-« rieur des parois par de petites structures faites « exprès, qui allaient jusqu'au plus haut plan-« cher, qui avaient des soupiraux, *nares*, « avec leurs couvercles amovibles, qui com-« muniquaient dans tous les lieux auxquels « on voulait procurer de la chaleur. Cette « voûte échauffait, tant par la chaleur du bois « enflammé, puisqu'on y trouve des cendres « et de la suie, que par les eaux bouillantes « dont elle était remplie en partie, d'où les « chambres, cabinets et autres appartemens « recevaient une vapeur chaude par les canaux « dont on avait ouvert les soupiraux. »

« *Placide le grammairien* l'a compris lui-« même, lorsqu'en expliquant ce que c'était « que le *zeta*, il rapporte que les anciens se ser-« vaient à-peu-près de la même méthode pour « rafraîchir les différentes parties de leurs bâ-« timens; car ils versaient de l'eau froide par « une éclisse *formâ* dans une voûte sou-« terraine. Ils renvoyaient, par ce moyen, « la vapeur d'un air doux dans toutes les « chambres. »

Cette façon d'échauffer les chambres a beau-coup de rapport à celle dont on se sert encore aujourd'hui dans le nord de l'Europe : on pratique, dessous les planchers des chambres, des fourneaux qui communiquent au tuyau d'une cheminée, par des canaux faits en maçonnerie, afin de procurer à toutes ces chambres une chaleur douce et continuelle. On emploie aussi l'air comme conducteur du calorique; on le fait passer, par des tuyaux, dans les poêles : il s'y échauffe et se répand ainsi dans les appartemens. Quelques physiciens ont imaginé, à Paris, des fourneaux à-peu-près semblables à ceux des anciens pour échauffer plusieurs chambres à-la-fois; ils se servent de la chaleur qui émane du tuyau conducteur de la fumée pour échauffer l'air dont il est environné; ils le font entrer dans les appartemens, et l'y distribuent sur plusieurs points par des émissoires ou bouches de chaleur: mais ces constructions sont encore bien loin de donner le degré de température nécessaire dans une chambre habitée pendant l'hiver. On peut en juger par les bouches de chaleur établies dans la galerie des tableaux, au Musée du Louvre. Nous nous sommes assurés que la température de cette galerie, au moment de la grande affluence du public, ne s'élève qu'à deux degrés au-dessus de celle de l'air extérieur.

Il s'est conservé jusqu'à nos jours des temples, des thermes, des théâtres et des amphithéâtres, quoique en petit nombre, dans lesquels il n'existe aucun vestige de fourneaux, ni de cheminées. On ne trouve dans les anciens monastères, et dans d'autres grands édifices, que des fourneaux assez négligemment construits et des cheminées de cuisine énormes, que les mœurs et le goût des Français ont condamnés depuis plus d'un siècle. *Voyez la mécanique du feu, par M. Gauger.*

§. III. *Des fourneaux modernes.*

Nous ne nous attacherons pas à une simple dissertation sur la construction des fourneaux modernes, nous nous occuperons à démontrer ce qu'ils ont de vicieux, et nous indiquerons les moyens propres à les corriger. Nous allons faire à ce sujet quelques courtes observations, afin que le lecteur soit en état d'apprécier la bonté des changemens que nous allons lui proposer.

Pour qu'un fourneau produise un bon effet, il faut que les matériaux dont on le compose soient mauvais conducteurs du calorique; les briques, la terre cuite possèdent cette qualité. Les métaux, au contraire, sont de très-bons conducteurs du calorique : c'est la raison pour laquelle les fourneaux et les poêles de métal sont les plus mauvais de tous.

Quel que soit le combustible qu'on emploie, il faut en aider l'action par le moyen de l'air. L'art d'appliquer ce fluide à la combustion mérite d'autant plus de détails dans nos descriptions, que c'est la partie la plus difficile, et cependant la plus importante dans les opérations qui exigent l'action du feu.

Les fourneaux sont alimentés ou par des courans d'air qui se précipitent de l'atmosphère dans les foyers, ou à l'aide des trompes ou des soufflets qui poussent le courant d'air sur le combustible.

Dans le premier cas, l'aspiration doit être déterminée par des cheminées. Pour concevoir l'effet de ces tuyaux, dont la base repose sur le foyer, il suffit de considérer que la colonne d'air qui remplit la cheminée, aussitôt qu'elle est dilatée par le calorique, occupe un plus grand espace que d'abord, et se trouve par cette raison moins pesante que les colonnes d'air ambiant, de sorte qu'elle est continuellement déplacée par l'air extérieur qui se précipite dans le foyer pour rétablir l'équilibre que cette espèce de vide a occasionné. L'effet recommence à chaque instant, parce que la cause se reproduit sans cesse tout le temps que le corps combustible brûle.

On doit considérer l'air d'une cheminée dilaté par le calorique comme un fluide plus léger que l'air atmosphérique. En vertu de cette légèreté et de la dilatation subite qu'il reçoit, cet air s'élève avec une rapidité proportionnée à la différence de pesanteur qui existe entre eux; de sorte qu'il s'établit un courant rapide et non interrompu de l'air extérieur à travers le foyer pour déplacer et occuper l'espace rempli par celui qui s'élève.

Il suit de là, 1° que les fourneaux auront un tirage d'autant plus actif que les cheminées seront plus hautes, pourvu que la colonne d'air puisse être chauffée et raréfiée dans toute sa longueur; car, sans cette condition, l'aspiration en serait gênée par l'air refroidi qui occuperait la partie supérieure, et qui, en raison de sa pesanteur, opposerait un obstacle insurmontable à l'air raréfié pour sortir du tuyau.

2°. Que le tirage est d'autant plus rapide que les parois de la cheminée sont plus épaisses, ou que les matériaux dont elles sont construites sont mauvais conducteurs du calorique, parce qu'alors la chaleur étant retenue au dedans de la cheminée, les colonnes de l'air extérieur ne sont point dilatées, sont par conséquent plus pesantes, et le calorique est entièrement conservé pour entretenir la dilatation de l'air intérieur jusqu'à sa sortie.

3°. Que la largeur de la cheminée n'influe en rien sur le tirage, et que, sous ce rapport, ses dimensions doivent être déterminées par le volume de la colonne d'air que transmet le foyer.

4°. Qu'on peut déterminer le tirage d'une cheminée en portant dans l'intérieur de son tuyau un corps enflammé ou embrasé.

Il existe une différence entre les fourneaux à courant d'air libre et ceux où le courant d'air est dû à l'effort des soufflets ou des trompes. Dans les premiers, le combustible doit reposer sur une grille, afin que l'air puisse en traverser toute la masse et l'attiser convenablement par la rapidité de son passage. Dans les fourneaux à soufflets, il suffit de placer le combustible en avant de la tuyère du soufflet. D'après cette observation, on sent que le feu, dans ces derniers, ne peut être alimenté que par le charbon, tandis que les premiers peuvent contenir toutes les espèces de combustibles.

Nous devons à *M. Sachtleben*, distillateur à Berlin, l'ingénieuse invention des canaux de circulation autour des chaudières (1); mais le moyen imaginé par cet habile artiste ne permet pas de nettoyer parfaitement la suie qui remplit bientôt ces canaux. *Rumford* ayant éprouvé cet inconvénient dans les fourneaux dont il dirigea la construction dans les superbes bains que *M. Vigier* a établis sur la Seine, à Paris, est parvenu à y remédier par un moyen extrêmement avantageux.

Lorsqu'on sait bien ménager l'action du calorique, on peut, avec le même feu, chauffer plusieurs chaudières à la fois. Dans un grand établissement, qui renferme cinq cents individus, nous avons construit dans le même massif cinq chaudières, qui sont également chauffées à-la-fois ou séparément, à volonté; deux petits fours, des petits fourneaux pour préparer les ragoûts et généralement tout ce qui concerne la cuisine, chauffer l'eau à laver, etc., au moyen d'un seul feu. Nous en avons retiré les plus grands avantages.

Le plan de cet ouvrage ne nous permet pas

(1) Voyez l'Art d'économiser le bois, traduit de l'Allemand, par Goy.

de décrire tous les genres de fourneaux économiques que l'on peut construire. Nous tâcherons par la suite de traiter l'art du fumiste, qui est encore dans son enfance, et qui intéresse cependant toutes les classes de la société.

§ IV. *Principes généraux sur l'action de l'air dans les fourneaux.*

La chaleur d'un fourneau est d'autant plus forte que l'air est aspiré plus rapidement, et cette aspiration dépend essentiellement des proportions qu'on donne aux diverses parties qui composent cet instrument.

Dans tout fourneau à courant d'air libre, on doit distinguer avec soin le cendrier, le foyer et la cheminée. Il n'y a point d'inconvénient à ce que le cendrier soit large, profond et à l'abri des courans trop rapides de l'air extérieur. Il est séparé du foyer par une grille qui supporte le combustible, et dont les barreaux doivent présenter entre eux un intervalle qui soit tel que le charbon, en petits morceaux, ne puisse pas tomber, et que néanmoins il ne s'y forme pas un engorgement capable d'intercepter le passage de l'air.

Dans les usages domestiques, une construction de fourneau ne peut être réputée bonne qu'autant qu'elle oblige le calorique à s'appliquer sur tous les points de la surface du vase évaporatoire, et que tout celui qui se développe dans la combustion est mis à profit.

Lorsqu'on doit placer une chaudière ronde sur un fourneau, il faut encore apporter quelques modifications à sa construction, surtout dans l'emplacement de la grille. Dans presque tous les ateliers on fait en sorte que le milieu du fond de la chaudière réponde au milieu de la grille. Cette disposition n'est bonne que dans le cas où les chaudières ont le fond plat ou concave, comme sont celles que nous avons adoptées; elle serait même la meilleure, si la flamme du foyer s'élevait perpendiculairement pour embrasser la chaudière; mais le courant d'air qui entraîne la flamme et la porte toujours vers la cheminée, lui donne une direction oblique, de sorte que le courant du calorique ne frappe que la partie de la chaudière la plus rapprochée de la cheminée. Pour obvier à cet inconvénient, il suffit de porter la grille en avant, de manière que son bord postérieur réponde au milieu de la chaudière, et que le bord antérieur, c'est-à-dire celui qui est placé du côté de la porte du foyer, réponde au bord de la chaudière de ce même côté. Par ce moyen on force la flamme à chauffer une plus grande partie de la surface du fond de la chaudière avant d'aller se perdre dans la cheminée.

C'est surtout en dirigeant convenablement la fumée, qu'on obtiendra la plus grande économie des combustibles. Au lieu d'élever la cheminée dans une direction verticale en partant du foyer, on doit l'obliger à ceindre le flanc des chaudières et à tourner autour d'elles avant d'arriver au tuyau aspirant qui va verser la fumée dans l'air; de manière que le calorique qui s'échappe du foyer est d'abord appliqué sur les surfaces des parois latérales des chaudières et s'y dépose.

Quelquefois on pratique deux ouvertures au foyer vis-à-vis la porte : elles forment la naissance des canaux tournans, et viennent se réunir au-dessus de la porte du foyer en un seul tuyau par lequel la fumée et le calorique dont elle est imprégnée s'échappent en pure perte dans l'atmosphère. Dans ce cas, on peut dévoyer la cheminée à l'endroit le plus convenable, pour lui faire chauffer une cuve, ou bien de l'eau dans une cuve ou dans un vase quelconque, proportionné à l'action du calorique entraîné par la fumée. Si l'on se sert de tuyaux de tôle pour échauffer de l'eau dans un cuvier, il faut que ces tuyaux soient bien agrafés, qu'ils emboîtent bien juste l'un dans l'autre et que toutes les jointures soient lûtées avec soin. Il serait plus convenable de faire ces tuyaux en cuivre ; et, pour leur donner une plus grande étendue dans le cuvier, afin que la fumée dépose une plus grande quantité de calorique, on doit les faire en serpentin, en braser, à la soudure forte, toutes les jointures ainsi que les emboîtages.

Lorsque les chaudières sont très-grandes, et qu'il est difficile d'en échauffer le fond, à moins d'employer une énorme quantité de combustible, on ne doit pas négliger de pratiquer des canaux de circulation au-dessous. Ces constructions ont en outre l'avantage de soutenir les chaudières, et d'empêcher qu'elles ne se *bombent*, ce qui arrive aux chaudières de cuivre, et détermine leur prompte destruction.

Les murs qui séparent les canaux de circulation doivent être peu épais ; leur largeur est celle d'une brique. Avant de placer la chaudière, et au moment de l'asseoir sur les parois des canaux, on doit recouvrir la sur-

34*

face de toutes les cloisons, qui touchent au métal, d'une couche d'argile qu'on connaît sous le nom de terre à four, afin que la chaudière, touchant par tous ses points les bords des canaux, force la flamme et la fumée qui sortent du foyer à parcourir toute l'étendue de la révolution que forment les canaux.

Le fourneau, construit sur ce système, présente un grand avantage, surtout lorsqu'on y brûle du bois, parce que la flamme qu'il produit parcourt les sinuosités des canaux de circulation dans presque toute leur étendue, et donne la facilité au calorique de s'appliquer sur toutes les surfaces de la chaudière.

Quels que soient les avantages que présentent les canaux de circulation qu'on peut établir dans les fourneaux, il est des cas où il serait imprudent de les pratiquer pour les chaudières destinées soit à la cristallisation des substances, soit à en amener d'autres à la consistance de sirop, etc. Ces sortes de fourneaux doivent être construits de manière à ce que la flamme et les rayons du feu, soit directs, soit réfléchis, ne puissent se porter que sur le fond de la chaudière, comme dans les fourneaux des savonniers; mais alors, au lieu de faire le tuyau ascendant tout droit, à partir du foyer, on doit envelopper les parois verticales du vase d'un petit mur de briques, et établir ensuite autour de cette espèce de chemise les tuyaux de circulation pour la fumée, de la même manière qu'on le pratique dans tout autre cas contre les parois de la chaudière elle-même.

Après avoir indiqué d'une manière générale ce qu'il y a de plus important à observer dans la construction des fourneaux les plus usités, nous allons expliquer les noms qu'on a donnés à chacun d'eux relativement aux usages auxquels ils sont destinés. Cette explication est d'autant plus essentielle que leur construction varie comme leur dénomination.

On donne ordinairement au fourneau le nom du travail auquel on l'emploie ; ainsi l'on appelle *fourneau de fonderie* celui qui est destiné à la fonte des métaux ; *fourneaux de brasserie*, *de raffinerie*, *de buanderie* ; etc. ; etc. ceux qui sont destinés soit au brasseur de bière, au raffineur de sucre, au blanchisseur des toiles ou du linge, etc. Quant à ceux destinés à la cuisson des alimens propres à la nourriture de l'homme, on les distingue sous les noms de *fourneau* ou *potager de cuisine*. Indépendamment de ce nom général, comme ces mêmes fourneaux sont susceptibles d'être construits sur des principes différens, il est utile de les distinguer encore par le mot technique qui indique le caractère particulier de chaque construction ; sous ce rapport, on dit :

Fourneau à courant d'air libre. C'est celui dans lequel l'air intérieur de l'appartement communique au feu, soit par la porte du cendrier, soit par celle du foyer, comme dans un poêle.

Fourneau à tirant d'air. C'est celui dans lequel on tire l'air de dehors par une ventouse, et que l'on conduit sous la grille au moyen d'un ventilateur.

Fourneau à courant d'air forcé, ou *à soufflet.* C'est celui dans lequel, indépendamment du courant ou du tirant de l'air libre, on établit un soufflet dont le tuyau communique au foyer, pour augmenter l'activité de la combustion, comme cela se pratique dans une forge.

Fourneau fumivore. C'est celui dans le foyer duquel on fait brûler la fumée. *M. Darcet*, à qui cette invention est due, rendit les fourneaux des *Bains Vigier* fumivores de la manière suivante : il fit ouvrir sur le derrière du fourneau, en face et à la hauteur du foyer, une fente horizontale destinée à donner à la fumée l'air neuf qui manquait pour en opérer la combustion ; en même temps il fit élever la cheminée pour augmenter le tirage, parce qu'un premier essai avait prouvé qu'avec la cheminée qui existait, il n'entrait pas assez d'air par la nouvelle fente pour bien brûler la fumée dans le mauvais temps. On trouve cette description dans le *Bulletin de la Société d'Encouragement pour l'industrie nationale* (n°. 123, septembre 1814, pag. 217.)

§ V. *De la direction du calorique.*

Quoiqu'on ne puisse pas déterminer exactement quelle est la quantité de calorique que fournit un poids donné de combustible, l'on peut cependant avancer que la bonne qualité des substances soumises à la combustion, l'arrangement et la conduite du feu influent beaucoup sur un plus grand dégagement de ce fluide. En effet, puisqu'il est reconnu que, dans l'acte de la combustion, c'est le gaz oxigène contenu dans l'air atmosphérique qui fournit tout, ou presque tout le calorique dégagé, on ne peut pas révoquer en doute que plus on livrera un libre passage à l'air commun pour se précipiter dans le foyer, plus on obtiendra de calorique, puisqu'alors il y aura une plus grande quantité d'air atmosphérique décomposé, d'oxigène combiné, et par conséquent de calorique dégagé.

Il est reconnu aussi que la consommation des combustibles est accélérée, et que l'intensité de la chaleur qu'ils répandent est augmentée, lorsqu'on fait en sorte que l'air qui excite la combustion, afflue au foyer d'une cheminée d'une manière continue et avec un certain degré de vitesse. Ainsi, en soufflant le feu, lorsque le courant d'air est bien dirigé et qu'il n'est pas trop fort, on peut accélérer la combustion et augmenter la chaleur; mais lorsque le courant d'air est mal dirigé, ou qu'il est trop fort, il dérange plutôt la combustion qu'il ne l'accélère.

Nous conclurons, d'après ce que nous venons de dire, qu'il faut construire les foyers de manière que le feu *se souffle lui-même*, pour nous servir de l'expression vulgaire, ou ce qui est la même chose, il faut qu'un courant d'air afflue continuellement dans le foyer. C'est un objet qui mérite la plus grande attention de la part des constructeurs, surtout pour les fourneaux dans lesquels on ne veut pas employer le courant d'air artificiel produit par les soufflets. Les foyers construits d'après ces principes ont été nommés *foyers à tirant d'air*; mais tout foyer, surtout lorsqu'il est fermé comme les fourneaux, devrait être à *tirant d'air*, quand bien même il ne serait destiné qu'à faire chauffer un poêlon, sans cela il ne peut pas être parfait.

Pour qu'un fourneau soit parfait, il doit être construit de manière que la combustion des substances inflammables et la production de la chaleur, puissent être accélérées ou retardées, sans augmenter ou diminuer la quantité du combustible quand la porte du foyer est fermée : il faut, de plus, que le calorique dégagé soit dirigé et employé le plus long-temps possible sur les objets qu'on se propose d'échauffer. Ce but est parfaitement atteint dans le fourneau à cinq chaudières, dont nous avons parlé dans le paragraphe précédent ; mais ce qui donne du mérite à cette construction, c'est, 1° l'ensemble des dimensions et des proportions de toutes ses parties ; 2° la disposition de l'air amené sous la grille ; 3° le régulateur ou bascule placé dans la cheminée aspirante, qui sert à mettre continuellement en rapport l'ouverture destinée au passage de la fumée, avec celle qui est établie pour le ventilateur de l'air extérieur qui arrive au cendrier : cet équilibre permet, ou d'augmenter ou de diminuer le tirage à volonté, et même d'éteindre totalement le feu quand il n'est plus nécessaire dans le fourneau ; 4° les canaux de communication, ceux de dégagement, ainsi que les révolutions autour des chaudières qui, au moyen de soupapes, permettent d'échauffer les vases nécessaires pour le service du moment, et d'interdire la communication du calorique à ceux qui n'ont pas besoin d'être échauffés.

Il est généralement reconnu que la chaleur produite par le combustible enflammé se manifeste de deux manières, 1° par les vapeurs échauffées qui s'élèvent du foyer ; 2° par les rayons du calorique que le feu lance suivant toutes les directions. Le grand art dans la construction des fourneaux consiste à ne laisser perdre aucune portion de ce calorique. Le fourneau à cinq chaudières, dont nous avons parlé, présente, par la distance qui existe entre le feu et les vases qu'on y chauffe, un exemple frappant de la quantité effroyable de chaleur qu'on laisse perdre volontairement dans la construction des fourneaux anciens ; cependant la conservation des forêts et les intérêts particuliers de tous les consommateurs exigent impérieusement une grande réforme dans cette partie.

La cause de la propagation du calorique à

travers les corps est encore inconnue; on n'en connaît que les effets. « Lorsqu'on expose l'extrémité d'un corps solide à l'action du feu, dit *M. Thénard* (*Traité élémentaire de Chimie*, *tom. I*, *pag.* 35.), non-seulement les parties qui composent cette extrémité s'échauffent, mais les parties environnantes jusqu'à une certaine distance s'échauffent elles-mêmes, de manière que leur température va en décroissant, à partir du foyer. Tous les corps ne jouissent pas également de la propriété de propager le calorique : il y a même une grande différence à cet égard. Ceux qui la possèdent à un haut degré s'appellent *bons conducteurs du calorique*; tels sont la plupart des métaux. Ceux qui la possèdent à un faible degré s'appellent *mauvais conducteurs*; tels sont le bois, le charbon, les graisses : aussi sait-on qu'on ne peut sans se brûler, tenir par une extrémité une barre de fer de quelques centimètres de long qu'on fait rougir par l'autre, tandis qu'on peut faire cette expérience sans danger avec un morceau de charbon. En général plus un corps est pesant, et plus, à quelques exceptions près, il est bon conducteur du calorique. Les liquides sont de très-mauvais conducteurs du calorique, plus mauvais même que le charbon. »

Les plus mauvais conducteurs du calorique sont les corps qui conviennent le mieux pour construire une enveloppe capable de garder plus long - temps la chaleur. Tout le monde sait que, si l'on veut conserver pendant long-temps les alimens chauds dans la marmite qui a servi à les cuire, il suffit de la laisser dans le fourneau, d'en fermer toutes les soupapes et les portes, et de couvrir la partie supérieure de la marmite avec une couverture de laine en plusieurs doubles. Alors la laine empêche le calorique de se mettre en équilibre dans l'air ambiant, tandis que les matériaux dont le fourneau est construit rejettent sur la marmite le calorique dont ils sont imprégnés. Lorsqu'on veut utiliser la vapeur de l'eau bouillante ou l'air échauffé pour transmettre le calorique dans un vase adjacent, on emploie le même moyen; pour cela on habille d'une étoffe de laine le tuyau conducteur, et l'on obtient par-là une chaleur plus forte et plus égale dans le lieu qu'on se propose.

D'après ces observations, on voit que les foyers pratiqués dans les fourneaux sont les plus avantageux : le feu y étant renfermé de tous côtés, aucun de ses rayons ne peut s'échapper. Il importe donc dans la construction des fourneaux d'employer les matériaux qui sont les plus mauvais conducteurs du calorique afin de perdre le moins de chaleur possible ; nous allons présenter quelques observations sur le choix des matériaux.

§ VI. *Des matériaux propres à la construction des fourneaux.*

Puisque le feu est un destructeur actif de toutes les substances qui sont exposées à son action, on doit bannir de la construction des appareils pyrotechniques, celles qui n'ont pas la propriété de résister long-temps à l'ardeur du combustible enflammé ou embrasé. Les matériaux les plus propres à donner la solidité et assurer la durée des fourneaux sont principalement la pierre de taille, la brique, l'argile et le fer qu'on emploie ordinairement à leur construction. Nous allons fournir quelques notions sur chacune de ces substances en particulier.

1°. *Des pierres de taille.*

L'on refuse ordinairement d'admettre la pierre de taille dans la construction des fourneaux, parce qu'on prétend qu'elle ne résiste pas au feu. Ce défaut que l'on attribue assez généralement à la pierre de taille ne proviendraitil pas plutôt d'une injuste prévention, et n'y aurait-il pas quelque espèce de pierre de taille qui résisterait à l'ardeur du feu? Tâchons de découvrir la vérité.

Si nous parcourons les anciennes maisons, nous trouverons que les âtres de toutes les cheminées ainsi que leurs contre-cœurs sont en pierre de taille de la nature de celle qu'on appelle grès; nous apercevrons qu'elles sont à peine un peu usées dans la partie qui est la plus exposée au calorique, et l'on doit attribuer au moins la moitié de cette dégradation aux coups inévitables dont on les frappe avec les bûches qu'on met au feu, avec les pelles et les pinces qui servent à l'attiser, à l'arranger.

L'emploi des pierres de taille dans la construction des fourneaux présenterait de grands avantages: ils coûteraient la moitié moins qu'ils ne coûtent en briques, n'auraient pas besoin de tant d'armatures et de ceintures en fer, et dureraient au moins deux fois autant que ceux en briques.

Les carrières d'Arles, dans le département des Bouches-du-Rhône, produisent une espèce de pierre franche qui ressemble beaucoup à celle qu'on emploie à Paris. Cette pierre est tendre, facile à tailler au marteau, et elle devient très-dure au feu sans qu'on éprouve le moindre accident. Son usage est très-répandu dans toute l'ancienne Provence et dans les départemens environnans. On s'en sert à paver les fours, à faire les âtres et les contre-cœurs des grandes cheminées, à construire des fourneaux de toute espèce. On la transporte par mer en Italie, en Toscane et même en Espagne où elle est employée aux mêmes usages. Arles n'a pas certainement le privilège exclusif de posséder des carrières de cette nature, et nous sommes convaincus que, si l'on faisait quelques recherches et quelques expériences, on en découvrirait de semblables dans beaucoup d'autres lieux. On les emploierait alors avec avantage à faire des contre-cœurs de cheminées à cause de leur faculté non conductrice du calorique, en remplacement des plaques de fonte qui, étant d'excellens conducteurs, absorbent la plus grande quantité de ce fluide au préjudice des objets que l'on soumet à son action.

Lorsqu'on aurait découvert des pierres de cette nature; il serait bon de les exposer à l'air pendant deux ans, avant de les employer, comme *Vitruve* le recommande pour les pierres destinées à la construction des édifices. Non-seulement elles se dépouilleraient pendant ce temps de leur eau de carrière, mais, éprouvées par la variation des saisons et les intempéries de l'atmosphère, elles résisteraient plus facilement à l'action du calorique.

A Lyon, où tous les matériaux sont en général d'une excellente qualité, on a, pour paver les fours, de grands carreaux de terre cuite semblables à des dalles carrées de 2 pouc. à 2 pou. et 1/2 d'épaisseur; mais on préfère la pierre de grès pour la construction des fourneaux.

Il y a plusieurs espèces de grès; on ne distingue, dans le commerce, leur qualité que par les noms de *grès dur* et *grès tendre*. Souvent, dans la même carrière et dans le même bloc, on rencontre des parties qui diffèrent par le grain et par la couleur; c'est ce qui les fait fendre quelquefois. Le grès a la double propriété de résister au feu et à l'air; celui qui est le plus tendre sous le marteau, dont la couleur est la plus uniforme, la moins veinée, et dont le grain est le plus fin, absorbe le moins de calorique et fait le meilleur usage. Ces observations sont applicables à toutes les pierres de taille, quel que soit l'usage auquel on les destine. L'économie prescrit donc, sous tous les rapports, l'emploi de la pierre dans la construction des fourneaux et des cheminées.

2°. *Des briques.*

Après la pierre de taille et le grès, la brique est la substance la plus propre à la construction des fourneaux; mais il faut que l'argile dont elle est formée soit mêlée avec quelques substances réfractaires ou ferrugineuses pour qu'elle puisse résister long-temps aux effets du calorique, dégagé du combustible enflammé ou embrasé.

Les briques qu'on emploie à Paris, pour la construction des fourneaux, sont de trois espèces, qu'on désigne par le nom du pays où elles se fabriquent.

1°. *Briques de Bourgogne.* La pâte qui les forme est composée de partie d'argile et de partie de sable ferrugineux d'un grain un peu grossier; sa couleur varie du rouge brun au gris de plomb foncé. Ces briques sont très-bien cuites, droites, sonores et dures; avec un peu d'adresse et de patience on peut les tailler comme le moëllon et leur donner, avec le ciseau, la forme qu'on désire. La diversité de leur nuance produit un effet agréable sur les parois extérieures des fourneaux. A Paris, l'entrepôt est sur le port aux Tuiles: on les paie de 70 à 80 francs le mille.

2°. *Briques de Paris.* A juger la brique de Paris par sa cassure, on découvre qu'elle est composée d'un mélange d'argile et de vieilles briques, grossièrement pilées, provenant de la démolition des âtres de cheminées et des fourneaux. Leur couleur est d'un rouge cendré; elles sont assez sonores et passablement cuites; mais la difformité des moules, la grossièreté de la matière, les défauts des planches sur lesquelles on les met sécher, et le peu d'attention qu'on porte à les placer convenablement dans un four, sont autant de causes qui les rendent inégales et défectueuses. Les parties grumeleuses qu'elles contiennent ne permettent pas d'en couper une seule comme on le désire, ni de rendre les paremens aussi réguliers qu'ils pourraient l'être. Leur longueur est de 7 pouces à 7 pouces 9 lignes, sur 3 pouces 6 lignes de large et de 18 à 21 lignes d'épaisseur. On les paie ordinairement de 45 à 50 francs le mille chez les fabricans.

3°. *Briques de Sarcelles.* La terre de Sarcelles est d'un superbe rouge; les briques sont uniformes et droites; mais comme l'on ne mélange aucune terre réfractaire avec l'argile, et qu'on ne leur donne pas le degré de chaleur nécessaire pour opérer une bonne cuisson, elles n'ont point de dureté et ne résistent ni au feu, ni à l'air, ni à l'eau. L'uniformité de leur couleur et de leurs dimensions en rend l'emploi plus facile; on les découpe avec un couteau comme de la craie, car elles n'ont pas plus de consistance. Elles sont agréables à la vue, voilà tout leur mérite. Elles ont 7 pouces de long sur trois pouces et demi de large, et 2 pouces d'épaisseur. On les paie de 45 à 50 francs le mille chez les marchands.

La brique de Bourgogne est la meilleure de toutes sous tous les rapports; celle de Paris occupe le second rang, et enfin vient celle de Sarcelles qui doit être rejetée pour la construction des fourneaux. Voici le détail des expériences qui nous ont déterminés dans cette décision : après avoir fait chauffer jusqu'au rouge trois briques de chaque espèce, nous les avons jetées dans un baquet plein d'eau froide, ensuite nous les avons posées sur le pavé et nous les avons soumises à la pression d'un poids de 150 livres; au sortir du fourneau, deux des trois briques de Bourgogne furent cassées chacune en deux morceaux; la troisième fut intacte; les trois briques de Paris furent cassées toutes les trois, l'une en deux morceaux, l'autre en trois, et la troisième en quatre; les trois briques de Sarcelles furent retirées entières.

Au sortir du baquet, les briques de Bourgogne et celles de Paris n'eurent éprouvé aucune altération, mais celles de Sarcelles furent en pâte.

Soumises à la pression, après avoir rapproché les morceaux, les briques de Bourgogne résistèrent parfaitement; celles de Paris laissèrent détacher quelques parcelles peu importantes.

Nous avons remis deux briques de Sarcelles au feu, et, après les avoir laissé refroidir sur le pavé, nous les avons soumises à la même pression; elles ont été de suite écrasées.

Enfin, nous avons fait tremper dans l'eau, pendant une minute, une brique de Sarcelles prise au hasard; elle s'est ramollie au point que le doigt s'est enfoncé profondément dans la pâte.

Ces expériences ne nous ont laissé aucun doute sur la préférence que nous devions donner à la brique de Bourgogne : elles nous ont encore convaincu que ce n'est pas sans fondement que les ouvriers répètent ce que plusieurs auteurs ont écrit relativement à la cuisson de la pierre à chaux, que quand le feu a été interrompu avant que la pierre ait obtenu le degré de cuisson nécessaire; une forêt entière ne suffirait pas pour la réduire en chaux (1). Nous pouvons donc conclure que c'est par ignorance ou par mauvaise foi que les constructeurs de fourneaux tâchent, lorsqu'ils emploient la brique de Sarcelles, de persuader au propriétaire que cette brique, exposée à la chaleur, prend le degré de cuisson et de dureté dont on l'a privée au four. C'est une charlatanerie dont se doivent défier ceux qui font établir des fourneaux. On doit préférer la brique de Bourgogne, surtout pour les parties qui sont le plus exposées à la chaleur. Il en coûtera un peu plus cher pour la construction, mais on sera bien dédommagé de cette dépense, parce qu'on éprouvera moins de déchet en construisant, et que le fourneau durera beaucoup plus long-temps. On ne doit employer les briques de Paris et celles de Sarcelles que pour le massif et les autres parties les moins exposées à la chaleur.

Pour la partie du foyer, on doit choisir les briques les plus sonores qui sont toujours les

---

(1) Voyez *Rondelet*, Traité théorique et pratique de l'art de bâtir. *liv.* 2, *page* 251.

mieux cuites, et par conséquent les meilleures. Cet avis est général pour tous les pays, quelle que soit la qualité de brique que l'on emploie pour la construction des fourneaux.

3°. *De la terre glaise ou argile.*

Le mortier, composé de chaux éteinte et de sable, le plâtre et la terre glaise ou argile peuvent être employés séparément dans la construction des fourneaux, si les localités le permettent. L'une de ces substances peut seule servir à lier parfaitement toutes les pierres de taille et les briques qui composent la construction entière du fourneau; mais comme chacun de ces cimens a une propriété différente, il faut, lorsqu'on les a tous les trois sous la main, les employer séparément; ils produisent un meilleur effet. Dans ce cas, on doit bâtir les fondemens et même les parties massives du fourneau avec du mortier, les parties exposées au feu et à la chaleur avec de la terre glaise, et le tuyau de la cheminée ascendante, ainsi que les enduits, avec du plâtre.

Mais l'argile employée seule n'acquiert pas assez de dureté, et ne prend avec les autres substances qu'une adhérence apparente. Il y a plusieurs espèces d'argile : il est important de connaître la meilleure, la préparation qu'il faut lui faire subir, et surtout la manière de l'allier avec les matières sablonneuses; nous allons entrer dans tous ces détails.

Qualité de l'argile. Quand on peut choisir sur diverses qualités de terre glaise, il faut préférer la plus grasse, la plus fine, celle qui se délaie le plus difficilement dans l'eau, parce qu'elle est la plus liante.

Préparation. Après qu'on a choisi la quantité d'argile nécessaire pour la construction projetée, on la jette dans une fosse pratiquée dans la terre ou mieux dans des baquets avec de l'eau; on la remue de temps en temps, et on l'y laisse jusqu'à ce qu'elle soit entièrement délayée. C'est ce qu'on appelle *faire pourrir l'argile.* Cette opération divise tellement la terre, qu'il en résulte une pâte liquide sans grumeaux. Les corps étrangers qui sont spécifiquement plus pesans que l'eau se précipitent au fond. L'argile est d'autant meilleure pour être employée à toutes sortes d'ouvrages, qu'elle est restée plus long-temps à pourrir.

Lorsque l'argile est suffisamment pourrie, on l'agite fortement, on laisse précipiter pendant quelques instans les corps pesans, et on la retire du premier baquet, en la faisant couler dans un baquet inférieur par une chantepleure[1], ou un gros robinet placé à deux pouces du fond du premier. On la laisse déposer entièrement au fond du second baquet, et on la débarrasse de l'eau surabondante, en ouvrant un robinet qui se trouve au-dessus de la surface de l'argile. On forme celle-ci en gâteaux ou en mottes qu'on laisse sécher à l'ombre, pour acquérir le degré de consistance qu'elle doit avoir pour être employée. Lorsqu'elle est parvenue à cet état, on la pétrit fortement avec les mains, on la malaxe pour en faire une pâte homogène dans toutes ses parties.

Cette préparation suffit dans beaucoup de circonstances, mais l'argile est trop grasse ; il est nécessaire de la mêler à une substance qui ait la double propriété de se bien combiner avec elle, et d'être réfractaire, c'est-à-dire de résister assez à l'action du feu sans se fondre, quel que soit le degré de chaleur qu'on lui fasse éprouver. Le sable quartzeux très-fin est propre à cet usage; en le pétrissant bien avec l'argile, on obtient un corps très-poreux, dont toutes les parties sont fortement liées par le ciment de terre glaise. Ce composé forme un corps plus réfractaire et plus poreux que ne serait l'argile seule; toute l'humidité qu'il contenait s'échappe facilement par les pores nombreux dont il est rempli.

Si l'on n'a pas de sable quartzeux d'une finesse convenable, on prend des pierres roulées de quartz blanc, qu'on trouve assez communément dans le lit des rivières, et que les torrens font descendre des montagnes primitives. Pour s'en servir, on les fait rougir au feu, et on les jette ensuite dans l'eau froide; après cette préparation, elles sont susceptibles de se pulvériser facilement sous le marteau, sous le pilon ou sous la meule. Il faut rejeter toutes les pierres qui présentent quelques veines colorées, pour s'en tenir aux seuls morceaux bien blancs; les parties colorées ne sont pas assez réfractaires.

Les fragmens de briques provenant de débris des foyers, des fours et des fourneaux, ainsi que les vieux creusets et les vieilles cornues de grès peuvent remplacer le quartz; il suffit de les pulvériser pour les mêler convenablement avec l'argile. On emploie aussi avec succès du sable de rivière fin et bien pur. Le mâchefer, la limaille et les battitures de fer, et généralement toutes les substances qui contiennent du carbone, étant bien pulvérisées, se mêlent parfaitement avec l'argile, et peuvent servir dans les constructions qui doivent éprouver une grande chaleur.

On ne peut pas indiquer exactement dans quelle proportion on doit mêler à l'argile soit le sable, soit les autres substances qui en tiennent lieu. Une terre grasse et liante exige une plus grande quantité de la substance réfractaire à laquelle on l'associe, qu'une terre maigre et courte. C'est à l'artiste expérimenté à juger de l'exacte proportion qu'il doit établir pour former une bonne composition. On sait que, si l'argile est en excès, la pâte qu'elle forme se gerce et se fend par l'effet d'une trop forte retraite; et au contraire, lorsque la substance réfractaire est en trop grande quantité, la pâte n'a plus assez de consistance; alors elle ne peut résister ni au choc, ni à l'eau, ni à l'air, et encore moins au feu.

4°. *Des métaux.*

Le fer en barre ou forgé, le fer fondu ou coulé, et la tôle, sont les métaux qu'on emploie ordinairement dans la construction des fourneaux. On emploie quelquefois du cuivre; mais, comme nous n'entendons traiter ici que de ce qui est utile, et non des objets d'ornement, nous ne parlerons pas de ce métal.

On trouve, chez les marchands, du fer de toutes les dimensions, en sorte qu'on n'est point embarrassé pour choisir celui dont on peut avoir besoin ; mais on ne doit pas ignorer que tout le fer n'est pas de bonne qualité. Ceux qui connaissent les signes, auxquels on distingue le bon du mauvais fer, font toujours un bon choix, et ceux qui les ignorent n'ont souvent que le rebut des magasins. Nous allons faire connaître les signes auxquels on pourra distinguer les meilleurs fers et les plus sains, afin de prévenir toute méprise dans le choix.

Fer en barre ou *en bande.* Il doit être pur, d'un grain fin et pétillant, ce qu'on reconnaît en le cassant; sonore, sans paille, et ne se cassant ni à froid ni à chaud sous le coup de marteau.

Fonte. Le fer fondu ne peut pas être travaillé au feu pour l'ajuster et lui donner la forme qu'on désire ; c'est pourquoi il faut se servir des différens objets qu'on trouve dans le commerce, ou bien donner à la fonderie des modèles, et par ce moyen on se procure tous les objets qu'on désire, selon la forme du modèle qu'on a fourni.

La fonte de bonne qualité est pure, fine et sans soufflures. Elle doit être douce, c'est-à-dire tendre; on l'appelle fonte grise; mais il ne faut pas s'arrêter à la couleur, on doit l'essayer à la lime. Si la lime mord dessus comme sur le fer en barre, elle est de bonne qualité et peut être employée; dans le cas contraire, il faut la rejeter, elle est trop cassante.

La fonte est sujette à avoir des *soufflures* et des fentes; les *soufflures* proviennent de l'air qui se trouve renfermé dans le moule par la matière en fusion; alors il fait des chambres qu'on appelle *soufflures*. Lorsque les fondeurs ouvrent leurs moules avant que la matière soit entièrement refroidie, l'air froid la surprend, et il se pratique des fentes. Les fondeurs, pour cacher ces défauts, remplissent les *soufflures* et les grosses fentes avec du plomb fondu, et les petites fentes avec du mastic; ils passent dessus de la mine de plomb ou de la limaille infusée dans du vinaigre très-fort. Il faut examiner les pièces de très-près pour reconnaître la fraude; on les fait tinter en frappant dessus un peu partout avec une clef: toutes les parties saines résonnent comme un timbre, tandis que les félures ou les soufflures rendent le son d'un pot cassé. On doit donc porter la plus grande attention dans le choix de ces pièces, dont la différente nuance indique déjà la fraude.

Tôle. Le fer forgé et étendu en lames, passé ensuite au laminoir, prend le nom de *tôle;* il y en a de différentes épaisseurs. On connaît la bonté de la tôle par les mêmes signes qui indiquent le bon fer en barre ou en bande; néanmoins le fer réduit en feuilles est sujet à avoir des trous, et souvent il est pailleux : ce sont de grands défauts qui nuisent beaucoup à sa durée. Il faut donc regarder les pièces de très-près et même vérifier les feuilles de tôle à travers le jour, surtout celles qu'on destine à faire des marmites ou des ustensiles de cuisine.

Nous ne nous arrêterons pas ici à faire connaître dans quelle circonstance et dans quelles parties d'un appareil on doit employer de préférence le fer forgé, ou la fonte, ou la tôle; l'artiste seul peut déterminer le choix de ces substances, suivant la nature de la construction qu'il exécute.

§ VII. *Principes généraux sur la construction des fourneaux économiques.*

L'art de construire des fourneaux présente plus de difficultés que ne l'imaginent la plupart de ceux qui s'en occupent. Il ne suffit pas de faire un ouvrage d'une belle apparence, d'une forme agréable et d'une construction solide, il faut en outre qu'il remplisse toutes les conditions requises. Pour y réussir, il faut avoir des connaissances théoriques et pratiques, sans lesquelles on ne travaille que machinalement et par routine, en sorte que le succès n'est dû qu'au hasard. La science du constructeur doit se baser principalement sur la pratique : c'est l'expérience qui doit lui servir de règle. Quelque connaissance que la théorie puisse donner, on doit avouer que la pratique est d'un grand secours, et que sans elle il est bien difficile de ne pas s'égarer.

Le constructeur doit être un homme instruit, doué de beaucoup d'intelligence, pour prévenir ou pour aplanir les difficultés. Il est souvent nécessaire, dans l'exécution d'un fourneau, d'observer avec soin plusieurs causes physiques dont les effets peuvent influer plus ou moins sur la combustion dans le lieu où l'appareil doit être construit. C'est d'après la combinaison de ces causes et des moyens capables de les maîtriser ou de les modifier, qu'on détermine la situation, la forme et généralement toutes les proportions de chacune des différentes parties du fourneau.

Ces circonstances locales ne peuvent se découvrir que sur les lieux mêmes, ou sur des plans et des descriptions faits avec la plus grande exactitude. L'on doit sentir par-là qu'il nous serait impossible de donner ici les moyens d'obtenir constamment des succès parfaits ; mais nous indiquerons la meilleure méthode de construire les fourneaux économiques, laissant à ceux qui seront chargés de l'exécution le soin de prévenir les inconvéniens qui pourront se présenter, par tous les moyens auxquels les localités se prêteront.

Pour procéder avec méthode, il faut que le constructeur se pénètre bien de tous les détails de l'appareil qu'on lui demande ; il doit en faire le croquis, en étudier avec soin toutes les parties, en lever le plan et préparer tous les objets nécessaires pour la perfection de son ouvrage, avant même de le commencer. Nous avons pris l'engagement de donner à l'ouvrier toutes les instructions nécessaires pour qu'il puisse conduire son ouvrage avec autant de facilité que si nous étions sur les lieux pour le diriger; nous allons tâcher de nous acquitter, et pour cela nous lui ferons connaître toutes les parties qu'il peut employer dans la construction des fourneaux, et la manière de les exécuter: ce qui nous reste à dire dans ce chapitre est consacré à cet objet.

1°. *Des étuves.*

Sous la dénomination d'*étuves*, on entend des chambres ou des loges disposées à recevoir, communiquer et concentrer la chaleur dont on a besoin pour divers usages. Dans certaines maladies on se sert d'une étuve, pour procurer une transpiration salutaire; c'est pour opérer cet effet que, dans quelques grands établissemens de bains, on tient, à la disposition des malades, des chambres propres à faire suer, à l'instar de celles qu'avaient les anciens Romains.

Dans plusieurs manufactures on emploie l'étuve pour faire sécher certaines matières jusqu'au degré qui convient à chacune.

Les chimistes et les confiseurs ont besoin d'étuves pour faire sécher et cristalliser des substances, auxquelles tout autre procédé serait nuisible.

Les grandes cuisines ont aussi leurs étuves pour exposer à une chaleur modérée plusieurs mets avant de les servir.

Quel que soit le mérite de chacune de ces étuves, elles ont l'inconvénient d'exiger un feu particulier pour les échauffer : c'est au moyen d'un poêle, ou de la braise, ou du charbon qu'on brûle dans un réchaud. Indépendamment de la quantité de combustible qu'on emploie pour cet objet, on court le danger d'être asphyxié par la vapeur d'acide carbonique qui se dégage du charbon ou de la braise en ignition. Il importe donc de porter l'économie dans cette partie; et, puisque les étuves sont d'une utilité bien reconnue, tout fourneau très-soigné doit au moins en avoir une, et si elle est échauffée par le même feu de l'appareil, nous aurons économisé beaucoup de dépense.

Notre étuve par la position que nous lui donnons, renferme assez de calorique, non-seulement pour réchauffer avec sécurité des alimens qu'on aurait laissé refroidir, et tenir chauds ou laisser mitonner ceux qu'on aurait préparés d'avance, mais même pour y laisser cuire le pain, la pâtisserie, des viandes, des fruits et généralement toutes les substances alimentaires que l'on expose à la chaleur d'un four, pour leur donner le degré de cuisson que leur préparation exige. Cette construction n'oblige cependant pas à un feu particulier; celui qui échauffe le fourneau est suffisant. Le seul art consiste à diriger la fumée de manière à lui faire parcourir des canaux distribués autour de l'étuve, comme on le verra plus bas.

2°. *De l'établissement des fourneaux et des ventouses.*

On ne peut déterminer l'emplacement que doit occuper un fourneau, sans connaître la situation des lieux. Il ne suffit pas de faire une construction solide et agréable, il faut encore qu'elle soit commode, salubre et économique. L'intention de bien faire ne suffit pas pour réussir. On est exposé à une infinité de circonstances qui contrarient souvent les plus beaux projets; et, puisqu'il ne nous est pas permis de les prévoir toutes, nous indiquerons au moins les moyens de se tenir en garde contre celles dont l'expérience justifie chaque jour l'existence; les voici :

Etablissement. Les fourneaux peuvent être isolés ou adossés contre un mur; mais dans l'un et l'autre cas il importe de tourner l'ouverture du cendrier de manière qu'elle ne soit pas exposée aux coups de vent impétueux qui entrent souvent par la porte de l'appartement, ni à l'accès d'un courant d'air rapide qui pourrait accélérer beaucoup trop la combustion, ou faire répandre la fumée dans la pièce.

Fourneau adossé. Tout fourneau adossé contre un mur doit avoir contre - mur en dossier; si c'est une construction importante, et que le mur soit mitoyen, il faut isolément de six pouces pour le *tour du chat*. (Voyez *Lois des Bâtimens art.* 189. *de la coutume de Paris.*)

Fourneau isolé. C'est ainsi qu'on appelle un fourneau quand il est assez éloigné des murs, pour qu'on puisse en faire librement le tour pour le service.

Forme extérieure. La forme des fourneaux est arbitraire ainsi que leur hauteur. On peut les faire ronds, carrés, exagones ou octogones, suivant la forme de la chaudière; mais, lorsqu'ils sont destinés à en chauffer plusieurs par le même feu, on les fait oblongs, ovales, demi-circulaires, en rotonde ou en fer de cheval, etc.

Fondation. Quelle que soit la forme adoptée pour un grand fourneau, il ne peut être solide s'il n'est assis sur une bonne maçonnerie, avec empâtement de deux ou trois pouces.

Ventouses. Les fourneaux à tirant d'air libre peuvent être activés par l'air extérieur, ou par l'air intérieur; il résulte un bon effet de ces deux constructions, mais avec plus ou moins d'efficacité. On peut encore au moyen d'une ventouse prendre l'air de la cave, du grenier, d'un magasin ou d'un corridor contigus : on peut le prendre aussi de la rue, d'une cour, et même au dessus du comble en le faisant descendre dans un coin de la cheminée du fourneau jusqu'au cendrier. A l'égard des proportions à garder pour les ventouses, nous pensons qu'en général, on peut leur donner les mêmes dimensions qu'à la porte du cendrier.

Ventilateur. Pour conduire l'air de la ventouse dans le cendrier du fourneau, il faut établir un canal qui porte le nom de *ventilateur*. Ce canal peut être caché dans l'épaisseur des murs ou sous le pavé. Il peut être fait de briques liées par du mortier ou du plâtre, ou bien avec des tuyaux de métal ou de terre cuite. On peut pareillement se servir de ces tuyaux quand on tire l'air du haut du comble ou du grenier, en les fixant solidement dans un des angles du tuyau de la cheminée; mais il vaudrait mieux pratiquer une languette de séparation dans toute la longueur de la cheminée et continuer le *ventilateur* jusqu'au cendrier, par des tuyaux, ou au moyen d'un conduit en briques.

3°. *Des canaux de circulation.*

Nous avons déjà parlé (*pag.* 527) des canaux de circulation dont l'invention est attribuée à un distillateur de Berlin; nous avons dit que *Rumford* avait cherché à remédier à quelques inconvéniens qu'il avait observés, et que nous avons fait quelques additions aux moyens proposés par *Rumford* afin de rendre les fourneaux plus commodes et plus économiques; nous allons faire connaître ces différentes constructions.

Canal serpentin. La chaudière étant placée on décrit sur le massif du fourneau le circuit du canal, et, à partir de l'un des côtés de l'ouverture du foyer destinée au passage de la fumée, on trace sur la circonférence du vase une ligne en hélice qui se termine sous son rebord à l'endroit par lequel la fumée doit passer dans la cheminée. En élevant le circuit, on doit suivre la forme de la chaudière, afin que le canal ait partout la même largeur, et on arrase en même temps la maçonnerie selon le *rampant* de la ligne spirale contre laquelle on fait toucher les briques qui forment la languette du serpentin. De quelque côté qu'on fasse tourner l'hélice, il importe de la terminer au dessus de l'ouverture qui communique à la cheminée, car, si elle se terminait au dessous, on perdrait un tour de circulation. Voilà en quoi consiste l'invention de *M. Sachtleben*; invention que *M. Cointe-*

reau s'était attribuée, *Art de faire le feu*, 6e *Conférence*, *Paris* 1811, *pag*. 253.

Révolution simple. La difficulté de pouvoir ramoner le canal serpentin, a engagé les constructeurs à renoncer à cette invention, pour ne faire qu'une seule révolution autour des chaudières fixées dans le massif du fourneau. Pour établir cette révolution, il s'agit de placer la chaudière à l'ordinaire sur le foyer, et, en élevant le circuit, on construit sur l'un des côtés de l'ouverture du foyer une languette verticale qui peut même être inclinée à volonté; mais ce qu'il importe d'observer, c'est qu'il faut que l'ouverture du foyer se trouve au bas d'un côté de cette languette, et que celle qui porte la fumée dans le tuyau de la cheminée, se trouve de l'autre côté sous le rebord de la chaudière. Par ce moyen, la fumée, passant dans le circuit, est obligée de faire le tour du vase pour se porter dans l'ouverture aspirante qui communique à la cheminée.

Révolution double. *Rumford*, peu satisfait de la révolution simple, a imaginé de faire le fond des chaudières plat, de diminuer le diamètre du foyer, et d'établir un canal circulaire sous le fond, pour obliger la fumée à passer dessous avant de tourner contre les parois. Pour exécuter cette double révolution, il faut que le canal circulaire horizontal soit couvert par le fond de la chaudière, et que la fumée y communique par deux petites ouvertures pratiquées au-dessus de celle du foyer; l'une passe à droite et l'autre à gauche pour arriver sur le devant, où sont ménagées deux ouvertures semblables en dehors de la paroi du vase. Entre ces deux ouvertures on établit une languette verticale, contre la chaudière, qu'on élève de toute sa hauteur conjointement avec le circuit de la révolution simple, et la fumée est obligée de retourner sur le derrière, en léchant tous les parois de la chaudière, pour se rendre dans la cheminée.

Canaux de circulation horizontaux. La chaudière étant placée comme nous venons de le dire, après avoir tracé le circuit, on fait la répartition du nombre de canaux que l'on veut établir sur la hauteur du vase, on a soin de marquer l'épaisseur de la brique qui doit former la languette, et de tenir les canaux supérieurs un peu plus élevés que les canaux inférieurs. Pour obliger la fumée d'aller et de venir du derrière au devant, et du devant au derrière, en montant d'un canal dans l'autre, il faut que le nombre des canaux soit pair, et par conséquent celui des languettes impair. Toutes ces choses bien observées, on élève le circuit jusqu'à la hauteur de la première languette en laissant un *regard*, c'est-à-dire une ouverture sur la paroi du devant du fourneau, qui établisse une communication dans le canal. On y placera une petite chaîne de fer autour de la chaudière, de manière que les deux bouts se rencontrent devant le *regard*. Ils sont destinés l'un et l'autre pour faciliter le ramonage, dans les constructions où les chaudières sont trop grandes pour les rendre mobiles; mais, dans celles où l'on peut les enlever pour nétoyer la suie qui s'attache dans les canaux, on pourra se dispenser d'établir des regards et d'y placer des chaînes.

Quand le premier canal est monté à la hauteur requise, on le couvre par-dessus au moyen d'une languette de briques, qu'on fait tomber exactement contre les parois de la chaudière; on laisse à cette languette une ouverture du côté opposé à celle du foyer, par laquelle la fumée communique dans le circuit: or, celle-ci se trouvant pour l'ordinaire sur le derrière du foyer, celle de la deuxième languette doit être au-dessus de la porte du fourneau. Par ce moyen, la fumée, en communiquant dans le canal inférieur par le derrière, fait le tour de la chaudière pour se porter sur le devant, monte dans le second canal par l'ouverture de cette première languette, et retourne sur le derrière en longeant une seconde fois les parois du vase pour se porter vers la cheminée qui doit toujours se trouver à la partie postérieure du fourneau.

Par les raisons que nous avons déjà déduites, si l'on place trois languettes, la deuxième qui sera au milieu de la hauteur de la chaudière sera ouverte sur le derrière, et la troisième aura l'ouverture sur le devant comme la premiere, et elle opérera le même effet pour diriger la fumée vers la cheminée. Le nombre de languettes ne peut se déterminer que d'après la hauteur ou profondeur des chaudières ; mais on ne saurait trop recommander d'établir un *regard*, et de placer une petite chaîne de fer dans tous les canaux de celles qui sont fixées à demeure dans le massif du fourneau. Nous ferons connaître la manière de s'en servir, dans l'article du ramonage.

Regards. C'est ainsi qu'on nomme les ouvertures pratiquées dans l'épaisseur des parois d'un grand fourneau, pour voir et nétoyer le circuit autour des chaudières. Les *regards* doivent être fermés exactement par un bouchon de tôle à double fond, ou par des briques lutées avec de la terre glaise, qu'on nomme *terre à four*.

Canaux de communication. Lorsqu'un fourneau renferme plusieurs chaudières, qu'on doit chauffer à volonté par un seul foyer, de quelque manière qu'elles soient placées, on doit pratiquer de l'une à l'autre un canal pour communiquer la fumée. Chaque canal doit avoir une soupape pour établir ou empêcher la communication selon le besoin du service.

Canaux de dégagement. Dans les fourneaux qui n'ont qu'une chaudière à chauffer, l'ouverture supérieure qui conduit la fumée dans la cheminée sert de canal de dégagement; mais dans ceux qui chauffent plusieurs chaudières à-la-fois par communication, il doit y avoir une cheminée qui prend sa naissance au foyer, et porte la fumée et le calorique à la chaudière la plus éloignée du feu, qui est par conséquent la plus rapprochée de la cheminée et du canal de circulation supérieur de chaque vase. On pratique un canal qui communique à la cheminée-mère, en sorte que la soupape de communication étant fermée, et celle du canal de dégagement ouverte, la fumée passe dans la cheminée-mère, et de là au tuyau aspirant.

4°. *Des armatures et des tuyaux de cheminées.*

La bonne qualité des matériaux qu'on emploie dans la construction d'un fourneau, et les précautions que l'on prend en les taillant avant de les mettre en œuvre, ne suffisent pas toujours pour empêcher l'écartement des parois. Une grande épaisseur, pour atteindre ce but, serait un défaut dans les fourneaux destinés aux soupes économiques, aux teinturiers et aux autres artistes qui ont besoin d'approcher très-près des chaudières, afin de faciliter les manipulations. L'épaisseur des parois extérieures de l'appareil est presque toujours déterminée par les dimensions des briques qu'on emploie; mais, pour leur donner toute la solidité convenable, on doit fortifier, par des armatures et des ceintures de fer forgé, les parois les plus exposées à l'ardeur du feu, de même que le couronnement du fourneau.

Armatures. On appelle ainsi toute pièce de fer, à scellement, destinée à fortifier les parois du fourneau, et à en prévenir l'écartement. Dans toute construction adossée contre une muraille, les queues des tirans doivent être cramponnées et scellées solidement avec du plâtre, dans l'épaisseur du mur.

Ceinture On couronne, ou on enveloppe la tête d'un fourneau, d'une barre de fer plat, afin d'en prévenir l'écartement. Lorsque la construction est appuyée contre un mur, on doit placer des traverses en fer de trois en trois pieds de distance sur toute la longueur de la façade. Ces traverses, ainsi que les deux parties soudées de la ceinture, doivent avoir des *mouches* à leurs extrémités, afin qu'on puisse les sceller fortement dans le mur.

Couverture. Dans quelques endroits on recouvre la surface supérieure du fourneau avec des plaques de fonte, et quelquefois on en revêt aussi les parois extérieures pour leur donner plus de solidité. Les couvertures en cuivre, dont quelques personnes ont usé, sont les plus mauvaises, parce que le grand soin que ce métal exige pour le conserver à l'état de propreté que la salubrité commande, oblige à le frotter sans cesse avec des acides dont l'action réunie au frottement perce bientôt les feuilles, et nécessite en peu de temps le changement de couverture. La manière la plus simple, la plus solide, la plus propre et la moins dispendieuse consiste à couvrir en entier la surface des fourneaux avec des carreaux de faïence; mais pour cela, il ne faut pas employer ceux que l'on vend à Paris, qui n'ont que quatre pouces en carré et se vendent 16 à 18 francs le cent, et qui seraient par conséquent trop chers; ils sont en outre trop minces et ne présentent pas assez de solidité. Ceux de Lyon ou de Marseille sont infiniment préférables; les premiers ont six à huit pouces en carré et les derniers en ont jusqu'à dix et six à sept lignes d'épaisseur; ils réunissent la solidité à l'élégance. On revêt, avec ces carreaux, les parois intérieures des rez-de-chaussée, des caves, les boutiques des bouchers et des charcutiers : on en fait aussi les soubassemens des vestibules pour les préserver de l'humidité; on les emploie de même à une infinité d'autres usages.

Moyen de préserver le fer de la rouille. Pour garantir de la rouille le fer des armatures que l'on place sur le massif d'un fourneau, ou de toute autre maçonnerie, il suffit de le bien frotter sur toute sa surface avec des caïeux d'ail et de ne le mettre en place que lorsqu'il est parfaitement sec. Les fers et la tôle qui sont exposés aux intempéries des saisons et à l'humidité de l'atmosphère, sont préservés de la rouille par le moyen suivant : on broie de la suie avec de l'huile de noix ou de lin, on passe une ou deux couches de cette peinture sur le métal, et par ce moyen la rouille ne s'y attache pas. La suie provenant de la combustion du charbon de pierre est préférable; elle donne un noir superbe et très-luisant, mais elle sèche plus lentement que les autres peintures à l'huile; il faut par conséquent les passer en couleur longtemps à l'avance afin de n'être pas arrêté dans la construction.

5°. *Des cheminées.*

La solidité des tuyaux destinés à renfermer la fumée dans sa course ascensionnelle et à la conduire du foyer dans l'atmosphère, ne peut être obtenue que par la bonne qualité des matériaux qu'on emploie et par la liaison intime qu'on leur donne en les mettant en œuvre. A Paris, les cheminées de quelques palais, tels que les Tuileries, le Louvre, etc., sont en pierre de taille. Celles de plusieurs autres grands édifices, tels que le palais des Beaux-Arts, l'hôtel des Monnaies, etc., sont en briques posées de plat, à bain de plâtre. Celles des maisons des particuliers sont presque toutes faites avec des dalles de plâtre de forme parallélipipède, d'environ 15 à 18 pouces de long, sur 12 de large et 2 pouces 1/2 d'épaisseur. Ces dalles sont posées de champ l'une sur l'autre et fixées avec du plâtre coulé dans les joints; elles sont maintenues sur leur élévation par des fantons de fer de distance en distance. Malgré ces précautions, ces tuyaux ne durent pas plus de 20 à 25 ans, c'est-à-dire qu'ils obligent à des réparations annuelles; mais au bout de ce temps ils sont entièrement ruinés.

Dans tout le midi de la France, on fait les tuyaux des cheminées avec des briques qui ont 8 à 9 pouces de long sur 4 à 5 de large, et à-peu-près 12 à 14 lignes d'épaisseur. Ces briques sont posées de champ à joints coupés avec enduit de plâtre ou de mortier bâtard, d'un côté seulement. Il n'y entre point de fer. Les tuyaux occupent peu d'espace dans les chambres; ils exigent peu de réparations, coûtent moins que ceux faits avec des dalles de plâtre et durent au moins deux fois autant. Lors de leur reconstruction, toutes les briques sont proprement nétoyées et remises en œuvre, ce qui ajoute encore à l'économie. Cette méthode a été adoptée à Lyon, et il serait à désirer que cet exemple soit imité à Paris. Les entrepreneurs des autres villes, dans lesquelles on peut se procurer à bon compte les briques convenables, devraient aussi construire les cheminées sur le même principe.

Les tuyaux des cheminées sont ou verticaux, ou dévoyés, ou horizontaux; nous allons les décrire séparément.

Cheminée verticale. C'est celle dont le tuyau ascendant, qui conduit la fumée hors du comble, a une direction verticale, c'est-à-dire qu'elle monte d'aplomb dans toute sa longueur.

Cheminée dévoyée. C'est celle dont on est obligé d'incliner le tuyau pour éviter quelque obstacle qui s'oppose à l'ascension verticale du tuyau.

Cheminée horizontale. Ce sont celles que l'on pratique sous le pavé des cuisines et des laboratoires. Elles peuvent être construites circulairement dans la pièce, ou bien on peut leur faire longer les quatre murs en ménageant une petite porte à tombeau, à chaque angle, afin de pouvoir les ramoner. On désigne aussi sous le nom de cheminées horizontales, les canaux de circulation établis autour des chaudières, parce qu'on les ramone de la même manière que les cheminées souterraines, par le moyen d'une chaîne de fer qu'on y place avant de les couvrir.

On distingue encore les tuyaux de cheminée selon leur situation relative aux murs. On dit *tuyau adossé*, celui qui est appuyé contre un autre, ou contre un mur; *tuyau isolé*, celui qui repose entièrement sur sa base et qui ne touche à rien. Si le tuyau est pratiqué dans l'épaisseur du mur, il est dit *tuyau affleuré*, et, lorsqu'il est adossé, on le nomme *tuyau en saillie*. On dit de même *tuyau angulaire*, lorsqu'il est établi dans un angle.

6°. *Du ramonage.*

Dans les pays méridionaux, les combles des maisons ont très-peu de pente; les plus grands tuyaux de cheminée n'ont qu'environ deux pieds de large sur sept à huit pouces d'épaisseur, dans œuvre. Deux hommes suffisent pour les ramoner. L'un se place dans l'appartement, sous la cheminée; l'autre monte sur l'orifice du tuyau, file une longue corde dans l'intérieur; son camarade y attache au milieu un fagot de sarmens, ou de ramée, ou de paille : ils promènent deux ou trois fois ce fagot de bas en haut, dans le tuyau, et, par cette manœuvre, ils détachent mieux la suie que ne le ferait le plus habile ramoneur qui monterait d'un bout à l'autre dans l'intérieur de la cheminée.

Dans les pays du nord où la neige tombe abondamment, on donne beaucoup de pente aux combles; l'accès de l'orifice des tuyaux de cheminée est très-difficile, et, pour qu'on puisse les ramoner sans inconvénient, on donne, à chaque tuyau, au moins 3 pieds de large sur 10 pouces d'épaisseur, afin que le ramoneur puisse monter d'un bout à l'autre dans l'intérieur et détacher la suie au moyen d'une raclette de fer qu'on nomme *truelle*.

Quand le tuyau ascendant d'un fourneau communique avec celui d'une cheminée d'appartement, il suffit quelquefois de l'élever seulement de deux ou trois pieds dans ce dernier sans qu'on éprouve aucun inconvénient; mais, comme il peut arriver que la fumée du fourneau soit entraînée dans la chambre par le courant d'air qui se dirige du haut en bas dans le tuyau, il est plus convenable d'élever celui du fourneau jusqu'au sommet de la cheminée.

Pour ramoner facilement ce tuyau, il est nécessaire qu'il ait, à sa naissance, une petite porte par laquelle on retire la corde que le ramoneur fait descendre de l'orifice. On attache à cette corde une poignée de ramée, comme nous venons de le dire, on la promène, à plusieurs reprises, de bas en haut et l'on fait sortir la suie par cette même porte. Cette petite ouverture, que nous avons recommandée, est également nécessaire pour établir le tirage du fourneau lorsque la pesanteur de l'air atmosphérique lui est défavorable. Pour cela on brûle du papier, ou des copeaux, dans le tuyau avant d'allumer le feu : l'air se raréfie, le courant s'établit, et le fourneau tire très-bien.

Quant aux cheminées horizontales pratiquées sous le pavé, nous avons fait observer qu'on peut les prolonger sur la longueur des quatre murailles de l'appartement, si c'est nécessaire : nous avons également dit qu'il fallait établir une petite trappe à chaque angle, et placer une chaînette de fer, d'une trappe à l'autre, à chaque porte. Pour ramoner ces canaux, de même que ceux de circulation autour des chaudières, on enlève les deux portes des trappes qui se correspondent; on attache une corde à l'un des bouts de la chaîne et on la retire par l'autre. Quand la chaîne est toute dehors, on attache une poignée de ramée ou un torchon au milieu de la corde du côté qu'on l'a introduite dans le canal ; on la tire par l'autre bout jusqu'à ce que le torchon arrive devant l'ouverture. On le promène deux ou trois fois de cette manière en le faisant aller et venir alternativement; et lorsqu'on prévoit que cette partie est suffisamment nétoyée, on retire la corde par la même ouverture qui a servi à l'introduire afin de remettre la chaîne à sa place. On enlève la suie et l'on répète la même opération à toutes les parties de la cheminée souterraine.

§ 8. *Des divers objets qu'on doit rassembler avant la construction des fourneaux.*

Indépendamment des matériaux dont nous venons de parler, et qui sont nécessaires pour la construction des fourneaux, on doit encore se procurer d'avance plusieurs objets indispensables, afin de ne pas s'exposer à être obligé d'interrompre l'ouvrage ou à perdre du temps, inconvéniens que l'on peut éviter par une sage prévoyance. Les portes du cendrier et du foyer, la grille et les soupapes sont les objets dont nous entendons parler : ils s'exécutent de différentes manières selon la nature et l'importance des fourneaux; nous allons les décrire.

Porte du cendrier à registre. Nous désignons, par ce nom, une porte en fer battu ou en tôle qui ferme l'ouverture pratiquée dans la bâtisse, par laquelle on retire les cendres et les débris de charbon qui s'échappent de la grille sur laquelle on fait le feu. Dans les grandes usines, telles que les fonderies, les brasseries, les verreries, etc., où l'on a besoin d'une forte chaleur pendant les opérations, on ne cherche pas rigoureusement l'économie du combustible; mais, dans les cuisines des hôpitaux et des autres établissemens publics destinés à préparer la nourriture de la classe indigente, on ne saurait prendre trop de précautions pour mettre tout le calorique à profit et diminuer autant qu'il est possible la consommation du combustible. Il importe donc de donner à toutes les pièces, qui doivent favoriser la combustion, les formes les plus avantageuses pour concentrer le calorique et en laisser perdre le moins qu'on peut. Nous allons entrer dans quelques détails, et, à l'aide de *figures*, nous ferons entendre parfaitement la construction de tous ces objets.

Les *figures* 1, 2, 3 de la *Planche I* présentent les détails de la porte dont nous nous occupons. Les lettres se correspondent dans les trois figures.

Fig. 1. *Châssis* ou *cadre à double recouvrement.* Dans les constructions ordinaires on se contente d'employer un cadre de fer, formé d'une lame de fer pliée en carré, sur le champ de laquelle on fait battre la porte. Cette construction est vicieuse parce que les briques ne peuvent pas joindre assez parfaitement contre le métal pour intercepter le passage de l'air; la terre glaise dont on bouche les trous n'a pas non plus assez de solidité pour résister aux chocs continuels, et au bout de quelques jours il se forme, tout autour, des fentes et des ouvertures qui nuisent à la combustion. Nous avons remédié à cet inconvénient par le cadre que la *fig.* 1 représente.

Ce châssis est en tôle forte, et d'une seule pièce; son épaisseur varie selon les circonstances. Vu à l'extérieur et de face, il présente la forme d'un cadre *a*, *b*, *c*, *d*, assez large; à l'intérieur, c'est-à-dire du côte du foyer, il présente un cadre semblable. Ce châssis laisse dans son milieu une ouverture carrée *e*, *f*, *g*, *h*, plus ou moins grande, selon la grandeur du fourneau. Sur ce même châssis sont rivés à l'extérieur deux gonds *i*, *j*, d'un côté, et un mentonnet *k*, de l'autre.

La *fig.* 2 représente en coupe le même châssis : on voit en *a*, *b*, les parties de la tôle qui forment les cadres intérieur et extérieur du tableau de la porte, que la gravure indique aussi. La largeur des deux espaces *a*, *b*, entre les deux cadres de ce châssis, doit être égale à la largeur des briques qu'on emploie à la construction du fourneau. Si le châssis est destiné pour un poêle, cette largeur doit être égale à l'épaisseur des carreaux dont on le construit. Par ce moyen on évite les dégradations qui ont toujours lieu autour des portes.

Fig. 3. *Porte à registre.* La porte destinée à fermer le cendrier a deux pentures *i*, *j*, d'un côté, et un loquet *k*, de l'autre. Vers le milieu de cette porte est pratiquée une ouverture demi-circulaire destinée à laisser introduire l'air sous la grille. Cette ouverture se ferme plus ou moins, selon le besoin, par une plaque de tôle également demi-circulaire, qui est rivée dans l'extérieur au bout d'un axe mobile, portant à l'extrémité un bouton à olive. Cet axe est placé au centre de l'ouverture. Cette forme demi-circulaire se nomme *registre*; elle donne son nom à la porte dans laquelle on l'a pratiqué.

Porte de foyer à tampon ou *à bouchon*, *fig.* 4, 5, 6, et 7.

Fig. 4 représente la plaque de face; elle est en fonte ou en fer forgé; elle est percée dans le milieu d'un trou rond dont le diamètre est proportionné à la grandeur du combustible qu'on veut employer. Cette plaque doit avoir une feuillure autour de l'ouverture pour recevoir le rebord *a b* du cylindre, *fig.* 5; à chaque angle doit être percé un trou pour y river un tenon ou crampon coudé qui doit servir à le sceller dans la bâtisse.

Fig. 5 et 6. Pièce ronde en fonte ou en fer forgé, de forme un peu conique; afin que son collet *dc*, entre facilement dans l'ouverture de la plaque, *fig.* 4, le rebord *ab* se loge dans la feuillure de la plaque. Si l'on fait cette pièce en fer fondu, on peut réunir les deux pièces, *fig.* 4 et 5, en une seule, ce qui sera plus économique et présentera moins de difficultés pour l'ajustement.

Fig. 7. L'ouverture du foyer se ferme par un bouchon en tôle forte, un peu conique, avec un fond à chaque bout. Il doit entrer juste dans le collet de la *fig.* 5. Le fond extérieur doit avoir un rebord saillant par lequel il est retenu contre le collet *ab*; il a aussi une manette garnie d'un manche en bois, pour la manier avec facilité. Enfin pour se former une idée juste de l'emploi des pièces décrites par les *fig.* 4, 5, 6 et 7, l'on n'a qu'à examiner les portes des deux fourneaux décrits dans les *Planches* 2 et 3.

Fig. 8. *Grille.* Les barreaux dont on forme les grilles d'un fourneau peuvent être, soit en fer forgé, soit en fonte. Dans tous les cas, il sera avantageux de faire les petites grilles circulaires d'une seule pièce. Lorqu'on les fait en fer forgé, on rive les barreaux avec le cercle. Lorsqu'on les fait en fonte, nous ferons observer qu'on doit donner au fondeur un modèle dont la dimension soit de un quatre-vingt-dixième plus grand qu'il ne devrait être, à cause de la retraite que prend le métal en se refroidissant. Nous ne répéterons pas cette observation qui est générale pour tous les objets qu'on fait fondre.

Fig. 9. *Crémaillère.* Depuis qu'on a reconnu l'inconvénient des barreaux de fer forgé, scellés dans l'épaisseur des parois extérieures du foyer des grands fourneaux, on a imaginé de les rendre mobiles en scellant sur le devant et au fond du foyer une traverse de fer forgé ou de fonte à laquelle on a pratiqué d'un côté des entailles triangulaires également espacées et semblables aux dents d'une grosse scie : on posait diagonalement dans ces entailles, et d'une crémaillère à l'autre, les barreaux de fer carré qui composaient la grille. Cet expédient, qui donne la facilité de changer les barreaux sans démonter le fourneau, fit naître un autre inconvénient que ne présentent pas les barreaux fixes. En effet, lorsqu'en attisant le feu on dérange quelqu'un des barreaux, la braise tombe dans le cendrier, le feu va mal, et, pour remettre le tout dans l'ordre, il faut prendre beaucoup de peine et perdre beaucoup de temps. Pour obvier à tous ces inconvéniens, on a adopté les constructions suivantes :

Fig. 10 *et* 11. *Equerres.* On a substitué à chacune des crémaillères une équerre, *fig.* 10. On les a formées d'abord de deux morceaux de fer plat, chacun aussi long que la largeur de la grille, et posé l'un sur son champ, et l'autre sur son plat, reposant l'un et l'autre sur le bord de la maçonnerie. L'on conçoit facilement que ces équerres forment chacune une feuillure pour recevoir les bouts des barreaux que nous allons décrire. La *fig.* 11 indique la coupe de cette équerre dans quelque endroit de sa longueur qu'on la prenne. On fait aujourd'hui ces équerres en fer fondu, c'est beaucoup plus économique.

Fig. 12 *et* 13. *Barreaux à talon coudé des deux côtés par chaque bout.* En employant les crémaillères, nous avons dit qu'on se servait de barreaux de fer carrés; cette construction a été abandonnée, parce que l'angle supérieur que présentent deux barreaux contigus était un réservoir à cendre et à petits charbons, qui obstruaient le passage de l'air. Pour remédier à cet inconvénient, on a adopté les constructions que nous allons décrire.

Il serait assez indifférent de placer les barreaux en long ou en travers dans le fourneau; cependant on préfère de les placer en long, parce que cette disposition présentant l'espace qu'ils laissent entr'eux dans la direction de la porte, il est facile, avec un ringard, de faire tomber la cendre qui pourrait les obstruer. La longueur des barreaux doit donc être égale à la longueur du foyer. Les deux talons qu'on pratique à chacun sont plats dessus et dessous; tout le reste de la longueur de chaque barreau est plat par-dessus et triangulaire par-dessous, ainsi que l'indique la *fig.* 13 qui en montre la coupe. La saillie des talons est de trois lignes de chaque côté, afin qu'il règne entre deux un espace vide de six lignes pour le passage de l'air. La *fig.* 12 montre la forme du barreau vu par-dessus. Ces barreaux et ceux que nous allons décrire se font aussi en fer fondu.

Fig. 14 *et* 15. *Barreaux coudés d'équerre du même côté à chaque bout.* L'on fait aussi des barreaux qui ne sont coudés d'équerre que d'un seul côté et du même côté par chaque bout. La partie saillante est de six lignes à chaque bout. Ils sont plats par-dessus et triangulaires par-dessous comme les précédens; la *fig.* 14 en montre le plan vu par-dessus ou à vol d'oiseau, et la *fig.* 15 en indique la coupe. Ces derniers barreaux présentent un inconvénient, c'est qu'ils doivent être placés dos à dos l'un au-devant de l'autre sur l'équerre, et ne peuvent pas être retournés, lorsque le feu les a usés d'un côté, à moins de les retourner tous à-la-fois, au lieu que les premiers trouvent leur place dans tous les sens, pourvu que la surface plane soit par-dessus.

Soupapes. Les soupapes ou régulateurs du feu se font de deux manières; elles portent des noms différens selon leur forme. Les unes sont appelées *soupapes à coulisse*, les autres portent le nom de *soupapes battantes;* nous allons décrire les unes et les autres.

Fig. 16 *et* 17. *Soupape à coulisse.* Elle est composée d'un châssis et de la soupape. Le châssis est formé de deux cadres de fer, *fig.* 16, réunis l'un sur l'autre avec scellement aux quatre angles. On ajuste sur les trois parties *ab*, *bc* et *cd*, un châssis d'entretoise moins large que le cadre *abcd*, et un peu plus épais que la plaque, *fig.* 17, afin que celle-ci ne soit pas gênée dans son jeu, et qu'elle puisse se mouvoir dans le châssis comme dans une coulisse. Les deux cadres et l'entretoise sont fixés ensemble par des goupilles rivées.

La plaque, *fig.* 17, est en tôle forte; elle peut se mouvoir verticalement ou horizontament; dans le premier cas, on fixe, au milieu du côté *ad*, une queue ou tige plate surmontée d'un bouton à olive, et percée dans toute sa longueur de petits trous dans lesquels on engage une cheville de fer, afin de la tenir plus ou moins ouverte pour donner au feu l'activité nécessaire. Lorsque la soupape doit être placée horizontalement dans un canal de circulation ou dans le tuyau d'une cheminée, on ne doit pas mettre de tige, dont la saillie deviendrait incommode, on la remplace par un anneau flexible.

Soupape battante. Celle-ci se compose d'un cadre semblable à celui de la *fig.* 1, mais qui porte une feuillure d'un côté sur les quatre parties *efgh*, comme la *fig.* 18. Il n'y a pas de mentonnet *k*, et, en place des deux gonds *ij*, on met deux pitons dont les trous sont dans la direction *gh*, et sont fixés aux deux extrémités du côté *cd*. Le battant doit avoir une feuillure sur son carré pour emboîter dans celle du châssis. Sa tige est fixée sur le côté où sont rivés les pitons, et joue dans tous les deux ; elle ne déborde pas de beaucoup l'un des pitons, mais son autre côté le dépasse suffisamment pour sortir hors de la bâtisse du fourneau ; à ce bout est rivé ou une olive ou un anneau, afin qu'on puisse l'ouvrir ou la fermer commodément.

Porte à tombeau pour le ramonage des cheminées souterraines. Quoiqu'il soit bien reconnu que les cheminées souterraines présentent de grands avantages pour donner plus de chaleur, et pour la répandre avec plus d'uniformité dans les serres, les cafés, les grands appartemens, etc., si leur usage n'est pas généralement adopté, on doit l'attribuer à la pusillanimité et à l'ignorance des constructeurs qui en dégoûtent les propriétaires, au lieu de les encourager. Ils ont toujours pensé que toutes les fois qu'on est obligé de ramoner ces cheminées, on est forcé de faire diverses ouvertures au-dessus du conduit, qu'il faut boucher aussitôt que l'opération est faite. Pour remédier à cet inconvénient, nous faisons construire une porte à-tombeau, qui se compose d'un cadre et d'une petite plaque ou porte en fonte, dont nous allons donner la description.

Fig. 18 *et* 19. *Châssis ou cadre d'une porte à tombeau.* Ce châssis, que la *fig.* 18 représente, est en fonte de fer; il doit avoir dans œuvre autant de largeur que le canal souterrain; on y pratique dans le carré intérieur et à mi-épaisseur une feuillure *a b c d.* La *fig.* 19 montre la coupe de ce châssis; on y distingue les feuillures *ab* du cadre.

Fig. 20 *et* 21. *Trappe ou porte pour les cheminées souterraines.* La trappe ou porte est tout simplement une petite plaque en fonte de fer, *fig.* 20. Elle porte une feuillure aussi à mi-épaisseur sur son carré, afin qu'elle s'emboîte juste dans le cadre, de sorte que sa surface supérieure soit dans le même plan que celle du cadre. On pratique dans sa surface supérieure une rainure circulaire pour recevoir et loger un anneau de fer qu'on rend mobile, au moyen d'un piton rivé, dans un trou fait au travers de la plaque et dans son milieu. Rien ne doit déborder la surface de la plaque et du cadre. La *fig.* 20 représente le plan de la plaque vue par dessus, et la *fig.* 21 qui en est la coupe fait voir les feuillures du contour qui entrent dans celles du cadre, ainsi que le creux *c* destiné à recevoir l'anneau qui sert de manette pour l'enlever.

Chaînette pour ramoner les canaux de circulation autour des chaudières. Nous avons fait observer (*pag.* 576) qu'avant de couvrir les canaux de circulation autour des chaudières fixées dans les fourneaux, on doit y déposer une chaîne de fer d'une grosseur capable de résister à l'action du feu dont la flamme s'y prolonge fort avant : on se sert ordinairement pour cet objet d'une chaîne semblable à celles dont quelques rouliers et voituriers ont adopté l'usage en remplacement des traits de leurs chevaux.

Chaînette pour enlever la suie des cheminées souterraines. Nous avons parlé aussi (*pag.* 579) des chaînes qu'il importe de placer dans les cheminées souterraines ou horizontales. Quoique celles-ci soient renfermées dans un canal différent de celui qui précède, elles ne remplissent pas moins les mêmes fonctions, mais elles peuvent varier de forme et de prix, et, en présentant des moyens économiques, nous tendons toujours au but que nous nous sommes proposé. Ces chaînes-ci peuvent être construites avec du gros fil de fer à longs chaînons accrochés l'un à l'autre comme les chaînes dont se servent les arpenteurs : elles rempliront très-bien leur objet et coûteront beaucoup moins que la précédente. Ces chaînes doivent être recouvertes d'une ou deux couches de suie détrempée dans de l'huile de noix ou de lin. Nous en avons donné la recette *pag*. 573. Des chaînes ainsi préparées, que nous avons placées depuis plus de dix ans dans des cheminées souterraines, se sont parfaitement conservées ; elles n'ont pas même été attaquées par la rouille.

Fig. 22. Forme des briques ou de la pierre qui serviront à établir le canal circulaire sous le fond des chaudières, comme on le verra à la *Planche* 2, *fig*. 4.

Nota. Il est indispensable encore d'avoir sous la main les chaudières avant la construction des fourneaux, afin de les bien ajuster dans la maçonnerie. Le lecteur en trouvera la description dans le Chapitre III qui va suivre.

§ IX. *De la construction des fourneaux.*

Les détails dans lesquels nous sommes entrés sur toutes les parties essentielles qui constituent les fourneaux économiques, ne suffiraient pas pour remplir la tâche que nous nous sommes imposée : il nous reste encore à décrire les moyens de les exécuter, et à faire bien concevoir leur différence relativement à la circulation de la fumée, à la manière de la communiquer et de l'intercepter selon le besoin, et à indiquer le moyen d'établir promptement le tirage lorsque le temps ne lui sera pas favorable, c'est-à-dire lorsque la pression de l'air atmosphérique s'oppose à l'ascension de la fumée. Nous allons tâcher de nous rendre intelligibles dans les descriptions qui vont faire le sujet de ce paragraphe.

1°. *Fourneau à courant d'air libre, à une seule chaudière avec deux fours et à double révolution* (*Planche II.*)

Tous les matériaux et les objets nécessaires pour la construction du fourneau, ayant été préparés et disposés d'avance pour être mis en œuvre, on trace par terre le contour du fourneau avec empâtement de deux ou trois pouces sur toute sa circonférence ; on creuse, on déblaie et l'on bâtit le fondement en maçonnerie jusqu'à ce qu'on soit arrivé au niveau du pavé de l'appartement.

La *fig.* 1 représente le plan par terre du fourneau ; on l'a même représenté élevé hors de terre jusqu'à la hauteur de la grille (*voy. fig.* 4) pour en donner une parfaite intelligence. Si le fourneau est adossé contre un mur et destiné pour un petit établissement, il suffit de tracer le plan par terre A B C D. L'on peut donner à la face antérieure la forme qu'on voudra, soit circulaire comme dans cette figure, soit carrée, soit à pans coupés : s'il est isolé il convient de donner aux quatre angles la même forme. Nous allons nous occuper de la construction du fourneau représenté par la *fig.* 1 ; il servira de modèle pour les autres.

Après avoir tracé le plan par terre sur la fondation avec l'empâtement, comme l'indiquent les lignes ponctuées au dehors du fourneau, tel qu'on le voit ici, et qui doit comprendre toutes ses parties, que l'on connaîtra par la suite de cette description, on coupe les briques pour les parties circulaires, on les assemble et on les pose assise par assise, ayant soin de bien serrer tous les joints et principalement ceux des paremens. Il ne faut jamais tasser les briques à coups de marteau ni avec d'autres instrumens de métal ; on doit se servir d'un maillet de bois, et toutes les briques cassées ou écornées doivent être rejetées pour être employées dans les massifs.

L'on fera sortir la fumée sur l'un des côtés K, *fig.* 1, lorsqu'on doit établir une cheminée souterraine, ainsi qu'il sera dit plus bas, ou bien derrière la chaudière, vers E, *fig.* 2, en face de la porte du fourneau, lorsqu'on veut établir des fours comme dans la *fig.* 4. Le petit carré M, *fig.* 1, indique l'emplacement du tuyau de cheminée dans le fourneau actuel, et le grand carré N, à côté, indique celui du four.

Nous avons fait observer qu'il est très-important que le dessus des fourneaux soit accessible; par conséquent si la chaudière portait trop de hauteur, il vaudrait mieux établir le cendrier au-dessous du niveau du pavé, que de pratiquer un escalier autour du fourneau.

Lorsqu'on doit établir le cendrier au-dessous du niveau du pavé, il est indispensable de donner un libre accès à l'air extérieur pour activer la combustion. On pratique une fosse qui, dans tous les cas doit former un carré long F F G G, *fig.* 1. Sa profondeur G F, *fig.* 6, est déterminée par la grandeur de la chaudière : si celle-ci est mobile, la profondeur de la fosse sera égale seulement à la hauteur du cendrier; mais si la chaudière est fixe dans le massif, on doit donner à cette fosse au moins cinq pieds de profondeur à partir du fond de la chaudière, afin de fournir à l'ouvrier la facilité de réparer l'intérieur du foyer par dessous œuvre. Quant à la partie de la fosse GFDC, *fig.* 1, 2, 4 et 6, qui est en avant du fourneau, il faut lui donner assez de longueur pour y placer une échelle lors des réparations, afin de faciliter à l'ouvrier le moyen de porter les matériaux dans le cendrier même et d'y travailler aisément. On couvre une partie de cette fosse CD avec des barreaux de fer espacés de demi-pouce, afin de laisser une libre circulation à l'air : la partie antérieure est couverte avec des planches.

Lorsqu'un grand fourneau est isolé, il vaut mieux faire passer la fumée dans une cheminée souterraine, que d'élever des tuyaux de tôle pour la conduire jusqu'à la cheminée ascendante, comme on le pratique pour certains poêles. La cheminée souterraine ne présente aucun inconvénient, tandis que les tuyaux de tôle sont de peu de durée : ils sont désagréables à la vue, et pendant l'été ils répandent beaucoup de chaleur dans l'appartement et incommodent ceux qui sont obligés d'y travailler.

On doit construire la cheminée souterraine en même temps qu'on fait la fondation du fourneau à l'endroit le plus près du tuyau ascendant, comme par exemple en K, *fig.* 1 *et* 2. On la monte de toute la hauteur du fourneau ainsi qu'on le voit dans la *fig.* 3, et, lorsqu'on est arrivé à la surface du fourneau, on la couvre de d'appareil décrit *fig.* 18, 19, 20 *et* 21, *pag.* 591, *Pl.* 1.

La *fig.* 4 indique la forme du cendrier qui représente un tronçon de cône. Dès qu'on sera arrivé à sa partie supérieure, il serait avantageux de la fortifier par une armature en fer; on placera la grille, et on bâtira au-dessus le foyer dans la forme d'un tronçon de cône renversé. On n'élevera la maçonnerie qu'au niveau de la porte; là; on placera en cercle les briques creuses dont la *fig.* 22, *Pl.* 1, indique la forme. Elles présenteront un canal circulaire, sous la chaudière, pour recevoir la fumée : on en voit la coupe V V dans la *fig.* 4. On pratique une ouverture X, *fig.* 2, pour donner passage à la fumée et lui laisser la facilité d'entrer du foyer dans ce canal. L'on pratique ensuite, au-dessus de la porte, une double ouverture YY pour laisser passer la fumée autour de la chaudière. Cette double ouverture est formée par une languette que l'on voit sur le plan, *fig.* 2, entre les deux Y. L'on continue à élever la maçonnerie en laissant un vide tout autour de la chaudière pour loger la fumée. La *fig.* 4 montre cette disposition. Enfin l'on ferme le dessus du fourneau en laissant les deux tuyaux O et P, *fig.* 2, ouverts pour le passage de la fumée, ainsi que nous allons l'expliquer.

Nous devons encore faire observer qu'a moment de placer la chaudière, on doit recouvrir la surface supérieure que présentent les deux cercles du canal de circulation V V, d'une couche de lut fait avec du crotin de cheval et de l'argile fine pétris ensemble, afin que le fond de la chaudière couvre parfaitement tous les points du canal, et que la flamme ou la fumée qui sortent du foyer soient forcées de parcourir toute la longueur du canal horizontal avant d'entrer dans le canal de circulation vertical autour de la chaudière. Il faut avoir soin aussi que la partie supérieure de la chaudière joigne bien avec la bâtisse, et que son panache repose parfaitement sur cette même partie de la bâtisse. On met des cercles d'enveloppement sous la ceinture avec scellement dans la maçonnerie.

Un four et une étuve sont très-utiles dans une grande cuisine, surtout lorsqu'on peut les chauffer sans augmenter la dépense, en employant la chaleur du fourneau qui s'échappe en pure perte dans le tuyau de la cheminée. Nous établissons deux fours dans le fourneau que nous décrivons; ils sont tous les deux propres à cuire du pain et toute espèce d'alimens. En indiquant la manière de tracer par terre le plan des fourneaux, nous avons fait observer qu'il fallait y réserver aussi l'emplacement des fours et du tuyau de la cheminée; c'est cet espace AIJL, *fig.* 1, qui doit remplir ce but.

Construction des fours. Les fours dont nous allons parler sont en tôle forte; ils ressemblent à ceux qu'on pratique dans les poêles, et ne diffèrent que par la manière de les chauffer. Nous faisons arriver la fumée chaude sur le four inférieur; de là elle passe dans son pourtour, et l'enveloppe sur trois de ses faces, ensuite elle se rend dans l'espace qui sépare les deux fours, puis enveloppe trois des faces du second four, comme elle a enveloppé le premier, et finit par chauffer la partie supérieure du four supérieur avant de se rendre dans le tuyau de la cheminée. Nous allons tâcher de faire concevoir toutes ces circonvolutions à l'aide des trois *figures* 2, 3 et 4.

Lorsque la maçonnerie est élevée jusqu'au niveau supérieur, sur lequel repose la chaudière, et qu'on a construit les deux canaux O et P, *fig.* 2, dont le second communique directement avec le tuyau de la cheminée R, on place les deux soupapes battantes ou à coulisse O et P pour intercepter ou donner passage à la fumée dans l'un des deux, à volonté. Comme la construction de la maçonnerie ne présente aucune difficulté, il suffira de faire concevoir la manière dont la fumée circule, et de donner l'épaisseur des petites murailles ou murettes, ainsi que celles des languettes qui forment toutes ensemble les cases dans lesquelles passe la fumée.

Les murettes A I, I J, E ont chacune quatre pouces d'épaisseur, qui fait la largeur des briques à feu, qu'on emploie ordinairement à Paris, ainsi que la partie du mur J L, qui sert à former le tuyau de cheminée R. Les murettes qui sont à la suite des tuyaux S et T ont quatre pouces de même que ces tuyaux. Les canaux O et P ont chacun quatre pouces; les languettes ont chacune l'épaisseur de la brique.

Voici la route que suit la fumée pour échauffer les fours : lorsque la soupape O est ouverte, et la soupape P fermée, la fumée remplit le canal O ; elle rencontre la languette Q, qui la divise en deux parties; l'une passe vers S, l'autre vers T, et échauffent le dessous du four ; elle passe par les ouvertures S et T enveloppant les trois côtés S*a*, *a b*, *b*T, du four inférieur, et les échauffe. Le côté S T est celui où sont les portes des fours, et par conséquent la fumée ne peut pas les envelopper. Au milieu du côté *ab*, est une languette qui monte depuis le massif de la maçonnerie jusqu'au dessous du sol du four supérieur, les deux fumées ne peuvent pas se joindre, mais elles trouvent chacune un trou de quatre pouces carrés placé à chaque côté de la languette, qui lui permet de passer entre les deux fours ; la languette ascendante se continue horizontalement entre les deux fours, et tient toujours la fumée divisée en deux parties ; elle sort par deux trous carrés, de quatre pouces, placés au-dessus de S, T, fait le tour du second four, et est dirigée par une languette inclinée du même côté de la partie supérieure du four. Toutes ces languettes sont indiquées dans la *figure* 4; la fumée arrivée sur le plafond supérieur passe toute du côté gauche, *fig.*

3; elle fait le tour d'une languette pratiquée sur le plafond du four supérieur, qui laisse par derrière un passage à la fumée, et de là enfile un canal qui la conduit dans le tuyau de la cheminée R. Il est inutile de faire observer que toutes les languettes doivent remplir tout l'espace compris entre la maçonnerie et les fours, afin que la fumée ne trouve d'autre issue que celle qu'on a eu intention de lui donner en la forçant de parcourir successivement toutes les sinuosités par lesquelles on a voulu la conduire.

Pour que l'ouvrier ne soit point embarrassé dans la construction, nous devons encore faire remarquer que le four inférieur doit être élevé de quatre pouces au-dessus de la maçonnerie, et que tout le vide que les deux fours laissent entre eux et la maçonnerie doit être partout de quatre pouces. Le dernier canal qui conduit la fumée dans le tuyau de cheminée R doit avoir six pouces de large.

Lorsqu'on a terminé toute la construction que nous venons de décrire, on pose quelques barres de fer de distance en distance, pour porter la couverture du four supérieur, et on termine le tout par un carrelage de deux pouces, ce qui donne à la totalité quatre pouces d'épaisseur comme la murette A I, *fig.* 2, afin de concentrer le calorique. L'on continue à élever la cheminée ascendante jusqu'au-dessus du comble, si cela est possible, ou bien on la fait communiquer par des tuyaux de tôle, avec le conduit de la cheminée destiné à recevoir la fumée.

Au fur et à mesure que l'on monte les canaux de circulation des fours, on doit pratiquer des issues afin de se ménager la facilité de les nétoyer, lorsqu'ils sont engorgés de suie. Ces issues, qu'on nomme *regards*, sont indiquées par les lettres U, U, U, U, sur la *fig.* 5. On les forme par dehors avec une brique taillée juste, ou avec un bouchon de tôle fait exprès.

La *fig.* 6 montre l'emplacement des deux portes des fours. Dans la vue de concentrer davantage le calorique, on peut faire ces portes en tôle intérieurement et mettre en dehors une seconde porte en bois. Cette construction est trop connue pour nécessiter de plus amples détails.

D'après cette description, il est facile de concevoir qu'on peut, à volonté, chauffer ou non les fours. Il suffit de jeter un coup-d'œil sur la *fig.* 2 : si l'on ferme la soupape O, et qu'on ouvre la soupape P, la fumée se rendra de suite dans la cheminée R, et les fours ne s'échaufferont pas; si au contraire on ferme la soupape P, et qu'on ouvre la soupape O, la fumée ne se rendra dans le tuyau de cheminée R qu'après avoir échauffé les fours.

Il ne faut pas oublier de placer une chaînette de fer dans tous les canaux de circulation autour des chaudières, afin de se ménager les moyens de les ramoner; alors on établit ou des regards, ou des trappes à tombeau aux places où l'on veut mettre les bouts de la chaîne.

Il nous reste à dire un mot sur l'établissement des cheminées souterraines. On place le tuyau descendant du côté qui est le plus près de la cheminée ascendante; nous l'avons supposé ici en K, *fig.* 3; on creuse suffisamment dans le sol; on y bâtit en briques un tuyau de huit pouces en carré; mais on ne fait que la fondation et les deux côtés latéraux; on le conduit ainsi horizontalement jusqu'à la cheminée ascendante, et l'on place la couverture qui peut être en dalles ou en briques, en pratiquant aux deux bouts, et dans les places les plus convenables, des trappes à tombeau que nous avons décrites *pag.* 591. La trappe K sert à nétoyer le tuyau descendant. Si l'on veut faire servir ce tuyau à chauffer la pièce même ou une autre contiguë, on le fera traverser la pièce, on le couvrira avec des plaques de fonte, ou de la forte tôle, et l'on carrelera dessus, ou bien on placera des barres de fer plat de distance en distance, et l'on couvrira avec des briques qui recevront le carrelage. Dans tous les cas on doit pratiquer des portes à tombeau.

2°. *Fourneau à tirant d'air, à deux chaudières et à deux étuves (Planche III.)*

D'après tous les détails dans lesquels nous sommes entrés dans la description que nous venons de faire, nous serons dispensés de parler ici des différentes circonstances de manipulation; il nous suffira d'indiquer les objets; nous nous appesantirons seulement sur les parties que nous n'avons pas encore décrites.

Une cave est le lieu d'où l'on peut tirer l'air avec le plus d'avantages pour alimenter le feu d'un fourneau. Nous préférons prendre l'air dans la cave, parce que c'est le moyen le plus facile, le moins dispendieux et le moins employé.

Après avoir tracé le plan par terre, *fig.* 1, on perce la voûte aux deux côtés AA, du cendrier, on évase les trous par-dessous en forme d'entonnoir ou de cône tronqué à l'intrados de la voûte, comme on le voit en AA, *fig.* 3. Après qu'on a élevé la fondation au niveau du pavé, on etablit le fourneau en pratiquant le cendrier B, *fig.* 1, l'étuve D et les deux ventilateurs AA. On donne à ces derniers l'inclinaison nécessaire pour communiquer dans le cendrier, à-peu-près au milieu de sa hauteur; on place à chacun d'eux une soupape EE, *fig.* 3, dont on voit les boutons en EE, *fig.* 4. Le cendrier est comme celui du fourneau précédent en forme de cône tronqué. Dès que la maçonnerie sera élevée à la hauteur de la grille, on couvrira la première étuve D, *fig.* 1 et 3, d'une plaque de fonte qu'on aura échancrée à l'un de ses angles postérieurs, tel que G, pour y sceller un tuyau de tôle portant une soupape à clé. Ce tuyau, au moyen d'un coude placé dans sa partie supérieure au-dessous de la plaque, conduira dans le canal O, *fig.* 2, la fumée du feu qu'on établira temporairement dans l'étuve D, *fig.* 3. Ce canal O, pratiqué derrière la petite chaudière, sert en même temps à recevoir la fumée après qu'elle a échauffé ce même vase.

On montera ensuite la maçonnerie en observant de donner au foyer la forme d'un cône tronqué renversé et très-évasé; on montera en même temps les murs de la seconde étuve K, *fig*. 3, jusqu'au niveau de la maçonnerie SS, sur laquelle doit reposer la chaudière. A cette hauteur on placera une plaque de fonte pour couvrir la seconde étuve comme on a couvert la première. On placera la grande chaudière et on continuera la bâtisse, en observant de laisser un canal circulaire SS tout autour, comme l'indique la *fig*. 3. Pour faire communiquer la flamme et la fumée du foyer dans ce canal, on pratiquera un *carnot* F, *fig*. 3, et au milieu de ce *carnot* s'élèvera une languette H, qui tiendra toute la longueur du canal de circulation autour de la chaudière; par ce moyen la flamme et la fumée se diviseront en deux parties qui embrasseront la chaudière des deux côtés, et se rendront ensemble, soit dans le tuyau de la cheminée, soit autour de la petite chaudière pour l'échauffer, comme nous allons l'expliquer.

J est le canal horizontal qui conduit la fumée de la grande chaudière dans le tuyau de la cheminée ascendante.

I est le canal qui fait communiquer la fumée du foyer autour de la petite chaudière; par conséquent on doit construire ces deux canaux en montant la maçonnerie. Venons à la construction de l'espèce de fourneau de la petite chaudière : on présente ce vase en place, de telle sorte que son panache se trouve au même niveau que celui de la grande chaudière, afin que la partie supérieure des deux fourneaux soit dans le même plan horizontal; on pratique une languette un peu au-dessus du fond de la petite chaudière, au-dessus du plafond de la seconde étuve. Cette languette doit toucher par tous ses points la chaudière, excepté du côté P où l'on laisse un trou de six pouces de large pour donner un libre passage à la fumée. Le canal de circulation autour de cette chaudière doit être de quatre pouces dans toute sa longueur.

On place les deux soupapes I, J, qui peuvent être battantes ou à coulisse, à volonté; cependant il faut observer que, si la soupape I est à coulisse, on doit établir en Q une languette qui force la fumée à se diviser pour passer en même temps des deux côtés de la chaudière. Cette languette peut être en briques ou en fer de fonte : si l'on emploie une soupape battante, de manière que son axe soit au milieu de sa largeur, cette soupape servira de languette; en l'ouvrant, elle ira s'appliquer contre les parois de la chaudière et formera elle-même la cloison. On couvrira le fourneau et on le terminera par un carrelage en briques ou en faïence.

D'après cette description il est facile de concevoir le mécanisme de ce chauffage : si la soupape J est ouverte et que la soupape I soit fermée, la petite chaudière n'est pas échauffée et la fumée se rend de suite dans le tuyau ascendant. Si au contraire la soupape I est ouverte et que la soupape J soit fermée, la fumée est obligée d'entrer dans le canal I, au point Q elle se divise, partie passe à droite et partie à gauche ; elle échauffe le tour de la chaudière, elle passe par le trou P, descend au-dessous de la chaudière, échauffe cette partie et gagne le canal de la cheminée en passant par le canal O, *fig.* 2, qui a l'inclinaison suffisante pour la conduire dans le tuyau ascendant.

Pendant son séjour sous la chaudière, la fumée échauffe aussi le plafond de l'étuve K, *fig.* 3, et lui communique assez de chaleur pour les usages ordinaires ; mais lorsqu'on a besoin d'une chaleur plus grande, ou même qu'on veut transformer cette étuve en four, on fait du feu dans la partie D, et l'on échauffe l'étuve supérieure au point qu'on désire. La fumée de ce foyer momentané passe par le tuyau que nous avons fait pratiquer sur le derrière et se rend dans le canal O, *fig.* 2.

RR, *fig.* 3 et 4, montrent les tiges qui servent à faire mouvoir les soupapes I, J, *fig.* 2.

N, soupape du tuyau ascendant de la cheminée.

C, porte que l'on pratique à la naissance du tuyau ascendant, et qui sert à deux usages: 1° à retirer la suie après qu'on a ramoné le tuyau; 2° à établir le tirage dans le cas où le fourneau serait disposé à fumer dans le moment où l'on allume le feu. Voici la manière d'opérer: lorsqu'on a préparé le bois prêt à l'allumer, on met une poignée de copeaux, un peu de paille, une feuille de papier enflammé dans le tuyau, après avoir ouvert la porte; on l'y laisse consumer, et, lorsque la combustion a cessé, on ferme promptement, on allume le feu, le tirage est établi de suite, et l'on n'a pas à craindre la fumée. Il est facile de concevoir la cause de l'effet qui se produit; par le calorique on dilate l'air dans l'intérieur du tuyau; cet air devenu plus léger chasse celui qui est au-dessus de lui; l'air intérieur du fourneau se précipite pour occuper la place que l'air dilaté abandonne, le courant s'établit et n'est plus interrompu. On a donné le nom de *pompe* à cette porte lorsqu'elle sert à cet usage.

Fig. 1. Plan du fourneau, un peu au dessus du pavé.

Fig. 2. Plan du fourneau pris à vue d'oiseau avant qu'on ait posé la couverture et le carrelage.

Fig. 3. Coupe verticale du fourneau prise dans le milieu des deux chaudières.

Fig 4. Élévation des deux fourneaux vus par devant avec les deux chaudières.

Les deux fourneaux que nous venons de décrire sont d'une très-grande utilité et peuvent recevoir une infinité d'applications. Il suffit de se convaincre que, dans tous les cas, l'économie exige de mettre à profit tout le calorique fourni par la combustion, et que le fourneau qui mérite la préférence est celui qui, avec la moindre quantité de combustible, produit un plus grand effet.

Les bornes de cet ouvrage ne nous permettent pas d'entrer dans de plus grands détails sur la construction de tous les fourneaux usités dans les arts. Les deux exemples que nous venons de donner suffiront sans doute pour faire concevoir une infinité de perfectionnemens dont ces instrumens sont susceptibles. Ces notions jointes à ce que nous avons dit sur la théorie de la combustion, dirigeront le lecteur dans beaucoup de cas.

CHAPITRE III.

Des vases propres à la cuisson des alimens.

Les vases, dont on se sert généralement pour faire cuire les alimens ne sont pas assez commodes, ils occasionnent une trop grande dépense et exposent à des maladies graves et souvent à la mort. Combien de personnes n'ont-elles pas été conduites au tombeau par l'effet funeste du vert-de-gris? Cette matière est d'une trop haute importance pour que nous ne cherchions pas à prémunir nos lecteurs sur une trop grande confiance dans les vases qu'ils emploient à la cuisson de leurs alimens.

Le choix de la matière dont on doit se servir pour fabriquer les marmites, les casseroles et tous les autres ustensiles employés dans les cuisines, mérite d'être examiné avec le plus grand soin. Nous ne dirons presque rien de nouveau; nous ne ferons que rappeler ce que les savans et les plus zélés philantropes ont dit avant nous; mais il est des vérités qu'on ne saurait dire trop souvent; heureux si à force de répétitions on parvient à convaincre et à provoquer des améliorations.

Les ustensiles de cuisine doivent réunir plusieurs avantages : salubrité, durée et prix modique ; tout le monde est d'accord sur ce point. Voyons comment on a cherché à réunir ces trois qualités. Les métaux, tels que le cuivre et le fer, ont été employés à cet usage ; le dernier surtout remplit assez bien les trois conditions ; mais l'on reproche au fer de communiquer une couleur désagréable aux mets qu'on y fait cuire. Nous ignorons jusqu'à quel point ce reproche peut être fondé ; le fer étamé ou fer blanc est plus léger que le cuivre, par deux raisons : 1° parce que sa pesanteur spécifique est moindre ; 2° parce qu'on le travaille plus mince. La rouille, dit-on, l'attaque facilement et le perce : cela est vrai entre les mains des personnes peu soigneuses ; mais ceux qui ont soin de frotter avec un linge sec le vase après qu'il a été lavé, le préservent pendant très-long-temps de toute oxidation. Nous nous servons tous les jours depuis plus de deux ans d'une casserolle de fer blanc ; elle est aussi intacte que le premier jour. On en fait en fer battu qu'on peut étamer comme celles de cuivre ; pour les empêcher de s'oxider, il n'y a qu'à les préserver de l'humidité. Nous avons employé pendant long-temps dans nos cuisines des casserolles et des marmites de fonte de fer; elles avaient le désagrément d'être un peu lourdes, mais jamais elles n'ont donné de la couleur aux alimens, tant qu'elles ont été bien nettoyées, et c'est le métal qui nous paraît préférable. La rouille ou l'oxide qu'il peut contracter ne peut pas être nuisible à l'économie animale, puisque la médecine l'emploie à fortes doses, comme remède.

Le cuivre est vraiment un métal dangereux; les graisses, les huiles, les acides l'attaquent fortement et l'oxident promptement. Le vert-de-gris, qui résulte de la combinaison de l'oxigène avec le métal, est un poison violent dont les effets sont affreux. Pour empêcher cette oxidation, on recouvre le métal intérieurement d'une couche d'étain fin qui, s'opposant au contact du cuivre avec les substances qui pourraient l'oxider, prévient tout danger. Cette opération se nomme *étamage* : il y a plusieurs manières de la faire; nous allons les décrire rapidement, parce qu'il importe à tout le monde de connaître la meilleure.

1°. Après avoir bien écuré la surface du vase qu'on veut étamer, on le fait chauffer, on y répand de la résine, et aussitôt qu'elle est liquéfiée on y verse de l'étain fondu que l'on frotte et que l'on étend avec une poignée d'étoupes. Il est bon d'observer que tous les chaudronniers n'étament pas avec l'étain pur, mais avec un alliage de deux parties d'étain et d'une partie de plomb, ce qui rend cet étamage aussi dangereux que le cuivre, car les oxides de plomb sont des poisons violens. Les graisses, les huiles, les acides le dissolvent le mettent à l'état d'oxide dans les alimens, ce qui leur donne une qualité délétère.

2°. La seconde manière d'étamer a lieu par le moyen du sel ammoniac. Pour cet effet, on met sur le feu la pièce que l'on veut étamer. Lorsqu'elle est bien chaude, on y jette du sel ammoniac dont on frotte le dedans de la pièce, ce qui nettoie parfaitement le cuivre; on y verse promptement l'étain fondu, et on l'étend en frottant avec de l'étoupe et du sel ammoniac.

3°. Les Levantins ont une façon d'étamer différente, mais plus sûre que la nôtre. Elle consiste à nettoyer les pièces de cuivre avec du mâche-fer ou du sable, à les faire rougir sur un feu de charbon de bois, et à jeter sur ces pièces quelques pincées de sel ammoniac avec des petits morceaux d'étain fin. Dès qu'on a frotté la place qu'on veut étamer avec une longue baguette d'étain, on l'essuie tout de suite avec une poignée de coton arçonné : la pièce de cuivre étant toujours sur le feu, on y jette une seconde fois du sel ammoniac, on y remet de l'étain qu'on ne cesse d'étendre jusqu'à ce que le cuivre soit d'un blanc d'argent et également bien poli partout. Cette manière d'étamer préserve d'une infinité d'accidens dont celle usitée par nos chaudronniers ne peut pas garantir. En effet, l'étamage ordinaire ne couvre jamais parfaitement et entièrement le cuivre du vaisseau qu'on a voulu étamer; pour s'en assurer, il suffit de regarder au microscope une pièce qui vient d'être étamée, et l'on y remarquera toujours des parties de cuivre qui n'ont pas été recouvertes par l'étain : l'on sait qu'une très-petite quantité d'oxide de cuivre peut causer un très-grand mal.

4°. *M. Biberel*, chaudronnier à Paris, a trouvé un alliage dont il se sert avec avantage pour étamer le cuivre; les expériences qui ont été faites par la *Société d'Encouragement pour l'Industrie nationale* et par l'*Athénée des Arts*, ne laissent rien à désirer sur la bonté et la salubrité de cet étamage. Il dure sept fois autant que l'étamage ordinaire ; les métaux qui le composent ne présentent rien d'insalubre ; huit parties d'étain et une partie de fer forment cet alliage. (*Traité de Chimie de M. Thénard.*)

Quelques auteurs avaient fait naître des inquiétudes sur l'emploi de l'étain dans les ustensiles de cuisine ; *Margraff* avait avancé en 1745 que, la plupart du temps, l'étain contenait une grande quantité d'arsenic. Cette opinion n'était point fondée ; *Bayen* et *Charlard* furent chargés en 1781, par le Lieutenant-général de police, de faire des recherches à ce sujet ; ils s'assurèrent que les étains de Malaca et de Banca ne renfermaient pas un atôme d'arsenic, et que les autres espèces en renfermaient tout au plus un six centième de leur poids, souvent moins, quantité incapable de donner à l'étain des qualités vénéneuses.

Les chimistes se sont beaucoup occupés des moyens de recouvrir d'un émail économique les vases de métal ; la *Société d'Encouragement* a proposé des prix pour une découverte aussi utile ; il paraît que les résultats des recherches ne sont pas encore très-satisfaisans. Nous pouvons espérer cependant de voir ce problême important bientôt résolu, puisque depuis sept à huit ans les Anglais ont exécuté, à l'exemple des Allemands, des casseroles en fer fondu, revêtues intérieurement d'un émail inattaquable par les acides; cet émail adhère fortement aux parois intérieures, et il paraît supporter l'action du feu sans se fendre ni s'écailler.

Les poteries vernissées sont généralement employées dans les ménages, et quoiqu'elles se vendent à très-bas prix, elles ne sont pas les plus économiques. Elles sont si fragiles que les dépenses qu'on est obligé de faire à tout instant pour les remplacer, égalent bientôt celle qu'on aurait primitivement faite pour se procurer des vases d'argent, dont les débris auraient encore beaucoup de valeur lorsqu'ils seraient hors de service, ce qui n'arriverait qu'après une longue suite d'années; mais pourquoi n'emploierait-on pas le vrai plaqué d'argent? son prix n'en est pas élevé et sa durée égale celle du cuivre?

Lorsqu'on s'est aperçu que le plomb est soluble dans les acides, dans les graisses, dans les huiles, on en a conclu que les poteries recouvertes d'un vernis qui a le plomb pour base doit être insalubre; l'on a proposé la recherche des vernis ou émaux dans lesquels il n'entre point de plomb : l'on a employé le verre pilé, le sel de cuisine, etc. ; mais il paraît que ces procédés ont été ou plus dispendieux, ou n'ont pas rempli le but, puisqu'ils ne sont pas généralement adoptés. Ce n'est pas sous ce point de vue qu'on aurait dû considérer le perfectionnement de la poterie : car la petite quantité de plomb qui entre dans chaque vase ne serait pas capable de préjudicier à l'économie animale, quand bien même elle serait toute dissoute dans un seul et même ragoût; on doit donc être parfaitement tranquille sur ses qualités délétères, lorsqu'on réfléchit que ce n'est qu'après un laps de temps considérable que ce vernis est altéré, de sorte qu'on aurait bien de la peine à évaluer au-dessus d'un millième la quantité que chaque ragoût pourrait en contenir. Cette crainte est, à notre avis, chimérique ; et ce sentiment est celui de beaucoup de savans chimistes. Si d'un autre côté l'on réfléchit sur les matières qui constituent le verre blanc connu sous le nom de cristal, on verra qu'il y entre une grande quantité d'oxide de plomb ; cependant on n'a jamais manifesté aucune crainte sur l'emploi de ces ustensiles.

Le point important dans la fabrication des poteries, est de leur conserver toute la solidité nécessaire en leur donnant le moins d'épaisseur possible ; alors les deux surfaces s'échauffant ou se refroidissant presque en même temps, ces vases ne casseront pas par le passage subit du froid au chaud, ou du chaud au froid. Il faut encore que la poterie soit bien cuite et le vernis parfaitement vitrifié ; car nous nous sommes aperçus que plus l'émail est cuit et dur, et moins il est attaquable par les acides, les huiles et les graisses. Nous n'entrerons pas ici dans les détails de l'art du potier, nous sortirions de notre plan ; voici seulement les caractères auxquels on peut reconnaître une bonne poterie : il faut choisir la plus mince ; celle qui donne le son le plus clair lorsqu'on la frappe avec une clé, ce qui annonce qu'elle est la mieux cuite et qu'elle n'est point félée ; celle dont le vernis ne se laisse pas rayer avec la pointe d'un bon couteau. La forme est encore très-importante ; les vases plats, ceux qui ont des angles bien vifs, sont aussi plus sujets à se fendre par l'action du feu que les autres. La forme sphérique ou celle qui en approche le plus est la meilleure. Les marmites qui sont placées sur le feu doivent avoir de préférence le fond arrondi. Ces notions simples peuvent servir de règle dans le choix qu'on peut en faire.

Cette digression, qui n'est pas sans utilité, nous conduit à traiter de la forme à donner aux divers ustensiles de cuisine relatifs à l'objet qui nous occupe.

§ Ier. *Des chaudières et de leurs couvercles.*

Nous appelons indifféremment *chaudières* et *marmites* les vases dans lesquels on fait cuire sur le feu les diverses substances immergées dans un liquide. Il est cependant utile que nous expliquions la différence qui existe entre ces vases. La *chaudière* est un grand vaisseau qu'on emploie dans les cuisines ou dans les fabriques, à faire bouillir une grande quantité de substances à la fois, tandis que la *marmite* n'est autre chose qu'un petit vase qui a souvent la même forme que la *chaudière*, employé pour le même objet dans les ménages domestiques et dans les familles peu considérables.

Les chaudières ou marmites dont nous nous servons sont en cuivre solidement étamé : nous allons les décrire.

1°. *Forme des chaudières.* Pendant longtemps on a donné aux fonds des chaudières une forme extérieurement convexe; l'on s'aperçut que le courant d'air pousse continuellement la flamme vers le tuyau de la cheminée, qu'une seule partie de la chaudière est échauffée, et qu'une grande quantité de calorique s'échappe en pure perte. *M. Chaptal* imagina de leur donner une forme inverse, et de les faire concaves afin de retenir plus long-temps le calorique. Cette construction diminua le mal, mais ne l'enleva pas en entier : alors on imagina les tuyaux de circulation au-dessous des chaudières; dès-lors on fit des chaudières à fond plat. Nous avons adopté cette forme ; elle nous paraît la meilleure, surtout lorsqu'on emploie les canaux de circulation, tels que ceux que nous avons décrits dans le § 9 du chapitre précédent, *pag.* 598.

Dans la construction ordinaire des chaudières, on place le bord supérieur de niveau avec le carrelage ; alors, si quelques ordures liquides ou solides tombent sur la bâtisse du fourneau, les éclaboussures communiquent infailliblement dans l'intérieur du vase ; ce qui nuit à la bonté et à la propreté des alimens. Pour obvier à ces inconvéniens, on a imaginé de placer un anneau de métal à deux ou trois pouces au-dessous du bord supérieur. Cet anneau est plat à sa partie inférieure, et repose sur le massif du fourneau. Ce cercle se nomme *panache* : nous en avons adopté l'usage.

2°. *Chaudière à panache à fond plat.* La *fig.* 23, *Pl.* 1, représente le plan de cette chaudière vue par-dessus ou à vol d'oiseau. On y distingue trois tenons *d*, *d*, *d* dans l'intérieur. Ils sont fixés sur le même plan, et sont également espacés : nous ferons connaître plus bas leur utilité.

Fig. 24. *Coupe de la même chaudière.* On appelle *panache* un rebord plat *ab*, fixé à trois ou quatre pouces au-dessous de la surface supérieure du vase. L'on construit le fourneau de manière que ce rebord ou *panache* repose sur le carrelage. On doit distinguer sur cette même *figure* la hauteur à laquelle sont fixés les trois tenons intérieurs *d*, *d*, *d* : ils doivent être placés un peu au-dessous du panache.

3°. *Couvercle pour les chaudières des grandes cuisines*, *fig.* 25, 26, 27 et 28. Le plan du nouveau couvercle que nous avons fait exécuter dans divers hôpitaux civils, et dans d'autres grands établissemens de la capitale, est représenté par la *fig.* 25 : la *fig.* 26 en montre la coupe. Il reste à demeure sur la chaudière pendant toute la durée de la cuisson des alimens ; on ne l'enlève que lorsqu'il s'agit de vider la chaudière. Ce couvercle est percé dans son milieu d'une assez large ouverture, que l'on ferme avec le petit couvercle, *fig.* 27, dont la *fig.* 28 indique la coupe. En jetant un coup-d'œil sur les *fig.* 4, 5 et 6 de la *Pl.* 2, et sur les *fig.* 3 et 4 de la *Pl.* 3, on verra que nous avons donné beaucoup de bombement à ce couvercle, afin qu'il ne puisse jamais toucher aux alimens que l'on place au-dessous.

4°. *Crible ou passoire pour faire cuire les alimens à la vapeur.* La *fig.* 29 indique le plan du fond d'une espèce de crible en cuivre, en tôle étamée ou en fer blanc, et la *fig.* 30 en montre la coupe. Cette passoire doit entrer aisément dans la chaudière, et reposer sur les trois tenons *d*, *d*, *d*, *fig.* 24. On fixe dans son intérieur deux manettes diamétralement opposées *a b*, *fig.* 30 : elles dépassent un peu le bord et s'inclinent vers le centre, afin de ne pas empêcher d'adapter le couvercle à sa place. On met dans ce crible, soit en garenne, soit dans des plats, les alimens, et ils se cuisent parfaitement à la vapeur.

5°. *Bouilloire.* Lorsque nous avons fait percer le milieu du grand couvercle de la chaudière, nous n'avions en vue que de dispenser de l'enlever toutes les fois que l'on a besoin d'observer la cuisson des alimens, ou d'y ajouter les assaisonnemens nécessaires, ce qui est infiniment plus facile et plus commode que de déplacer ce couvercle qui est grand et difficile à manier. Nous sentîmes bientôt qu'on pourrait tirer un plus grand avantage de cette première idée, et qu'il serait aisé de profiter de cet emplacement pour faire cuire des alimens à la vapeur, ou pour faire réchauffer ceux qui auraient été préparés. Dans cette vue, nous avons fait construire la *bouilloire*, dont la *fig.* 31 indique le plan, et la *fig.* 32, la coupe. Cette bouilloire de même que la marmite, *fig.* 24, a un panache *ab*, qui repose sur la circonférence de l'ouverture du grand couvercle, *fig.* 25, et deux manettes *ce*, qui servent à la transporter. Le petit couvercle, *fig.* 27, sert à fermer l'ouverture du grand couvercle, lorsqu'on ne se sert pas de la bouilloire ; il sert de même à couvrir la bouilloire lorsque celle-ci est employée.

§. 2. *Du diaphragme pour le bouillon d'os.*

Planche 1., *fig.* 33 *et* 34. En traitant du bouillon extrait de la gélatine contenue dans la charpente osseuse des animaux, nous avons dit (*page* 326) qu'après que les os ont été pilés, on les enferme dans un *diaphragme* que l'on place dans une marmite. Ce *diaphragme* est un vase de cuivre étamé ou de tôle, dont la *fig.* 33 représente le plan, et la *fig.* 34 la coupe. Ce vase ressemble à la bouilloire, que nous avons décrite (*page* 625), et que les *fig.* 31 et 32 représentent. Il a, sous son fond, trois petits pieds *d*, *d*, *d*, qui le tiennent relevé, mais il est sans panache : il est percé, dans toute sa surface, de petits trous comme le crible ou passoire, *fig.* 29 et 30. Deux anses, *a*, *b*, *fig.* 34, fixées vis-à-vis l'une de l'autre à son bord supérieur, et aux deux extrémités du même diamètre, donnent la facilité de le placer dans l'intérieur de la chaudière, ou de l'enlever à l'aide de deux crochets de fer à long manche.

Avant d'introduire le diaphragme dans la chaudière, on doit le couvrir afin d'empêcher les herbages et les légumes de communiquer avec les os qu'il contient. L'on pourrait employer un couvercle semblable à celui de la bouilloire, pourvu qu'il fût percé de petits trous comme le diaphragme ; mais *M. Bouriat* ayant proposé un moyen qui présente quelques avantages, nous allons en donner connaissance. Ce chimiste a imaginé un ustensile qui peut contenir des légumes particuliers et différens de ceux qui seraient employés pour faire la soupe.

Le plan de cet instrument qui sert de couvercle au diaphragme est présenté par la *fig.* 35; la *fig.* 36 en montre la coupe. Il ressemble au crible par sa forme, mais il est construit sur une plus petite échelle; il diffère du crible en ce que celui-ci repose sur trois tenons fixés à égale distance dans l'intérieur de la chaudière, au lieu que le couvercle du diaphragme porte à sa partie supérieure trois tenons *a*, *b*, *c*, *fig.* 35, placés à égale distance. Ces tenons reposent sur les bords du diaphragme et l'empêchent de descendre trop bas. Au moyen d'une tige fixée au fond de ce récipient ou couvercle, et à l'aide de la manette *d*, *fig.* 36, on peut l'enlever sans toucher au diaphragme et sans le déranger.

CHAPITRE IV.

De la manière de faire cuire les substances alimentaires à la vapeur.

Dans le cours de cet ouvrage nous avons démontré plusieurs fois l'avantage qu'on retire de la vapeur de l'eau bouillante, pour la cuisson des alimens; nous avons fait connaître que les substances qu'on fait cuire par ce procédé, conservent toute leur saveur, que les légumes, particulièrement les pommes de terre y acquièrent de la qualité, tandis que les substances cuites par la décoction perdent singulièrement et ne peuvent pas soutenir la comparaison avec les premières. Nous n'entreprendrons pas de décrire ici toutes les applications qu'on peut faire du procédé de cuisson par la vapeur de l'eau bouillante. Nous nous bornerons à indiquer des moyens simples et à la portée de tout le monde, afin que le plus petit ménage, ainsi que le plus grand établissement, puissent jouir du précieux avantage que présente ce procédé.

Il faut faire construire, pour la chaudière ou pour la marmite dont on se sert habituellement, une grande passoire ou crible, dans le genre de celui que nous avons décrit *pag.* 625; il n'en différera que par la manière dont il est supporté. Le bord supérieur de celui-ci reposera sur le bord supérieur de la chaudière et descendra dans son intérieur de toute la profondeur qu'on aura voulu lui donner. Ce vase sera construit en cuivre ou en fer étamé, ou en fer blanc, ou même en fil de fer, selon la nature des substances que l'on voudra faire cuire, de telle sorte qu'elles ne puissent pas passer à travers. Ce crible sera disposé de manière qu'il puisse être fermé par le même couvercle de la chaudière ou de la marmite. Voilà pour les ménages qui ont déjà une marmite, et pour les grands établissemens qui ont une chaudière que l'économie leur prescrit de ne pas changer.

Quant à ceux qui n'ont pas de vases appropriés à la cuisson, et qui veulent s'en procurer, nous leur conseillons de les faire construire dans les formes de la chaudière à panache, que nous avons décrite *pag.* 624, avec trois tenons *d*, *d*, *d*, *fig.* 23, pour supporter le crible *fig.* 29 et 30, que l'on peut faire comme nous l'avons décrit, ou en fil de fer, selon la nature des substances.

Si l'on n'a rien à faire cuire dans la chaudière ou la marmite, et qu'on désire faire cuire à la vapeur des pommes de terre, par exemple, on mettra de l'eau dans la chaudière jusqu'à la hauteur de deux pouces au-dessous des tenons, on placera le crible, on le remplira de ces tubercules, on bouchera le tout avec le couvercle et on allumera le feu dans le fourneau. Demi-heure ou trois quarts d'heure d'ébullition suffiront pour donner le degré de cuisson aux pommes de terre. Si l'on fait en même temps le pot au feu dans la marmite, on pourra faire mettre à profit la vapeur pour opérer la même cuisson.

Nous avons dit que les ustensiles dans lesquels on place les substances qu'on veut soumettre à l'action de la vapeur, peuvent être construits en cuivre, en tôle ou en fer blanc; en effet, comme ces vases ne sont pas exposés à l'ardeur du foyer, il n'est pas nécessaire que leurs parois soient bien épaisses; mais comme il importe de les soustraire au contact de l'air ambiant, on est souvent dans l'usage de les couvrir d'un tapis ou d'une couverture de laine. Ce moyen qui a d'abord paru le plus simple, est incommode et malpropre: nous proposons de lui en substituer un qui a été déja en usage, mais qui est trop peu connu; c'est un double cylindre en fer blanc placés l'un dans l'autre, de manière que le cylindre extérieur soit partout distant du cylindre intérieur d'environ trois lignes. On établit dans le cylindre intérieur et aux deux tiers de sa hauteur un diaphragme soudé qui divise le cylindre en deux parties inégales, de sorte qu'on se sert de l'une ou de l'autre de ces parties, selon qu'on a plus ou moins de substances à faire cuire. Comme le vase est cylindrique, il s'ajuste également bien sur l'orifice de la marmite. Le même couvercle bouche également le vase de quelque côté qu'il soit tourné, et les substances y cuisent parfaitement. L'air qui circule entre les deux cylindres s'oppose à la dissipation du calorique, parce qu'il en est très-mauvais conducteur.

Parmentier, dans ses *recherches sur les végétaux nourrissans*, recommande expressément de faire cuire la pomme de terre avec le moins d'eau possible; aussi préfère-t-il la cuisson à la vapeur à celle qu'on emploie ordinairement par la décoction. C'est aux Américains que nous sommes redevables de l'heureuse idée d'exposer les substances à la vapeur de l'eau bouillante: ce sont eux qui ont imaginé une chaudière propre à cet usage; mais ils ne s'en servaient que pour faire cuire les pommes de terre. *Parmentier*, qui a senti que ce procédé pouvait être applicable à beaucoup d'autres substances, en a fait l'expérience, et, après avoir reconnu les avantages qu'on pouvait en retirer, il les a publiés avec la description de la marmite américaine. Nous allons transcrire ses observations importantes.

« Cette marmite, dit-il, n'est pas uniquement destinée à la cuisson des pommes de terre; elle peut encore être appliquée avantageusement à la cuisson des légumes ou des plantes potagères qui ne con•.ennent pas un principe extractif qu'il soit nécessaire de leur enlever par la décoction, ce qui n'est indispensable que dans un très-petit-nombre de cas. En effet, les choux, les épinards qui nous paraissent exiger d'être cuits à l'eau, sont très-savoureux lorsqu'ils sont cuits à la vapeur. »

« Quant aux autres substances végétales, telles que le navet, le panais, la carotte, le salsifis, l'oignon, la betterave, etc. etc., les poires, les pommes, et tous les fruits qui contiennent un principe sucré, on conçoit combien il y a d'avantage de les faire cuire à la vapeur. »

« Les légumes, tels que les pois, les haricots blancs et même les verts, les fèves de marais, les lentilles, etc., cuisent parfaitement par ce moyen. Deux heures suffisent pour ces légumes secs, et il ne faut qu'une heure lorsqu'ils sont frais. La betterave, si lente à cuire, n'a besoin que de trois heures au plus, dans la marmite dont nous parlons. »

« Les légumes secs demandent à être mis préalablement en macération dans l'eau pendant dix à douze heures et à être assaisonnés en sortant de la marmite. On assaisonne de même les légumes frais. Ils ont acquis, par cette opération, plus de saveur que par la décoction; ils sont fermes et farineux. »

« Non-seulement les racines potagères cuisent promptement à la vapeur et conservent toute leur sapidité, mais l'avantage particulier que présente cette manière de les faire cuire, c'est que ces substances restent fermes sous la dent, qualité que l'on recherche dans certains végétaux et surtout dans l'asperge. Cette dernière ainsi que l'artichaut, cuits par ce procédé, conservent leur couleur verte, que la décoction altère toujours. D'ailleurs, au moyen de cette marmite, la partie extractive de l'asperge et de la feuille d'artichaut ne se reporte pas sur la portion de ces légumes qu'on destine à être mangée; inconvénient qui a lieu par la manière ordinaire de les faire cuire, la décoction qui, non-seulement leur enlève la saveur, mais leur donne de l'âcreté. »

« Le marron se cuit également très-bien dans cette marmite et tient le milieu, pour le goût, entre le marron grillé et celui qui est cuit à grande eau. Il est sec, blanc, farineux, et d'un goût très-agréable. »

« Le riz, qu'on expose à la vapeur de l'eau bouillante, prend assez d'humidité pour devenir mou; il reste sous une forme demi-sèche. C'est vraisemblablement sous cette forme que les Chinois mangent le riz qu'ils portent en voyage. Cuit à la vapeur, il est dans l'état de la mie de pain humide, qui ne mouille point, parceque l'eau y est intimement unie. »

« Les œufs et le poisson cuisent parfaitement dans cette marmite. Trois minutes suffisent pour faire cuire les œufs mollets ou à la coque; en six minutes, ils sont durs. La morue cuite à la vapeur est tout-à-la-fois ferme et tendre, très-blanche, et plus savoureuse que par la décoction. Tout poisson pourrait vraisemblablement être cuit de cette manière, il ne perdrait rien de cetre fermeté de chair que l'on recherche dans cette substance animale. »

« Le peu de temps que les plantes potagères, les légumes, les fruits, les poissons, les œufs sont à cuire dans la marmite, fournit une preuve certaine que la vapeur de l'eau en ébullition a, sur les substances végétales et animales, une action au moins égale à celle de l'eau bouillante elle-même. »

« Les avantages que présente cette marmite, dussent-ils se borner à ceux qui viennent d'être énoncés, c'est-à-dire à opérer la cuisson plus parfaite et plus prompte de presque toutes les substances alimentaires, ces avantages sont assez grands pour qu'elle soit d'un usage général dans l'économie domestique, et qu'elle soit employée par cette classe d'hommes habitués à ne pas déguiser, par divers assaisonnemens, les présens de la nature, et à n'y rechercher que leur saveur naturelle. Mais si, comme l'expérience le prouve, elle offre le seul moyen de rendre toutes les eaux indistinctement propres à la cuisson des légumes, alors on en reconnaîtra la nécessité, et aucun ménage ne pourra s'en passer. En effet, il y a tout au plus un dixième de la population qui ait à sa disposition l'eau d'une rivière, d'un ruisseau, d'une bonne source; mais les autres neuf dixièmes, relégués dans les terres, n'ont, le plus souvent que des eaux crues, chargées de sélénite. Or, une eau séléniteuse racornit les légumes; la longue ébullition, à laquelle on les soumet, en épuise les principes sapides et nutritifs, et le malheureux qui n'a que des pois, des haricots, et une pareille eau pour les faire cuire, est condamné à les manger coriaces et dépouillés de toute saveur. Dans cet état ils sont venteux, d'une digestion difficile, et ne peuvent fournir qu'un chyle qui s'élabore mal. Cet inconvénient n'a plus lieu à l'aide de la marmite à vapeur ; l'eau la plus dure, l'eau minérale même, est aussi propre que la meilleure eau pour faire cuire toutes sortes de substances légumineuses. »

« La marmite dont il s'agit, devient, dans beaucoup de circonstances, un ustensile nécessaire pour l'économie, utile par la facilité de son service, et avantageux par le peu de soins qu'il exige. Le four est le seul instrument pour bien cuire le pain ; la marmite à vapeur est le seul ustensile pour bien cuire les légumes avec toutes sortes d'eau naturelle. L'on sait que les légumes secs forment la nourriture habituelle des habitans de la campagne et des marins : il importe donc qu'on la leur fournisse la plus saine et la plus savoureuse qu'il est possible. »

Nous ne décrirons pas ici la marmite américaine ; la chaudière à panache à fond plat dont nous avons donné la description, *p.* 624, la remplace avec avantage.

CONCLUSION.

En entreprenant l'Ouvrage que l'on vient de lire, nous n'avons pas eu pour but, ainsi que nous l'avons annoncé dans l'introduction, de faire un traité scientifique. Nous avons cherché à mettre sous les yeux du lecteur tout ce qui nous a paru tendre à l'utilité générale et à l'économie. Nous nous sommes attachés principalement à lui faire distinguer la bonne et la mauvaise qualité des substances alimentaires, à lui indiquer les moyens de les préparer de la manière la plus économique, et d'en faire une nourriture saine, salubre, succulente et agréable, avec moins de dépense qu'on n'en fait ordinairement. Si les philantropes généreux que l'amour de l'humanité enflamme, trouvent dans nos procédés les moyens d'étendre leur bienfaisance sans augmenter leurs deboursés; si les pères de famille, pour qui l'économie est un besoin, peuvent, à moins de frais, pourvoir à leur subsistance, ils applaudiront à notre travail. Leur suffrage sera la plus douce récompense pour nos soins à remplir la tâche que nous nous étions imposée.

FIN.

TABLE GÉNÉRALE

De l'Essai sur la Préparation, la Conservation, la Désinfection des Substances alimentaires, et sur la Construction des fourneaux économiques.

PREMIÈRE PARTIE.

SECONDE PARTIE.

Fin de la Table.

ERRATA.

Page	ligne		lisez :
51.	20,	qu'il;	qu'ils.
96.	25,	*fistulorum*,	*fistulosum*.
101.	17,	bonne,	brune.
141.	4,	que ceux,	de ceux.
144.	24,	onvrage,	ouvrage.
171.	23,	riz gras,	riz au gras.
227.	21,	duot,	dont.
300.	17,	ou,	et.
391.	22,	toute,	toutes.
413.	18,	à la méthode,	sur la méthode.
424.	26,	de la,	de sa.
448.	26,	cuir,	cuire.
462.	6,	on sert,	on se sert.
488.	4,	*lithautrax*,	*lithantrax*.
568.	19,	tomber,	toucher.
572.	8,	soudées,	coudées.
573.	11,	des caves,	des cuves vinaires.
577.	13,	d'épaisseur,	de profondeur.
578.	5,	d'épaisseur,	de profondeur.
583.	18,	l'extérieur,	l'intérieur.
584.	2,	grandeur,	grosseur.

Essai sur la préparation &c des Substances alimentaires. PL. I.

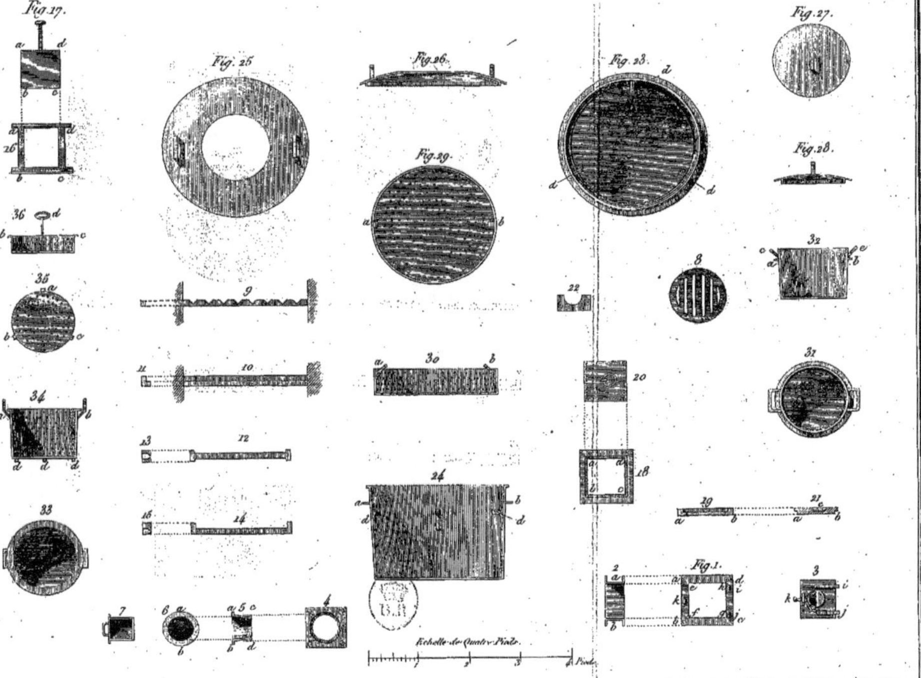

del.

Gravé par Moisy, Place St Michel, No 129.

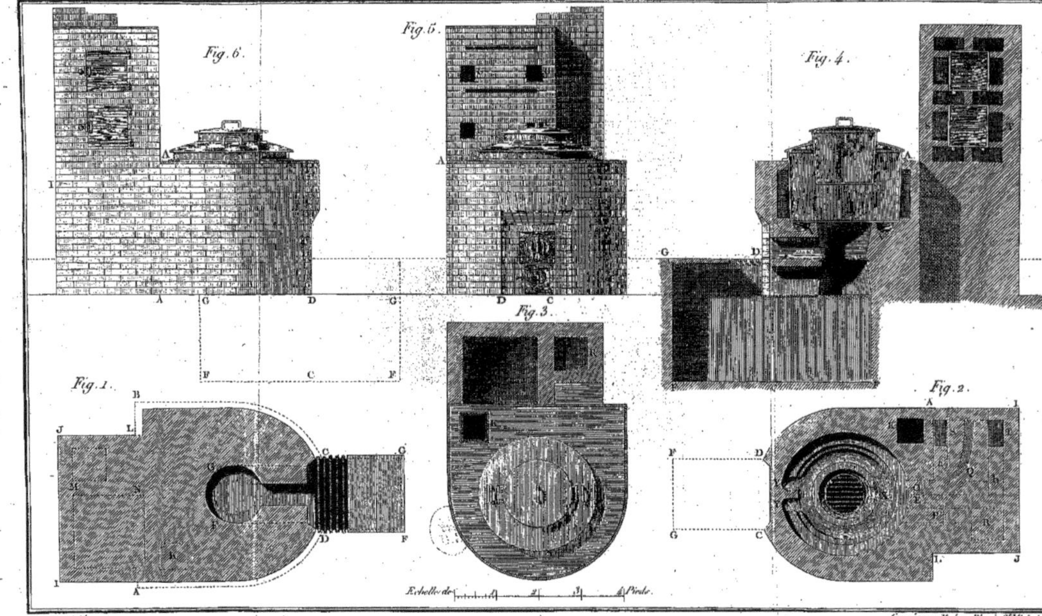
Fig. 6.
Fig. 5.
Fig. 4.
Fig. 3.
Fig. 1.
Fig. 2.
Echelle de 1 2 3 4 Pieds.
Fournier del.t
Gravé par Moisy, Place St Michel

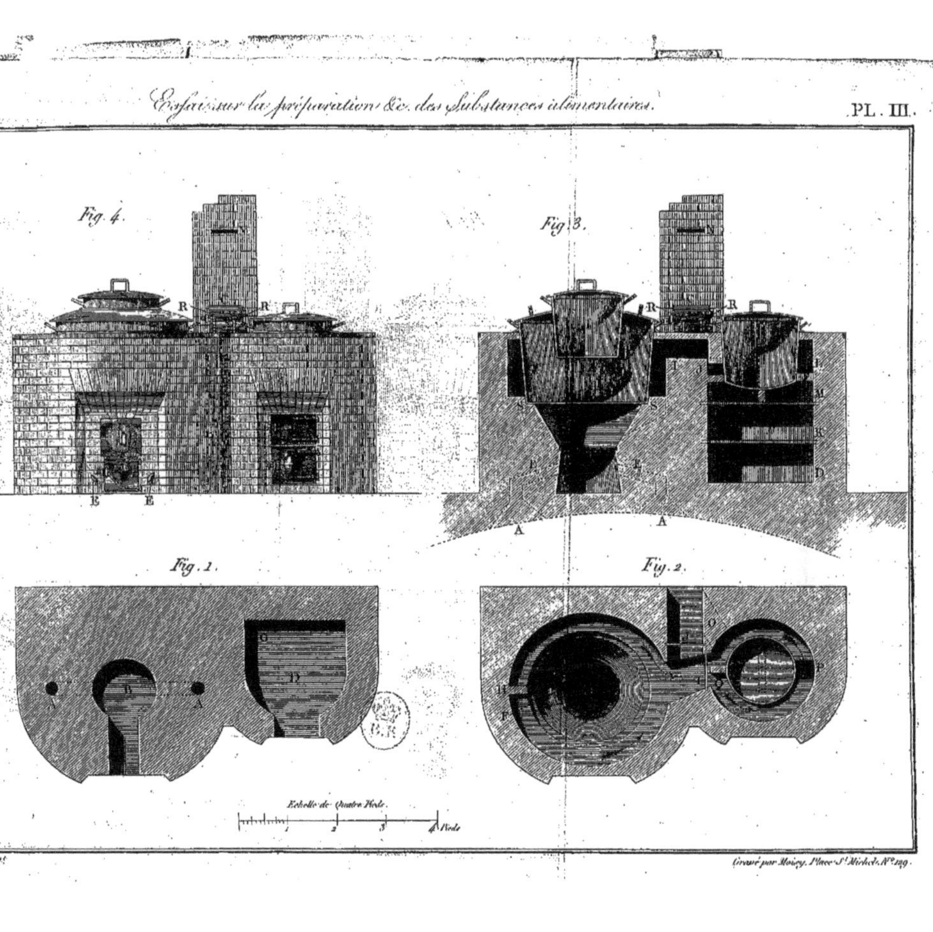
Fig. 4.
Fig. 3.
Fig. 1.
Fig. 2.
Echelle de Quatre Pieds.
Gravé par Moisy, Place S.t Michel, N.° 129.

L'ART

DE

PRÉPARER, CONSERVER ET DESINFÉCTER

LES

SUBSTANCES ALIMENTAIRES.

Addition à l'*Errata*.

Pages	Lignes.		Lisez.
574	22	des dalles de plâtre,	du plâtre pigeonné.
575	17	des dalles de plâtre,	du plâtre
576	10	à l'ascension,	à la direction.
582	2	de laquelle	devant laquelle
599	7	tuyau C et P,	caneaux O et P.
600	19	sur le four,	sous le four.
601	18	AI, IJ, E,	*a b*, JT, E.
601	23	tuyau S et T,	ouvertures S et T.
602	8	S *a*, *a b*, *b* T	S *a*, T *b*, *b a*.
604	14	forme,	ferme.
608	12	longueur,	largeur.

Nota. L'impression de cet ouvrage était entièrement terminée, quand l'auteur a pu le lire. Il a découvert les fautes ci-dessus, qu'il s'est empressé de rectifier. Celle de la page 600 est très-considérable et y appelle l'attention des lecteurs.

L'ART
DE PRÉPARER, CONSERVER ET
DÉSINFECTER
LES SUBSTANCES ALIMENTAIRES,

SUIVI

De la Construction de différens fourneaux économiques;

PAR S. P. FOURNIER.

NOUVELLE ÉDITION.

Ornées de planches en taille douce, représentant les profils détaillés et l'élévation des fourneaux et appareils économiques,

MISE EN ORDRE PAR

L. SÉBASTIEN LENORMAND,

RÉDACTEUR DU DICTIONNAIRE TECHNOLOGIQUE, etc.

Le monarque veut des économies, la nation en a besoin.

Dis. du Ministre des Finances.

A PARIS.

BARBA, Palais-royal, Galerie de Chartres.
Derrière le Théâtre Français.
et Cour des Fontaines, n. 7.

IMPRIMERIE de SÉTIER, Cour des Fontaines, n. 7.

EXPLICATION

De quelques termes dont la connaissance est indispensable.

QUELQUE soin que nous ayons pris pour nous mettre à la portée du lecteur le moins intelligent, nous avons été forcés d'employer quelquefois, et surtout dans la théorie de la combustion, des mots consacrés par la science ; nous n'aurions pu les supprimer que par des circonlocutions qui, loin d'éclaircir la matière, n'auraient tendu qu'à la rendre plus obscure. Nous avons préféré parler le langage usité et donner dans cette courte notice l'explication des mots qui pourraient embarrasser quelques lecteurs. Nous les avons classés par ordre alphabétique afin qu'on puisse y recourir plus commodément.

Acide carbonique. Voyez *gaz acide carbonique.*

Acide muriatique. C'est un liquide que les chimistes retirent du sel de cuisine qu'ils nomment *muriate de soude.* On le connaît dans le commerce sous le nom d'*esprit de sel.* On le dit *étendu*, lorsqu'on y ajoute une plus ou moins grande quantité d'eau, afin de le rendre moins ou plus fort.

Air atmosphérique. C'est l'air que nous respirons ; il est composé d'oxigène, d'azote, d'acide carbonique, tous les trois à l'état de gaz, et d'une très-petite quantité d'eau en vapeur, variable en raison de la température.

Azote. C'est un des composans de l'air atmosphérique. Ce gaz est impropre à la respiration et à la combustion.

Calorique. Les physiciens le regardent comme un fluide susceptible, quand il est libre, de se mouvoir sous forme de rayons à la manière de la lumière; d'une extrême subtilité; invisible, éminemment élastique, impondérable; qui tend à se mettre en équilibre dans tous les corps, les pénètre plus ou moins facilement, les dilate, les décompose les fait passer de l'état solide à l'état liquide, de l'état liquide à l'état gazeux; qui peut s'en séparer et les ramener par-là de l'état gazeux à l'état liquide, et de celui-ci à l'état solide; enfin, qui jouit de la propriété de se combiner en différentes proportions avec chacun d'eux, pour les élever à la même température. *M. Thénard, Traité de Chimie.*

Carbone. C'est le charbon pur.

Chaleur. Le calorique est la cause de la chaleur, et par conséquent la chaleur est l'effet du calorique. Il faut bien se garder de confondre la cause avec l'effet.

Gaz. C'est le nom qu'on donne à des substances portées à l'état de fluides aériformes par le calorique. Les *gaz* ont toujours les apparences de l'air sans en pouvoir faire les fonctions.

Gaz acide carbonique. C'est le carbone rendu acide par l'oxigène et réduit à l'état de gaz par le calorique.

Gaz hydrogène. Voyez *Gaz oxigène.*

Gaz oxigène. L'oxigène est un principe universellement répandu dans la nature, et qui joue le plus grand rôle dans les trois règnes. Les deux fluides qui sont de première nécessité, soit pour l'homme, soit pour tous les autres êtres organisés, *l'air* et *l'eau* sont essentiellement composés d'oxigène. L'eau est formée d'environ 88 parties un quart d'*oxigène* et d'environ 11 parties trois quarts d'*hydrogène*, mesurant par le poids. Ces deux substances sont, dans l'eau à l'état concret, et dans l'air à l'état de gaz. On regarde l'oxigène comme le principe acidifiant.

Oxigénation. C'est le résultat de la combinaison de l'oxigène avec d'autres substances.

Phosphate de chaux. Ce sel fait la base du squelette de tous les quadrupèdes et des hommes. Les os des animaux contiennent presque moitié de leur poids de *phosphate de chaux.* Les graminées contiennent environ un tiers de la même substance.

L'ART

DE PREPARER, CONSERVER

ET

DESINFECTER

LES SUBSTANCES ALIMENTAIRES,

SUIVI DE LA CONSTRUCTION DES FOURNEAUX ÉCONOMIQUES.

INTRODUCTION.

On a tant écrit sur l'économie domestique, on a fait tant et de si bons traités sur chacune des parties qui la constituent, qu'un nouvel ouvrage sur cette matière pourrait, au premier abord, paraître superflu. Si l'on observe cependant que chacune des parties qui forment l'ensemble de l'ouvrage que nous avons entrepris a été traitée séparément et d'une manière isolée; que la quantité de volumes qu'il faudrait réunir pour acquérir une entière connaissance des vérités importantes sur lesquelles repose la théorie de l'économie domestique, met presque toujours ceux qui ont le plus d'intérêt à se livrer à cette étude dans l'impossibilité d'en réunir les matériaux; on nous saura gré d'avoir rassemblé dans un même cadre tout ce qui nous a paru propre à conduire directement à ce but.

C'est à force de répéter des vérités utiles qu'on parvient à en convaincre les plus incrédules. C'est en cherchant l'exposition la plus favorable qu'on finit par placer le tableau dans le jour le plus propice pour faire ressortir toutes ses beautés, pour faire apprécier la vigueur de son coloris, la richesse de sa composition.

L'économie domestique a été de tout temps le sujet des méditations des bienfaiteurs de l'humanité. Leurs écrits se sont dirigés tantôt sur un objet, tantôt sur un autre, selon que les circonstances plus ou moins impérieuses ont fixé leur attention sur telle partie plutôt que sur telle autre. Tous ces divers ouvrages sont tellement liés entre eux, qu'il est indispensable de les avoir tous sous les yeux, pour connaître l'ensemble des règles à suivre

www.ingramcontent.com/pod-product-compliance
Ingram Content Group UK Ltd.
Pitfield, Milton Keynes, MK11 3LW, UK
UKHW020303200726
13857UKWH00001B/68

9 782012 88461